理解他者　理解自己

也人
————
The Other

共域世界史

王献华 主编

PARIS SAVANT

［法］白鲁诺 著

邓捷 译

Parcours et
rencontres
au temps des
Lumières

智慧巴黎

启蒙时代的科学之都

Bruno Belhoste

上海人民出版社　上海书店出版社

前言

　　智慧巴黎这种说法首次见于 1841 年巴尔扎克所著的讽刺小说《动物求取荣耀之驴子指南》中。这部小说的构思灵感来源于当年两位著名博物学家（若弗鲁瓦·圣伊莱尔[a]和居维叶[b]）的学术争论。在书中巴尔扎克讲述了一头化身黄条黑底斑马且行如长颈鹿的驴子和他那位开创了本能论的导师的言行故事。巴尔扎克笔下的智慧巴黎描绘的是 19 世纪由知识界的院士、教授以及科普人士们所代表的巴黎。而本书着力讲述的则是启蒙时期的巴黎在各方面的科学成就。它与巴尔扎克作品的不同点在于，内容不仅限于理论学者的言行，还包括发明家、工艺师、书商、收藏家甚至江湖医生以及他们各自受众群的情况。正如人们所熟知的奢侈品、文学艺术以及具有广泛影响力的各色思潮一样，这些人士的著述和发现也同样是巴黎这座城市的特产。以此观之，本书讲

---

[a] 若弗鲁瓦·圣伊莱尔（Étienne Geoffroy Saint-Hilaire，1772—1844），法国博物学家和生物可变论者。——脚注为译者注，原注见书末
[b] 居维叶（Georges Cuvier，1769—1832），法国比较解剖学家和古生物学家，灾变论的提出者和物种进化论的反对者。

述的历史也可被视为巴黎的发展史。

荟萃与交流孕育绚丽多彩的知识。正是在巴黎的几处面向世界的知识策源地之中，各种科学实现了互通有无，而有识之士与新颖的观念亦从八方汇聚于此。就是在这里，交流的成果又通过印刷技术与教育手段得以发扬光大。的确，与其他大都会相比，巴黎更充分地扮演了 18 世纪科学之都的角色，而不啻为一座智慧密集型的城市。本书将遍访当年巴黎的大小遗迹，去探寻那段激情燃烧的岁月，去讲述众多曾以自己的研究或发明为塑造启蒙时代文明做出贡献的巴黎人。

本书从主导智慧巴黎历史的王家科学院开篇，正是该院确定了当年巴黎科技生活的基调。须知，虽然科学院本身设在卢浮宫的原王家套房中，但其院士们工作和生活在巴黎的各个角落：他们或在办公室和实验室里搞研究，或在院校和公众课堂中做讲授，还可能邂逅于沙龙与咖啡馆，并光顾于商店及工坊。当时的君主专制政府为他们提供了诸如巴黎天文台（Observatoire）、王家植物园（Jardin du Roi）[a]、造币局（Monnaie）及兵工厂（Arsenal）这样的大型科研机构。而整座巴黎城就是他们各显神通的大舞台，从墓地及排污系统的消毒技术，到热气球升空，再到建筑物的精密设计及施工等等不一而足。当然这些成就也是通过与法国外省以及欧洲和世界其他国家的合作才得以实现的。

虽然这些学者自成一个小圈子，但他们与巴黎文坛方方面面的翘楚们保持着长期的交往，这里不仅有博学者、教授和文人，

---

[a] 如无特别说明，此词专指巴黎的王家药用植物园，始建于 1626 年。

也包括记者以及书商。此外，他们身边还不乏来自上流社会以及金融商界的众多粉丝与科学发烧友，而学者们也借此拥有了通向国家最高层的人脉，并常可获得王侯的赞助。可另一方面，一大帮草台班子出身的民科分子也不断地来劳烦这些学者，向其宣扬他们那些鱼龙混杂的重大发现或发明创造。

总之，巴黎王家科学院的院士及其竞争对手们都可以通过舞台表演、出版书籍或讲堂授课的途径接触到广泛的公众乃至一般老百姓。他们正是通过这些方式参与启蒙运动成就的创造和推广的。特别是学者们还踊跃加入了《百科全书》的编写队伍，这座新时代学术的不朽丰碑正是在巴黎构思和成就的。自18世纪70年代起，在首都巴黎，各种公众课程、会所以及形形色色的"博物馆"和智库层出不穷，而新闻记者和书商亦应声跟进，即时发布它们的活动成就，其中有关科学成果的报道尤受青睐。而那个年代的公众舆论对动物磁流学说、高空气球、气体化学理论以及公共卫生等专题都十分热衷。

然而此刻正值法国旧的君主政体大厦将倾之际，民众暴动的风潮已呈抬头之势，官方知识界与巴黎民众的关系随之渐趋恶化。巴黎王家科学院也因其自身的权威不断受到攻击而日益烦恼。也正是在此时期，著名化学家拉瓦锡在兵工厂创立了一种崭新的科学体系，它完全不同于当时在巴黎大红大紫的那种专门取悦于达官贵人和公众的消遣型科学，而是具有非常严谨的治学方法。拉瓦锡的支持者为捍卫严谨科学体系，与那些泛滥成灾的异想天开思维以及那些包天包地的玄学和江湖骗术的行径展开了激烈的斗争。他们虽然成功地击败了动物磁流论，却招致了另一群人的嫉恨，这群人因自己的所谓研究被科学院否定而心怀不满。

本书以大革命的爆发及其对巴黎智者们所造成的种种震撼作为收尾。尽管成功建立公制度量体系可以算作巴黎王家科学院的一项伟大成就，但是随着革命对各种话语垄断机制的取缔和对特权的废除，随着赞助人机制的瓦解，官方学院体制存在的合理性遭到了质疑。到头来，拉瓦锡的最后抗争也无法阻止科学院于1793年8月被关闭的命运。

如今，巴黎曾作为智慧之都的那段蓬勃绚烂的历史却仿佛完全被人遗忘。走在卢浮宫博物馆里，你也许会问：在第33号大厅，也即亨利二世大厅里曾发生过什么事情呢？今天造访此厅的参观者如果不担心扭到脖子的话，可以抬头欣赏美丽的天花板，那里有乔治·布拉克绘制的画作《鸟》(Les Oiseaux)。可是又有谁知道这间大厅在1699年到1793年之间曾召开过巴黎王家科学院的历次会议呢？当你路过巴士底广场旁的布尔东大道（Bouvelard Bourdon）25号时，只会看到一座20世纪70年代的普通建筑，而大楼表面的一块纪念牌却令人惊奇地揭示这里竟是拉瓦锡神奇实验室的旧址，而如今这一切早已随斗转星移而荡然无存了。又有谁会知晓这里曾经的历史呢？

徜徉在巴黎，有心人还会发现一些启蒙思想家的塑像孤寂地伫立在他们昔日曾活跃的角落：比如，坐于扶手椅中的狄德罗像在静静注视着圣日耳曼大道上的车水马龙，而雕塑不远处便是他的故居；又如，王家植物园里的布封[a]雕像好似随手便擒住了一只展翅的鸽子；再如，富兰克林像位于其巴黎故居附近的帕西广场，它静静地坐在那里仿佛在等候着什么；而他的朋友孔多塞的雕像则仿佛在法兰西学会和造币局之间的小广场上边沉思边踱着步子，造币局曾是他生活过的地方；最后值得一提的是，在市政厅的外墙上，你会看到遭遇不幸的天文学家兼巴黎市长巴伊[b]的雕像，它已灰迹斑斑，并和其老对手达朗贝尔等其他一些名人的塑像一起伫立在那里忍受着风吹雨打。凡此种种，希望本书能够为读者稍稍生动地再现一下这些对大家而言已成为一种刻板符号的名人名作以及名人们曾生活和工作过的地方。

为此，我要鸣谢为本书的问世做出过贡献的所有人士。首先，要感谢本书所涉及的各类参考书的作者们，他们的名字和相关出版物详见本书的注释部分。此外，本书的撰写及相关研究工作历时数年，为此我特意走访了美国马萨诸塞州剑桥市的迪布纳科技史研究院、德国柏林的马克斯·普朗克科技史研究所以及中国北京的中国科学院自然科学史研究所。或许正是有了这些工作的铺垫，本人的这项研究才最终成书。本书所谈及的某些专题我已在不同场合的听众面前做过数次讲解，其中主要包括我给法国社会科学高等研究院、巴黎南泰尔大学和巴黎第一大学的学生及听众们所做的讲授。另外，我也要感谢曾阅读过本书手稿并提出

---

[a] 布封（Georges-Louis Leclerc de Buffon，1707—1788），法国博物学家、王家植物园总管。
[b] 巴伊（Jean-Sylvain Bailly，1736—1793），法国天文学家，法国大革命后的巴黎市长和早期领袖人物之一。

宝贵意见和建议的第一批读者，他们的指正帮助我弥补了疏漏，使拙作得到了进一步的改进。

白鲁诺

2010 年夏于法国卡维拉尔盖（Cavillargues）及中国北京

目录

前言 i

第一章 院士们 001
- 卢浮宫,各种学院的所在地 004 ● 学院的权威和影响力 007
- 学院圈子 010 ● 荣誉院士 013 ● 普通院士 015 ● 学科部门 018
- 学院会议 021 ● 操纵与花招 026 ● 反科学院风潮 030

第二章 科学之都 035
- 文人共和国里的科学 039 ● 巴黎的文史学问界 043
- 天文台和天文学 048 ● 王家植物园里的博物学家 051
- 院士们的业务 055 ● 钱币铸造府 057 ● 矿业学校和路桥学校 060
- 各王家制造工场与机器馆 062

第三章 巴黎城里的知识氛围 067
- 巴黎科学界的地理分布 071 ● 启蒙的巴黎 075 ● 拉丁区 079
- 医学教育 083 ● 五行八作的巴黎城 086
- 化学工艺与巴黎的五行八作 089 ● 城市里的机械 093
- 巴黎周边的知识界 097 ● 大千世界只在巴黎 101

第四章 《百科全书》的前前后后 105
- 图刻版风波 109 ● 巴黎出版界的大手笔 113
- 《百科全书》的主编们 118 ●《百科全书》的制作班底 122

● 围绕《百科全书》的争斗 126 ● 胜利 133

第五章　城市与宫廷 137
　　● 共济会九姐妹分会 140 ● 社交场合 146 ● 与大人物的交情 150
　　● 清客型科学家 153 ● 有没有所谓的交际圈科学？159
　　● 科学爱好者和收藏家们 165 ● 科学的新主人：公众 169
　　● 从大殿下博物馆到"学园"173 ●《巴黎日报》177

第六章　生动的表演和美妙的享受 181
　　● 酒窖咖啡馆里的预售活动 185 ● 花园和大道商圈 188
　　● 商家的宫殿 192 ● 气球升空表演 196 ● 全民的科学 200
　　● 物理表演家 203 ● 江湖术士还是物理学家？207

第七章　发明 213
　　● 坎凯油灯 217 ● 坎凯和阿尔冈 219 ● 阿尔冈的失败 223
　　● 属于所有人的油灯 228 ● 巴黎的五行八作与五花八门的发明 231
　　● 瓦特与佩里叶的纷争 234 ● 漂白剂 238 ● 戈布兰区的洗染商 242

第八章　公共卫生 251
　　● 城市改造与科学家 254 ● 主宫医院 258 ● 无辜者墓园 263
　　● 垃圾与污水 266 ● 水务公司 269 ● 污水处理 272
　　● 呼吸与气体化学 275 ● 拉瓦锡的鸟 278

- 卡代、彼拉特尔和茅厕 282

第九章　严肃科学　289
- 关于水和浮空器的大型实验 293 ● 兵工厂里的化学研究 298
- 拉普拉斯的天体力学 303 ● 算学帝国 307 ● 物理学家的征伐 312
- 对动物磁流说的挞伐 316 ● 沦为笑柄的燃素 320
- 科学院院士与巴黎的仪器制造商 323 ● 赢得舆论，教育公众 327

第十章　革命！　335
- 革命中的科学家们 339 ● 民间社团的飞速发展 343
- 巴黎工艺师们的作为 349 ● 公共教育草案 353
- 公制系统的创立 358 ● 巴黎与米 362
- 博物学家和国立自然博物馆的创建 367 ● 拉瓦锡，最后一次 372

尾声　380

注释　384

参考文献　397

人名索引　404

CHAPITRE

1

*

第一章　院士们

MESSIEURS
DE
L'ACADÉMIE

1793年8月17日这天，前来卢浮宫参加讨论会的巴黎王家科学院院士们吃了一个闭门羹，有人一大早就把会议室的门给封上了。大家在过道里空等了一个小时未果后只好各自散去。其实国民公会已投票通过了相关提案，规定自8月8日起取消一切持有原国家颁发资质及受原国家资助的学院和文学会类机构。院士们本来还侥幸地希望能逃过此劫：国民公会的议员们应该会在三天内讨论暂时维持原科学院的运作，使它得以完成包括建立公制度量在内的各项正在开展的重要课题研究。科学院在8月9日召集大家讨论未来何去何从的问题，三十三位院士参加了这最后一次全体会。本次大会由化学家让·达尔塞[a]主持，他在宣读了上次会议的纪要以后说道，鉴于科学院已不复存在，他提议立即散会。话音刚落，与会者顿时分为两派争吵起来：一派以前日的取缔法令尚未正式颁布为由坚持继续会议，另一派则主张立即服从国民公会的决定。争到最后，达尔塞自行辞去本次会议主席一

---

[a] 让·达尔塞（Jean Darcet, 1724—1801），法国化学家。

职，大家不得不散会。而有志之士们则自发地组织了一个自主管理的同行协会以继续推动科学事业。

然而在接下来的日子里，上述两派的斗争仍在继续，一边是幻想恢复科学院的拉瓦锡，另一边则是以化学家富克鲁瓦[a]为代表主张立即并彻底取缔王家科学院的人。起初国民公会对此也犹豫不决，但到了8月15日，它还是投票通过了关闭科学院会议厅的提案，难怪当17日院士们来卢浮宫参会时，会议厅早已是各门紧闭了。革命四年以来，连各种特权、中间代行机构，甚至君主制本身都被统统革掉了，更何况一个科学院呢，它又怎能抵挡大潮来袭呢？现在法案已经通过，国民公会再无须讨论是否暂时维持科学院的话题了，这所法国乃至欧洲最重要的学术机构就此消失。

卢浮宫，各种学院的所在地

巴黎王家科学院由柯尔贝尔创立于1666年，并于1699年起迁至太阳王路易十四先前在卢浮宫中的套房。造访者须从钟阁进入，并由华丽的亨利二世楼梯拾级而上，然后沿海军大厅外面陈列着各种教学用港口、船坞及军舰模型的长过道一直向前行，走过衣帽间后即进入国王套房的门厅，而这里正是科学院的会议厅。此厅为一间宽敞的长方形屋子，光线阴暗，三个窗子中一个

---

[a] 富克鲁瓦（Antoine François Fourcroy, 1755—1809），法国化学家、大革命时期议员。

开向正方形院，另两个则朝向老卢浮宫广场。

当年院士们开会时均坐在一张长桌的后面，"院外人士"则居于长桌所合围的一方地板发言台处，向周围的院士们展示他的科研项目；而当某位院士宣读报告时，他一般应居于秘书旁边，当然亦可留在他的原位。这种格局在1785年新的内部管理规章出台后做了些许微调。会议厅的墙上装饰着织有百合花的蓝底锦缎挂毯及若干画作，厅中还摆设着一些著名院士的胸像。此外，在壁炉上方还装饰由安托万·夸佩尔[a]绘制的画作，它展示了手扶法王路易十四肖像的罗马战神和智慧之神密涅瓦。在主席座位的对面则设有一只为会议报时用的漂亮摆钟。另外还可以看到一面用绳子和配重块控制升降的写字板，它嵌在一副雕刻精美的镶金框子里，做学术讲解和演示之用。科学院每年有两次对公众开放的会议，而在主席座位后面沿墙所常设的观众席就是专供给受邀列席开放会的女宾的。此外，厅里还摆放了两只火炉或烤炉，以供天冷时取暖之用[1]。

科学院并非落户卢浮宫的唯一学术机构。自1672年起，也即国王路易十四本人及其王宫正式迁往凡尔赛之前，法兰西学术院就已在此举行会议了。到了1685年，法兰西铭文与美文学术院[b]也来加盟于此。随后的1692年，法兰西绘画雕塑院和法兰西建筑院也迁入。又过了七年，巴黎王家科学院也顺应潮流搬入卢浮宫。数家王家学术机构的相继到来赋予了这座被王室放弃的宫

---

a 夸佩尔（Antoine Coypel，1661—1722），法国画家。
b 根据作者后面的介绍，在1685年迁入卢浮宫时，该院还仅是一个非正式机构的委员会。

殿以崭新的使命。应该说，卢浮宫依旧是权力的中心，只不过这种权力已由纯粹政治层面转移到了文化领域。自1608年起，亨利四世将大长廊下面的房间拨给一些艺术家工作和居住，使他们有条件自由地施展才能。1640年王家印刷厂和纪念章造币局也迁了进来。就这样，昔日的帝王府逐步变为了集画家、雕塑家、建筑师、版画家、文人学者以及大群老鼠于一堂的大客栈。正如梅西耶[a]所说："才子们身边总是照例有一队老鼠仆从相伴。"[2] 在大革命前夜，作为法兰西绘画雕塑院院士的画家雅克-路易·大卫也曾在此居住并拥有两间画室：一间在临塞纳河的顶楼，另一间则位于正方形院的东北角，而大卫叫人把这间画室下面的一层收拾停当后，拨给他的学生们居住。当时许多学者在卢浮宫的走廊里都有自己的套房。而这些领取政府补贴的人士也正是各大官方院所的成员。1778年王家医学会就成立于卢浮宫内。

文艺界人士的纷纷入住并未降低卢浮宫的声望：因为将语言、知识、历史观以及价值观牢牢把控起来正是专制政体的核心国策，同时也是它权威的基石之一。而卢浮宫里的各大官方院所正是贯彻这一措施的最好体现，正是这些机构负责制定得体言谈的规矩、得体感受的范式以及得体思维的框架，而且原则上也至少应由它们负责推广这些规则。它们通过各种出版物和裁决令来颁布标准、引导舆论、造势扬名，并设岗立业。真可以说，这些学院在法兰西王国的知识文化领域里扮演了警察的角色。

---

[a] 梅西耶（Louis-Sébastien Mercier, 1740—1814），法国启蒙主义作家、文学评论家及记者。

学院的权威和影响力

其实对知识分子特别是对院士们而言，这种国家监管也意味着一种保护。王权通过建立科学院从巴黎大学特别是教会手中夺过了对知识创造和传播的监管权，并把它转交给一个直接隶属于自己的机构。于是在国家的庇护下迅速形成了一个独立于神权之外的知识圈子：这就将自文艺复兴以来在欧洲萌发的知识世俗化大潮推向了一个新的高度。

同时，科学院的创立也为以后什么样的知识可被定义为科学这个问题做出了重大贡献。根据它的规定，只有对自然的研究，也即当时人们常说的自然哲学和博物学才能算得上科学院的业务范畴。而所有关于神学、形而上学、逻辑学以及道德方面的学问皆被排除在外。而且对自然的研究还必须建筑在调查、观察和实验的基础之上。数学也在新定义的科学中获得了一席之地，但有严格的条件限制，按1750年后的说法，即必须是与研究自然客观现象相关联并应用于相关研究的数学才算得上是科学。这样一来，科学的真理就与启示性或强加性的所谓真理划清了界限。而科学领域是不存在任何教条框框的。随着学者们的不断工作，人们的知识也在不停增长，认知的发展也随之变得永无止境。归根结底，新的科学观关注的是研究能否对社会或国家有用，这也是科学发展得到鼓励的根本原因。正如史学家罗杰·哈恩所说，大家都在盼望着科学能为人们提供海量的服务，特别是科学还能给予人类一种完全世俗化的新型信仰[3]。

以上便是巴黎王家科学院的巨大使命。为此，由它负责评定各种科学研究、鼓励各种发现和发明、任命新的院士，并为政府提供相关的各种专业性咨询。科学院利用自己的出版和发售特权，发表由其院士编写的《历史年鉴》，并在其中加入若干补充系列读物，主要有介绍外部学者提交项目的《外部学者丛刊》以及《工艺说明汇编》，还有与日历与星历挂钩的《每日历书》。此外，亦由科学院批准是否对其院士的著作给予刊印。科学院虽然没有对出版物的审查权，但它长期以来都在科学领域里施行着对巴黎出版社和书店的"实际监管"。

正因如此，书商勒布莱顿及其合伙人须请数学家达朗贝尔院士与狄德罗一起主持《百科全书》的编辑工作。也因如此，当出版商潘寇克于1776年推出《方法论百科全书》(*Encyclopédie méthodique*) 的时候，请了拉瓦锡、维克·达吉尔[a]及其他多名院士加入孔多塞的编写团队。而巴黎各家报社的科学专栏也几乎总是请科学院院士来撰文，譬如，天文学家拉朗德[b]曾为《学者报》撰文，而博物学家道本顿[c]和化学家马凯[d]曾为《法国信使》写作。甚至第一份独立的科学期刊《物理报》亦直接与科学院有关。在18世纪70年代初，罗杰神父[e]便是得益于科学院荣誉院

---

[a] 达吉尔（Félix Vicq d'Azyr, 1748—1794），法国医生，解剖学家。他被誉为比较解剖学以及生物同源理论的奠基人。他也曾是玛丽-安托瓦内特王后的医生。

[b] 拉朗德（Joseph Jérôme Lefrançois de Lalande, 1732—1807），法国天文学家，天王星命名的参与者。

[c] 道本顿（Daubenton, 1716—1799），法国博物学家兼医生，大革命时期建立的法国国立自然博物馆的首任馆长。

[d] 马凯（Pierre-Joseph Macquer, 1718—1784），法国化学家和医生。

[e] 罗杰神父（François Rozier, 1734—1793），法国植物学家和农学家，编有《物理报》。

士特鲁丹·德·蒙蒂尼[a]的帮助才崭露头角。而科学院也十分乐见报界有意将自己院士的科研成果迅速公之于众。当时的报纸就曾发表过拉瓦锡最著名论文中的几篇佳作。

由于所有的王家学术机构均建在巴黎，巴黎王家科学院自然对全法科研工作具有领导力，同时也和外省各大城市的对口学院有业务交流。虽然在1706年，依照巴黎王家科学院的模式又成立了蒙彼利埃王家科学院，但至少根据法令规定，这家地方科学院和巴黎的科学院是同一家机构。位于布雷斯特的法国王家海军学院也在1771年成为巴黎王家科学院的直属分支机构，该院就包括来自巴黎方面的若干院士及通讯院士。此外，巴黎王家科学院也和里昂、鲁昂及第戎的学院保持着院外联系。巴黎的院士们并不介意屈尊去兼任这些地方科研机构的合作院士。在国际层面，巴黎科学院长期以来与欧洲其他著名科研院所展开了紧密的合作，这种合作既可以是直接的，也可以通过聘任外方通讯院士实现。巴黎王家科学院的联系范围甚至超出了欧洲，实际上从该院创立伊始它就具有放眼世界的事业格局。

基于此，巴黎王家科学院还常为法国官员在遥远海外执行的外交使命提供一些具有情报性质的专业咨询。值得一提的是，科学院本身也组织过多次的科学考察和海外探险活动，最著名的例子是1735年所开始的地球子午线测量项目。当时进行了两次关于地球弧度的海外测量，一次在北极圈附近的拉普兰地区，另一次则难度更大而且到了更远的秘鲁，即赤道附近。通过测量科

---

[a] 蒙蒂尼（Trudaine de Montigny，1733—1777），18世纪法国官员和巴黎王家科学院院士。

院证实了牛顿的理论，即地球是一个在两极较扁的椭球体。除了科考目的之外，这两次海外活动还具有外交和商业意涵。由科学院举办的其他科考也具有同样的综合意义。1785年，为了回应英国库克船长的航海之举，法国筹划由拉彼鲁兹伯爵[a]进行新一次航海行动，巴黎科学院为这次行动的组织者提供咨询，确定任务，并提出了参加行动的专家人选。

学院圈子

巴黎王家科学院的名望及其遍及法国的权威、远超国界的影响力，都赋予了其特殊的职责。而这些职责当然是由全院共同来承担的。作为一个机构，科学院也打造了一个集体：它以国王的名义，由所有院士集体行使职权。作为王权的直属机关，科学院必须定期就自己做出的决定和开展的活动向国王事务省国务秘书（secrétaire d'État à la Maison du Roi）做汇报，而该国务秘书则一贯是科学院的荣誉院士。科学院的新院士须得这位大臣级官员的任命，尽管他通常总是认可院里向他报上的提名，但仍保有理论上的自行裁量权。1777年时，根据选举新院士的投票结果，拉马克仅排名第二位，但由于布封的介入，他得以被任命为植物部助理

---

[a] 拉彼鲁兹伯爵（Jean François de Galaup，即comte de La Pérouse，1741—1788），法国海军军官、探险家。1785年，他奉国王路易十六之命，带领多名法国科学家进行环球航海旅行，以完成英国人詹姆斯·库克对太平洋的未竟探索。他由南美洲南部的合恩角进入太平洋，发现了宗谷海峡，并将其命名为"拉彼鲁兹海峡"。1788年他的探险队在南太平洋所罗门群岛附近失踪。

院士。当然，院士们自视为国王的专家，所以也是可以批驳大臣的权威的。

在 1783 年达朗贝尔去世以后，科学院共有九十四位院士，其中六十四位须常住巴黎并定期出席院里的会议。另外十一位退休的老院士可免于出席。而七位外籍院士则像美国驻法大使本杰明·富兰克林那样仅在逗留巴黎期间才参会。

来自俄国圣彼得堡科学院的天文学家兼巴黎王家科学院通讯院士莱克塞尔[a]在 1781 年于巴黎逗留期间，曾记录下巴黎科学院的统一服饰。院士们统一着国王官员的装束："大家都戴着多层皱褶的假发套，并着黑色服装。"[4] 科学院虽不禁止穿着教会服饰，但这样的打扮是不受欢迎的。因此，几位修道院出身的院士就只得穿短袍配小衣领。譬如，身为司铎的矿物学家勒内-朱斯特·阿维[b]在放弃穿着长袍来卢浮宫参会之前，就曾征询过索邦神学院一位博士的意见[5]。麦斯特尔[c]还特地写道，达朗贝尔"总是穿得和卢梭一个样，从头到脚都是一种颜色"[6]。其实，这种至少是初看起来在外表上的统一反映了某种相同的生活条件。的确，大多数专家的生活是比较清贫和简朴的。诸如达朗贝尔和拉朗德等许多学者都是单身，另一些则如拉普拉斯[d]和孔多塞那样，到很大岁数才成家。

---

a 莱克塞尔（Anders Johan Lexell，1740—1784），瑞典天文学家和数学家，俄国圣彼得堡科学院院士。
b 勒内-朱斯特·阿维（René Just Haüy，1743—1822），法国晶体学家、矿物学家。
c 麦斯特尔（Jacques-Henri Meister，1744—1826），瑞士作家。
d 拉普拉斯（Pierre-Simon Laplace，1749—1827），法国数学家、天文学家、物理学家和政治家。

学者们常常是既不拘小节亦不修边幅。譬如，出身农村的院士德马雷斯特[a]就因其粗俗的外表和拖长的腔调而与上层社会格格不入；院士蒙日[b]也被罗兰夫人讽刺为熊样小丑；院士阿当松[c]则绝少知己，且总是把自己关在工作室里，只通过书籍与世事交往[7]。然而，院士里的矮个子拉朗德则正相反，他极尽各种另类做法，还喜欢不停地拉高声调：这个刺头不会是在炫耀自己的长相比苏格拉底还丑吧？还有达朗贝尔，他虽然诙谐机智而且善于结交大人物，却长得其貌不扬。他的个头并不比拉朗德高多少，声调却尖亮且不修边幅，他总是衣着寒酸、头发散乱。由于生活清贫，他直到大约五十岁还住在他乳母家的一间局促斗室之中。后来他搬到了女友朱丽·德·莱斯皮纳斯[d]位于巴黎贝勒沙斯街、圣多米尼克街相交处的家中。当朱丽于1776年去世后，悲伤而拮据的达朗贝尔只得以法兰西学术院秘书的名义搬进了卢浮宫的一间阁楼中。

这些院士只有一到两名仆人，而且除非特殊情况他们是无力接待客人的。因为没有车驾，所以他们都是步行出门。在18世纪70年代时，孔多塞每星期都要走约16公里的路去看他在巴黎郊外诺让村居住的母亲。达朗贝尔则喜欢在杜伊勒里宫的小路上散步。拉朗德后来曾在其遗嘱中称："我的仆人很少，没有车马，

---

a 德马雷斯特（Nicolas Desmarest，1725—1815），法国地质和地理学家。
b 蒙日（Gaspard Monge，1746—1818），法国数学家、军备改革家和教育改革家、画法几何创始人、微分几何之父。
c 阿当松（Michel Adanson，1727—1806），法国博物学家。
d 朱丽·德·莱斯皮纳斯（Julie de Lespinasse，1732—1776），法国沙龙女主持人和书简作家。

生活简朴，衣服简单，出门靠走，走累就地可歇，钱于我还有何用呢。"[8] 不过，可不要以为生活简朴的院士们就是地位平等的。大革命前的王家科学院是一个声名显赫、等级森严的机构。这里的院士按身份和权利的不同分为四等，即荣誉院士、领薪院士、合作院士和助理院士。此外，还有一百多名在外省、海外殖民地及国外的通讯院士，每人都须挂靠一名常住院士[9]。

荣誉院士

科学院的十二位荣誉院士享有特别的地位。首先，国王每年须在他们之中任命院长和副院长。其次，他们均系国家和宫廷显贵，且按其职位和才能高低领取报酬。他们中就有一些前国务大臣。某些荣誉院士还兼任多个学院的职务。譬如，出版审查总长和百科全书派学者的保护人马尔泽尔布[a]，就既是法兰西学术院的领薪院士（当年该院没有荣誉院士），又是法兰西铭文与美文学术院的荣誉院士。荣誉院士是科学院的闪亮招牌，他们不必参与院里的科研工作，但却可以参加院选举。实际上他们在政府和宫廷中扮演了学院代言人及斡旋人的重要角色。

其实多数荣誉院士很少参加科学院的会议，不过他们的席位却安排在学术答辩台正对面的首要座次上。尽管如此，所有的荣

---

[a] 马尔泽尔布（Guillaume-Chrétien de Lamoignon de Malesherbes，1721—1794），法国大革命前夕旧制度的大法官和出版审查官员，植物学家，为保证《百科全书》的出版做出了很大贡献。

誉院士都对科学感兴趣，其中一些人还以此为他的业余爱好。譬如，诺瓦耶公爵曾是林奈植物分类系统在巴黎的头号支持人，而其子艾扬公爵则把大量时间花在化学研究上；再如，马耶布瓦伯爵常炫耀自己的物理知识，并且关照了马拉和梅斯梅尔[a]。另一个很典型的例子是第六代拉罗什富科公爵，他系昂维尔公爵夫人的独生子，痴迷于矿物学，并于1782年当选荣誉院士。他曾以自己的影响支持过其好友同时也是科学院秘书的孔多塞。马尔泽尔布痴迷于植物学，他和植物学家朱西厄（Jussieu）保持书信交流，也同让-雅克·卢梭一起分享他采集植物标本的乐趣；再如，身为巴黎高等法院庭长的伯沙尔·德·萨龙[b]同时也是一位资深的天文学家和很不错的算学家。他在位于大学路的自家府邸里建有一个天文台、一间物理学办公室和一个一流的实验室，并总是慷慨地把这些设施借给同事们用。

虽然荣誉院士们位居第一排，但他们并不算是真正的研究人员。当他们莅临科学院大会时，其举止和穿着与院里的其他同事有明显的不同。天文学家莱克塞尔就对艾扬公爵那令他着迷的举止赞叹道："真是一位温文尔雅的大人啊。"而对于每个星期日都要在家宴请若干院士的萨龙庭长，莱克塞尔则赞美道："态度和蔼亲切，举止周到贴心。"莱克塞尔甚至觉得这些荣誉院士比院里真正搞科研的院士要好交往得多，在他看来，后者常常是充满虚荣并缺乏善意的。

---

[a] 梅斯梅尔（Franz Anton Mesmer, 1734—1815），奥地利医生，动物磁流学说的创始人。
[b] 萨龙（Bochart de Saron, 1730—1794），法国大革命前的巴黎高等法院庭长、天文学家和数学家。

普通院士

在普通院士里，二十几位领薪院士形成了一个令人仰慕的阶层。只有他们才有资格享受津贴，津贴数额的标准在1775年才正式确立。此外，他们还可领取参会补贴。这些钱虽然不多，但却能确保他们全身心地投入科研工作。其实，读者在下文中将会看到，获得这个头衔的益处主要不在于此，而是在于有关学者可以借此条件获得其他报酬更好的职位。

领薪院士都常住巴黎，他们参加科学院的所有项目，并和荣誉院士一起享有所有选举的投票权。而院行政班子也从他们中任命产生，这个班子包括：主任和副主任（通过年度选举产生，负责在院长和副院长不在期间代行全院领导之责）、秘书和财务主管（为选举产生的终身职位），以及各常设委员会成员。大部分领薪院士都是真正的专业科研人员，而能有幸被选为领薪院士则标志着荣膺了专职学者的桂冠。在1785年的改革以后，二十四位领薪院士的平均年龄为五十六岁，他们在科学院的工龄都超过二十六年，且都是从助理院士和合作院士开始做起的。某些人等了很久才成为领薪院士，而另一些人则年纪轻轻就有幸当选。譬如，布封、拉瓦锡，特别是孔多塞，他二十五岁即入科学院，不到三十岁就已成为领薪院士了。

在上述这些少年得志的院士里不乏科学界翘楚，他们虽年纪轻轻，著述却多于自己的同行，所获地位和财富更是令后者望尘莫及。其实仅从他们的外表就可以看出其令人艳羡的地位。拿拉瓦锡来说，他是包税人，握有大笔财富，所以虽然他出身平民却过着大老爷般的生活；而出身有产者的布封则因国王路易十五的恩赐而成为伯爵和蒙巴尔的领主；至于孔多塞侯爵，他虽曾长期经济拮据，但却因出身于军人贵族世家而显得仪表堂堂。可以想见，这些特质都使他们在一片黑色装束的与会院士们中显得卓尔不群。

如果说布封常常退守到自己的小天地里的话，那么拉瓦锡则喜欢定期招待同事们，而孔多塞则长期出入上流社会，后来他甚至在造币局开了一个由其年轻妻子主持的沙龙。总体而言，这些早年即成名的院士和其他领薪同事们相比，其言谈举止更具荣誉院士的风格。而且，他们所担负的特殊责任使其更加异于其他人。譬如，拉瓦锡就不仅是一位包税的富翁，还是一位主管火药局的政府官员；而布封则主管王家植物园；孔多塞曾是科学院的终身秘书。在以隶属和庇护机制为基础的旧制度社会里，这些高阶院士的地位显然远在他们的大部分同事之上。虽然他们自己并非大人物，但却拥有来自宫廷和政府的支持，可调用各种资源、举荐受自己关照的人士，并在科学界扮演掌门人的角色。正因如此，当一位叫拉普拉斯的身无分文、毫无人脉的小伙子在1769年从冈城刚到巴黎时，达朗贝尔一眼相中了他的天资，随即便在事业上助了他一臂之力。

排在领薪院士之后的是二十四位普通合作院士和助理院士，他们既无法享受津贴也领不到参会补贴，而且在院里的权利有限。尽管合作院士在科研专题上具有表决权，但却无权参加除任命自己所在专业助理院士之外的一切院内选举。而助理院士则被排除在一切科学院选举之外。1769年，达朗贝尔本着平等的精神，重拾达尔西[a]的观点，建议将助理院士与合作院士合并，并给予合作院士参加与其专业相关的所有选举的权利。但他的提议未获其同事的支持。尽管助理院士这一级别最终在拉瓦锡的请求下于1785年被撤销了，但合作院士与领薪院士之间在方方面面上的区别依然存在。

不过，所有助理院士后来都会升格为合作院士，而所有合作院士都会提升为领薪院士，这就缓和了大家之间的不平等关系。不过，虽然这个职称晋级过程适用于所有院士，但晋级的快慢却因人而异，它取决于个人的才能和成就，也要看是否正好有职位空缺或是否有后台相挺。一个院士要在低等级别上平均熬十五年左右才能成为领薪院士。尽管如此，大多数人或早或晚都是会晋级的。所有1780年入职的合作院士以及三分之二于同年入职的助理院士终于在1793年科学院关闭前夕升为了领薪院士。而这些人中的许多位，譬如贝托莱[b]、拉普拉斯以及蒙日，在大革命降临后都成了巴黎知识界的领军人物。

如同其他旧制度下的机构一样，巴黎王家科学院的组织结构也十分复杂：除了十二名普通合作院士之外，另有十二名性质与地位完全不同于前者的自由合作院士，这些自由性质的院士不隶属于任何特定的学科门类，也不参加任何选举。他们的当选常常是凭借自己的才能和社会影响，而非专项的科研成就。在某种意

---

a 达尔西（Patrice d'Arcy, comte d'Arcy, 1725—1779），法国爱尔兰裔数学家、物理学家和军事家。
b 贝托莱（Claude Louis Berthollet, 1748—1822），法国化学家、氨气化学成分的确定者、氯气漂白作用的发现者。

义上这些自由合作院士也可算作次级的荣誉院士,他们涵盖了社会各行各业的名流。

譬如,贝罗耐[a]和富克鲁瓦·德·拉梅古尔[b]就被选为了这样的自由合作院士,前者因其荣膺法国路桥工程师团体的首席工程师并领导了法国王家路桥学院而在1765年当选该职,后者则因其是防御工事总监而在1784年当选该职。另外,太平洋航海家及法国舰队指挥官布干维尔伯爵在1789年接替已故的马耳他骑士杜尔哥当选了科学院的自由合作院士。而一向蔑视王家民用工程师团体并与该团体主任公开作对的蒙塔朗贝尔侯爵只因得到了孔蒂亲王的庇护就在1747年当选了自由合作院士。再如,巴黎高等法院推事迪奥尼·杜·赛儒尔[c]于1765年也当选该职,他是天文学爱好者和出色的彗星学理论家,这一特质与荣誉院士伯沙尔·德·萨龙出奇地相似。1786年他转为物理学部的合作院士,这就确立了他作为真正专家的地位。

学科部门

自由合作院士与外籍合作院士、荣誉院士以及年事已高的资深院士都享有不必被划入科学院学科分类系统或者说不必进入具

---

[a] 贝罗耐(Jean-Rodolphe Perronet,1708—1794),法国建筑师、法国王家路桥学校(即今法国国立路桥学院)的创始人之一及首任院长。
[b] 拉梅古尔(Charles-René Fourcroy de Ramécourt,1715—1791),法国军事工程师、博物学家。
[c] 赛儒尔(Dionis du Séjour,1734—1794),法国旧制度时期的法官、天文学家和数学家。

体专业学部的特权。只有被视为全职科研人员的普通院士才被分科编入。科学院分为六个学部，自1716年以来每个学部共有（包括两名领薪院士、两名合作院士和两名助理院士在内的）六名院士。在六个学部中，几何学部、力学部和天文学部都归于当时人们所称的数学科；而化学部、植物学部和解剖学部则归入物理学科。这些分科和称谓法则定于17世纪，它们与我们今天的学科分类已经相去甚远了，实际上在18世纪末它们就已然显得过时了。

1785年的学院改革力图通过增设两个学部以革新原有机构，新设的部门一个是通用物理学部，一个是博物学与矿物学部。此外，还将原有的植物学部更名为植物与农学部，将化学部更名为化学与冶金学部。这次改革的目的是要将原先在科学院没有位置的一些科学门类纳入院建制，增设学科时着重考虑纳入诸如农学、矿物学以及冶金学这样实用性的学科。实际上，新的学科分类仍然是比较主观的，譬如通用物理学部令人不解地隶属于数学科却不属于物理学科；而博物学部却既不包括动物学，也不包括植物学，动物专业仍然暗含在解剖学部里，植物部分则从一开始就单独成立了植物学部。

院士终其工作生涯都几乎待在同一学部里，即便是他完全改换了研究领域也依然如此。像达朗贝尔那样先是从天文学部调到力学部，继而又换到了几何学部，或是像布封那样从力学部转到植物学部的例子，是十分罕见的。通常的情况是像范德蒙德[a]

---

a 范德蒙德（Alexandre-Théophile Vandermonde，1735—1796），法国数学家。

终其一生都留在几何学部那样,尽管他其实很早便不再研究方程式而是转行到了工艺技术方面。再如布里松[a],他起初曾在列奥米尔[b]的关照下研究博物学,可是后来转入诺莱[c]的庇护下研究物理学。即便他很早就已转行并专注于实验物理学领域,但其人仍归在植物学部的名下。

1785年的机构改革纠正了一些不合理的情况。不再研究几何学的蒙日得以调入了与其新研究兴趣更加对口的、刚设立的通用物理学部。植物学部的原成员阿维则调到了更加符合其科学发现领域的、新增加的博物学与矿物学部。德马雷斯特原归力学部,而其实他为人称道的主要成就是在火山学领域,这次改革使他得以在新设的博物学与矿物学部与阿维相聚。尽管如此,改革后仍存在一些在我们今天看来不科学的分配。波尔达[d]一直归在几何学部,布里松一直待在植物学部,(原先曾为天文学部院士增补人选的)巴伊竟被归入了新设的通用物理学部,这些现象在今天看来都是不合理的。

像这种正式职位与个人实际科研领域不对口的情况再次说明,18世纪的科研人员仍不够专业化,而自身的学科隶属在当时常常并不是界定该专家身份的首要标准。实际上,除了像被法

---

a 布里松(Mathurin Jacques Brisson,1723—1806),法国动物学家和物理学家。

b 列奥米尔(René-Antoine Ferchault de Réaumur,1683—1757),法国物理学家和博物学家,列氏温标的提出者。

c 诺莱神父(Jean Antoine Nollet,即 l'abbé Nollet,1700—1770),法国电学物理学家及列奥米尔的合作者。

d 波尔达(Jean-Charles, chevalier de Borda,1733—1799),法国数学家、物理学家和航海家。

国国王路易十五誉为"我的彗星猎人"的天文学家梅歇尔[a]等少数真正专于某一科的科学家外,多数院士都属于综合型跨学科人才,尽管他们所涉猎的范围大小不一。譬如拉瓦锡及布封的学问就可以说是包罗万象,至于拉朗德、拉普拉斯及蒙日这样的院士,他们的科研兴趣也已大大超出了其本人所属学部的界限。

学院会议

除科学院假期之外,院士们每星期三和星期六下午各开会一次,每次会议大约持续两个小时。那么会议是如何进行的?会议的内容又是什么呢?科学院的主要活动是科学评审工作。因此会议的主要时间是用来阅读和评定送审的科研成果。在会上,科学院院长(若其缺席则由主任代替)负责宣读有关信件和邮寄来的科研成果。被准许到会的科研项目负责人则要在评委面前介绍自己的论文、实验或发明。而院士们也可在会上向自己的同事们宣读自己的科研报告或项目成果。

瑞典天文学家莱克塞尔在1781年造访巴黎王家科学院时,曾惊讶地发现在院里的会议中很少有人专心倾听台上的发言,邻桌的同事们不停地交头接耳,有些人干脆起身溜到窗户旁的墙角里或火炉旁窃窃私语。而另一位目击者甚至说:"当人家在台上做报告时,这些大学问家大都在聊自己的话题或是在写自己的东

---

[a] 梅歇尔(Charles Messier, 1730—1817),法国天文学家、彗星观测专家。

西。"英国植物学家詹姆斯-爱德华·史密斯[a]在1786年曾写道，人们只能在"不停的聊天声"的干扰下断断续续地跟随论文宣读的思路。尽管主席可以摇铃要求大家安静，可是他只有"在自己或他的近邻因聊天声太大而听不到发言时"，才会这样做[10]。

更早几年的时候，医生梅斯梅尔曾获准来科学院介绍他的动物磁流说理论，他也提到了会议厅里弥漫的嘈杂声："我曾真诚地以为，当到会人数达到相当的量足以拥有权威性时，大家便会不再分神而把注意力集中到一个主题上来。可是我想错了，每个人都仍继续各自的话题。当（身为科学院主任的）勒华[b]先生要发言时，尽管他要求大家安静下来专心听他的话，但完全是徒劳。他的不断呼吁甚至遭到了一位不耐烦同事的粗暴拒绝，此人扬言大家既不会安静下来也不会专心听他的发言，还说勒华完全不必宣读有关的论文，而只须把它撂在办公桌上，谁想看谁就去翻看好了。"梅斯梅尔医生以哲学家的口吻总结道："此前我一直对巴黎的科学院满怀崇敬之情，现在我开始反思自己的这种情感，最后我只能说：有些东西只宜远观之，远观时它们很值得崇拜，可走近看时它们真是乏善可陈。"[11]

实际上，每星期两次的会议至少给院士们提供了交往的机会，而学院已成为他们的集团或俱乐部。除了每年两次对公众开放的会议以外（一次是在圣马丁节后，另一次则在复活节后），其他的时候都是召开闭门会议。届时只有特邀嘉宾、外国学者、

---

[a] 詹姆斯-爱德华·史密斯（Sir James Edward Smith，1759—1828），英国植物学家，伦敦林奈学会的创始人。
[b] 勒华（Jean-Baptiste Le Roy，1720—1800），法国物理学家。

重要的亲王以及得到特许的人员才能列席会议。1781年化名"北方伯爵"的俄国大公保罗[a]造访科学院，孔多塞在大公夫妇面前颂扬了俄国的彼得大帝及其他佑护科学和学者的君主。两年后，拉瓦锡给化名为"法尔肯施泰因伯爵"（Graf Falkenstein）的奥地利大公约瑟夫二世（即法国王后玛丽-安托瓦内特的长兄）讲解了构成空气的各种气体的性质。1785年6月2日，科学院还接待了于前一年抵达法国的瓦里国（今非洲的尼日利亚）王子布达坎（Boudakan）。王子当时坐在负责陪同的拉瓦锡身边，在列席了会议后，他还观赏了科学院的收藏品以及海军厅。随后院士们恭送王子直至亨利二世楼梯[12]。

在一般例会上，院士们都会交流各自的观点并进行争论。尽管在这个狭小的圈子里，大家各自求取功名的心态会发生冲突，导致不断的竞争和怨恨，但由这种例行聚会所培育出的大家庭氛围使得院士们产生出一种强烈的凝聚力，并形成了一些共同的情感和观念。更何况，大家的聚会往往在正式会议后仍持续进行着。譬如，星期三的例会后，大家就转到伯沙尔·德·萨龙庭长位于大学路的家中继续交流。而星期六的会议结束后，大家则到小田园十字架路去赴拉瓦锡夫人的茶会。

对公众开放的会议则是另一番景象。大批经挑选而受邀前来的宾客，有男亦有女，悉数出席这种媒体竞相报道的上流社会活动。科学院借机向社会展示其科研成就。首先由院长宣布会议开始，并宣读各种奖励；然后由院秘书为去世的院士致悼词；随后

---

[a] 即后来的俄国沙皇保罗一世（1754—1801）。

由若干院士宣读他们的科研论文。在这种场合，发言的风格既要保持严肃自重，又不能令人昏昏欲睡。须知，公众是不喜欢单调无趣的气氛的，所以他们的忍耐力是有限的。譬如，在1784年11月13日那一天的会上，科学院向广大观众展示了一个由制造商福丁[a]根据院浮空器委员会的研究成果所造出的气球飞行器，这顿时令人兴趣盎然。不过由于科研人员在会议开幕前花了很多时间反复给气球充气，据编年史《秘史记》称，这一窘境引得公众们"纷纷喝倒彩，高兴地狂叫"[13]。而且因当时气球所用的气体十分难闻，大家只好把窗户都打开了。随后是孔多塞为新近亡故的院士所致的悼词，他照例能以其精彩的口才吸引住公众的注意力。不过其他的科研论文朗诵者就没有那么幸运了：当德马雷斯特讲解地质学或卡西尼[b]讲解天文学时，听众就顿感索然无味。不过当萨巴捷[c]向公众展示狂犬咬破的伤口时大家的兴致就又高多了。其实公众最期待的是听莫尼叶[d]聊气球飞行器的那些事儿。从上次的气球演示算起又过了半年多，等到了1785年4月6日的新一次开放会议时，上次充好的气球仍悬在会议厅的天花板上，这充分表明它的密封性极好。这次由莫尼叶前来汇报浮空器委员会工作的后续进展，然而他却令公众失望了，《秘史记》的作者就此抱怨道：莫尼叶的汇报没有任何新东西[14]。

---

a 福丁（Jean-Nicolas Fortin，1750—1831），法国科学仪器制造商、福丁气压表的设计者。
b 卡西尼（Jean-Dominique Cassini de Thury，1748—1845），法国天文学家和地图学家。他出身于卡西尼天文世家，成为这个家族的第四任巴黎天文台台长。
c 萨巴捷（Raphaël Bienvenu Sabatier，1732—1811），法国外科医生和解剖学家。
d 莫尼叶（Jean-Baptiste Marie Charles Meusnier，1754—1793），法国测绘学家、工程师。

科学院的场地除了开会以外几乎就再也没有别的用途了。原先的国王御床接见厅已变为了拥有一千二百种藏书的图书馆，供院士们借阅。直到1780年，人们都还可以在那里看到科罗奈利[a]制作的地球仪以及包括大象骨骼在内的几副大型骨架，而其余的标本都收藏在原先的国王卧室里。到了大革命前夕，这两间屋子已塞满了荣誉院士巴若[b]遗赠给科学院的机器模型，当时这些设备已在箱子里沉睡了三十年。而靠近会议厅的国王办公室则成了各专项委员会开会以及院选举点票的场所。另外，出版委员会大约每月在此屋召开一次会议，以筹备科学院科研成果的发表事宜；而财务委员会也在此进行查账工作。除了这些常设委员会的工作外，国王办公室还可作为评奖委员会以及发明特许权评审会的工作场所。如果来访的游客想参观这些通常无人问津的场所，他们须先和住在会议厅入口处的门房法托利（Bernardin Gaspard Fattori）联系。

科学院的各专项委员会常常不在原先的国王套房举行会议。这些受命的委员会成员常在自己家中撰写针对某篇论文或发明的评审报告。为了验证某项发明或发现，他们还须常常前往实验地点。在18世纪80年代时，大型的鉴定委员会也通常是在某位委员家中举行会议的。譬如，1783年有关浮空器的大型科研专项委员会便是在第六代拉罗什富科公爵位于塞纳街的府邸中召开了

---

[a] 科罗奈利（Vincenzo Maria Coronelli, 1650—1718），意大利地图学家和宇宙志专家、地球仪制作家。
[b] 巴若（Louis-Léon Pajot, 1678—1754），法国旧制度时期的驿站邮局总长、机器装置收藏家。

它的首次会议。会议由公爵本人主持。随后该委员会才前往兵工厂进行相关的工作。另外，1785年专为改革巴黎主宫医院而成立的委员会则是在卢浮宫长廊，即天文学家兼该项目报告编写人巴伊的套房里举行了会议。而有关诺曼底苹果酒的评审委员会则是在拉瓦锡家中举行会议的。

1750年以后，科学院在外开展科学项目成为新常态。自此，科研的星火不再拘于卢浮宫的象牙塔内，而是照亮了整座巴黎城。院士们的身影活跃在办公室、校园、沙龙及咖啡馆，使科学参与到了社会生活之中。由于科学院被政府视作在科技与工艺领域的专业鉴定机构，所以它不仅要向行政部门提供专业化的意见，更重要的是还须为行政部门提供人才支持。由此，科学院的命运便和王国政府各大机关的命运密切联系在了一起。此外，巴黎王家科学院通过它的各种评比竞赛、出版物和鉴定工作，将影响力扩展到整个欧洲；而学术通讯联系及它所扶持的海外勘探活动更使科学院的名声远播全世界。它那异彩纷呈的外部形象赢得了无数憧憬期许，而相形之下它的内部工作却显得空洞无物，这两者间的反差实在令人大跌眼镜。

操纵与花招

科学院的主要任务是评定、审批送审的科研成果，有时也负责科研成果的发表和表彰工作。若某项成果能赢得科学院的承认，这对于其作者、发明者或项目从事者而言除了意味着成果可享有出版许可之外，还赋予了他们梦寐以求的重大权益，即他们可借此申请到官方扶持并获得大众追捧。为达此目的，送审申请人常常不惜手段，评审前的一整套幕后运作遂成了家常便饭，行政干预、大佬推荐、利诱评委等一系列招数真是蔚为大观。而这些运作也给科学院营造了各种后台和关系网，以至于一个没有背景的素人很难甚至根本不可能有参会答辩的机会，他的成果也难以获得审批。这一套不仅可以影响评审结果，也同样可以左右选举结果。若想进入科学院并步步攀升，就需要早早地未雨绸缪、跑关系，并争取到院内院外的助力。总之，成功最终不仅取决于候选人的专业水平，也要看他拉帮结派获取支持的能力。

孔多塞从科学院秘书的位置起家便是这套关系学的很好例证。科学院终身秘书的工作是负责编写各次会议的纪要，并从中提炼编制院史。另外，他也负责为去世的同僚致悼词。这些工作固然繁重，但也意味着巨大的权力。丰特奈尔在这个岗位上成功地做了四十多年，其卓越的能力令其蹩脚的两位继任者麦兰[a]（Mairan）和富什[b]显得黯然失色。达朗贝尔对富什尤其不满，于是想选一位受自己关照的人担任这个职位。起初他想到的人选是天文学家巴伊，但1772年他又转向了年轻有才的数学家及百科全书派的积极拥护者孔多塞。当时达朗贝尔本人刚刚当选法兰西学术院的秘书。他认为，孔多塞若能当上科学院秘书可以加强启蒙哲人对整个文人共和国的掌控力。特别是，这将在漫长的王朝

---

[a] 麦兰（Jean-Jacques Dortous de Mairan, 1678—1771），法国数学家、天文学家和地球物理学家。
[b] 富什（Jean-Paul Grandjean de Fouchy, 1707—1788），法国天文学家和审计官。

统治日薄西山之际，有利于巩固启蒙哲学派与君主政府改革派精英之间的结盟。这一人选得到了当时负责监管各学院事务的国王事务省国务秘书拉弗里叶公爵的支持，而且拉弗里叶的姐夫、前任首席大臣莫尔帕也赞同，尽管莫尔帕当时失去了国王的宠信，但他的势力依然庞大。此外，被孔多塞称为自己导师的杜尔哥也力挺他。而且支持者的队伍里还有特鲁丹·德·蒙蒂尼。

其实在秘书岗位上干了近三十年的富什已然筋疲力尽并急于交棒。在尚未卸任前，他也接受由孔多塞先担任自己的副手，而孔多塞也已代他撰写了几篇悼词，借此为自己积攒了必要的资历。至此事情运作得一帆风顺，只差科学院确认由拉弗里叶提名的孔多塞正式担任新的副秘书一职了。但当科学院1773年3月6日开始正式走程序时却遇到了不小的阻力，这个提名激起了反达朗贝尔人士们的对抗。他们认为这是上面硬把孔多塞这个人选强加给科学院。莫非达朗贝尔事先曾请求国王下旨干预？况且达朗贝尔先前曾许诺让巴伊坐这个位子，如今他又是如何摆平巴伊的呢？时任科学院财务主管的布封便是反对一方的领头人，他是达朗贝尔的老对头，而且势力庞大。最终二十一位投票人中有六人反对这位官方属意的候选人。勾心斗角由此开始了。

在国王路易十五于1774年5月10日去世后，杜尔哥便开始掌权，而孔多塞与其关系密切，并是他的政策智囊。杜尔哥在当上了法国财政总监后，根据达朗贝尔的思路提出了一个科学院财务安排，给予老富什一千里弗尔的养老金，使他得以舒舒服服地隐退，并给孔多塞五千里弗尔令其"传承"富什的位子[15]。可是这样做等于从科学院每年应得的一万两千里弗尔实验拨款中挖去了一半。这正好给了科学院里的反启蒙哲学派充分的把柄！

布封随即发动反击，要求科学院针对秘书处的所有文书字据建立一个常设的监督与审查委员会。此前，富什因为自己的工作备受非议曾主动提出过设立这样的委员会以证清白；而如今科学院要将这一监督机制延及他的继任者，目的就是为了在孔多塞一旦获得他所期盼的职位后，对其加以限制。而更有可能的用意是拿常设监督委员会一事吓阻孔多塞，使其知难而退不再谋求秘书职位。总之，两个阵营的争斗贯穿了整个1775年。到头来尽管有杜尔哥的支持，达朗贝尔和孔多塞还是既未能通过新的财务安排，也未能凭借政府主管部门的干预而取消对新秘书不利的审查机制。后来接任拉弗里叶在宫里职务的马尔泽尔布也只能拨给孔多塞三千里弗尔的薪资，并听任科学院对秘书的工作进行审查。

不过这场风波最终于1776年7月宣告了结，一方面是因为富什的辞职，当然他能这么做很可能是得到了某些金钱补偿，另一方面是因为孔多塞在这一年以全票当选了科学院的终身秘书。尽管启蒙哲学派通过一些我们无从知晓的操作获得了胜利，但还是对那些捍卫学院自治权的人士做了一些象征性的安抚，也即孔多塞必须完全放弃他对其前任的所谓"传承"权。不过，自此以后学院也不得审查新秘书的工作了。

就这样学院又恢复了安宁。被击败的布封龟缩进了自己在植物园的地盘，此后参会的次数便越来越少了。不过到了1782年，他又蒙受了新一轮的挫败，这次羞辱来自法兰西学术院，又是孔多塞在达朗贝尔的大力支持下再次以一票优势击败了受布封关照的巴伊。秉持启蒙哲学理念的数学家达朗贝尔对自己的这一成功得意地戏称道:"能取得这个胜利,我比找出了化圆为方的解决办法还要高兴。"[16] 然而,就在说出此话的来年达朗贝尔就过世了,而他人刚走,巴伊就入选了法兰西学术院。当选后的巴伊看到布封对其已再无任何庇护作用,于是便立即与往日的恩人决裂。布封在饱受他人的薄情寡义后,遂决定再也不登卢浮宫的门了。

从这一刻起,百科全书派的后继者就基本独霸了法兰西学术院和科学院。虽然达朗贝尔过世了,但曾受其直接关照的孔多塞和拉普拉斯等人仍掌控着局面。此外,在杜尔哥的努力下被任命为火药局局长的拉瓦锡、掌管王家医学会的维克·达吉尔以及结交启蒙哲人的拉朗德也都有着倾向于启蒙主义的观念。一方面孔多塞强有力地执行着他作为终身秘书的职权,另一方面拉瓦锡作为科学院的权威人物,将大批化学、物理和数学方面的同事聚拢到他的一个庞大的科研计划里来。剩余的院士也都或多或少地跟随其后。如今的巴伊已和孔多塞和平相处且与政府各位大臣交好,并借此不断加强着科学院这个集团在国家机器中的作用。总之,尽管院内的争执和敌意并未消失,但大家还是能够抱成一团使科学院得以抵御来自巴黎城不断高涨的攻击大潮。

反科学院风潮

长期以来,一直有人担心科学院的权力过大。此外,它在知识界的主导地位是否与文人共和国应有的自由氛围相抵触呢?那些自己的科研成果遭科学院否定甚至忽视的人首先站出来发难。特别是当1775年科学院决定不再受理关于化圆为方、三等分角、倍立方和永动机的科研演示后,对它的非难陡增。对这些难题着迷的发烧友们觉得科学院的这种漠视态度比对相关科研工作的否定更加具有侮辱性。政论记者西蒙·兰盖素以猛烈抨击在各大院所里起主导作用的"启蒙哲人集团"著称,他立刻抓住此事大做文章,揭发科学院把原本专用于奖励化圆为方科学演示项目的赠款擅自挪作他用[17]。

反学院的苗头在接下来的十年里形成了气候,而社会形势也随之急剧变化,各种交流场所、公共辩论、俱乐部、思想团体、博物馆、咖啡馆、报刊如雨后春笋般涌现,这些都削弱了科学院在巴黎对科研及发明成果进行评审的官方垄断地位。此外,《巴黎日报》还喜欢大量刊载那些所谓开宗立派者的成就。科学似乎摆脱了官方机构的管控而变成了连发烧友、走火入魔者甚至骗子都能参与的全民活动。尽管这些人还在继续要求院士们对其成就给予承认,但他们已不再服从后者的判定了。正如布里索在1782年所写的那样:"只有大众有权裁定谁是天才。"[18]

而围绕动物磁流说的争议则成为这一矛盾的转折点。此前科学院一贯对那些上报来的异想天开的项目采取充耳不闻的态度。直到动物磁流说登场,科学院出于对各种"伪科学"严重误导社会的担忧,便在政府的支持下,开始在医学乃至科学领域对"江湖伪学"进行讨伐。科学院专门成立了动物磁流说审查委员会,并由巴伊撰写了审查报告,报告认为所谓流体的各种功效不过是一种纯想象;在呈给国王的一份秘密报告中,巴伊更进一步将动物磁流疗法称为"有伤风化"的行为,并将该学说作者梅斯梅尔有关天体影响的理论斥之为"古老的装神弄鬼"。这一批判立刻在民间招致了一股谴责官方科学及医学衙门的文章怒潮。布里索在他写的一篇匿名短文中就骂道:"你们的做派我已经领教十年了,从来都是那一套:对上屈膝,对下专横。你们一贯与创新为敌,而且不断迫害那些不愿屈从于你们的天才。"[19]而且,当通晓科学的医生让-克洛德·德拉美特利[a]于1785年执掌《物理报》以后,该报就似乎刻意地与科学院拉开了距离。

如果说在大革命前公众对院士们的攻击还不算多的话,那么1789年后它便成倍地袭来了。譬如,不被科学院承认的学者贝尔纳丹·德·圣皮埃尔[b]就在自己写的故事《印度小屋》(*La Chaumière Indienne*)中语带幽默地嘲笑那些"婆罗门高级僧侣们"的高傲态度;而让-保罗·马拉则干脆以侮辱的口吻在他写的《现代江湖骗子》一文中斥责道:"它(科学院)把光芒四射的太阳拿来作为自己的标志,把'发现与完善'这样谦逊的话语拿来作为自己的座右铭。可其实它什么也没发现过,什么也没完善过。因为它所产出的不过是一大堆流产科研项目的报告而已,这些报告大概只能用于去填塞大图书馆里的某个空架子。科学院虽然如此无所作为,但却开了11409次例会,发表了380篇悼词,还审批了3956项别人的成果……"在马拉看来,所有的院士全

---

[a] 德拉美特利(Jean-Claude Delamétherie,1743—1817),法国博物学家、矿物学家和古生物学家。

[b] 贝尔纳丹·德·圣皮埃尔(Bernardin de Saint-Pierre,1737—1814),法国作家、植物学家。

是同一副嘴脸，他们"虚情假意地爱真理，实则一心一意地说谎话。他们追名逐利，却既不专于业务，也非温良博学；他们有的只是漫不经心和自负顽固。他们所在乎的只有勋章，所崇拜的只是金钱。"总之，他们都是一路货色[20]。应该说，马拉的话仅是一个极端的例子，而且近乎病态。不过这位未来革命家的言辞倒反映出当年的反学院风潮是何等的强劲。除了那些被学院拒之门外的科学发烧友外，工艺师和发明者也纷纷强烈地抨击各大官方院所的独断专行。这股怒气终于得到了国民议会的响应。经决定，从1791年开始，科学院被剥夺了对发明项目的评审权，该权利交由新成立的工艺咨询局负责行使。

此时院士们已处于内部意见不一且不知所措的状态，他们面对这些变故只能逆来顺受而毫无还手之力。其实大部分院士本意是欢迎革命的，某些人甚至表现得十分积极。无奈该机构与旧制度的连带关系过于密切，无法实现自我改造。尽管如此，或许是作为对新社会的贡献，科学院召集了院内人才从1790年起开展了公制度量体系建设这一攻关项目。学院终身秘书孔多塞则涉足政界加入革命党人一边。在发生了国王路易十六外逃事件后，他便声明自己是共和派，而且当选了国民立法议会议员，而他的议员位子恰恰就在科学院曾经的老冤家布里索旁边。孔多塞以公共教育委员会的名义向立法议会提交了一份庞大的国民教育改革总体规划，包含了从基础的小学教育直至最高级的国立科学工艺学会在内的五个教育层级，并拟由这个学会取代所有原先的学院以统管一切科技文艺事务。不过当时的国民立法议会因忙于应对更紧急的议题，所以推后了对该议案的审批。而反对孔多塞方案的人便趁此间歇放开手脚大肆攻击说他的方案企图把国民教育置于学院派集团的严格掌控下。最终孔多塞的教育方案还没等到审批就被抛弃了。

  对各大旧式官方院所的攻击在1793年夏初达到了最猛烈的程度，这回是有人直截了当地要求完全取缔这些院所了。首当其冲的是法兰西绘画雕塑院，而其他学院也均在被要求取缔之列。国民公会公共教育委员会中负责该事务的拉卡纳尔[a]试图避免将科学家与文艺界混同对待，但因遭到委员会其他成员的反对而失败。最终在8月8日，由格雷古瓦神父[b]向国民公会提交报告建议取消各大旧式官方院所，但暂时维持科学院运转直至一个新的"负责科学和工艺进步"的机构建立为止。然而在画家大卫的干预下，国民公会拒绝在此事上让步，而是表决通过了立即废止所有现存的学院，并在三天之内研究有关科学院的特别处置措施。次日，科学院召开了最后一次在卢浮宫里的全体会。与拉卡纳尔一道抗争的拉瓦锡仍幻想着能争取到有利的裁决。这真是太天真了，国民公会不会将格雷古瓦神父的议案重新拿出来讨论了。于是在8月17日便出现了前文提到的情景：科学院院士们被拒之于自己的会议厅门外。国民公会在9月11日成立了一个临时度量衡委员会负责接手此前科学院正在进行的公制度量项目。自此，巴黎王家科学院寿终正寝。

---

[a] 拉卡纳尔（Joseph Lakanal, 1762—1845），法国大革命时期及拿破仑时期的政治家。
[b] 格雷古瓦神父（Abbé Henri Jean-Baptiste Grégoire, 1750—1831），法国大革命时期政治家和革命派神父，他也是法国国立工艺学院和法兰西学会的创始人。

CHAPITRE 2

*

第二章 科学之都

LA
CAPITALE
DES
SCIENCES

当彼拉特尔·德·罗齐埃[a]和达尔朗德[b]侯爵于1783年11月21日乘坐他们的热气球飞至巴黎上空时，他们几乎无暇饱览这座城市壮丽的风光。两人忙着给装置填料、把火弄旺，只是偶尔从高空领略一下在塞纳河沿岸静静移过的微缩了的建筑物。他们的气球从穆埃特城堡出发，飞行了25分钟后降落在鹌鹑丘。假如他们两位能专心俯瞰一下风景的话，会辨认出塞纳河北岸杜伊勒里宫和卢浮宫等宏伟的建筑群，此外还会远远地瞥见那座和大片密密麻麻的民居群落几乎连在一起的市政厅；再往北面眺望，则会看到林立的钟楼宛如阳光下耀眼的麦穗；而正前方西岱岛末端的瓦尔嘉朗广场后面则是巴黎圣母院的两个塔楼；再看气球即将着陆的河南岸，则有面对马尔斯校场的军校、一系列闪亮的教堂穹顶，以及塞纳河畔荣军院和四国学院的穹顶。

---

[a] 罗齐埃（Jean-François Pilâtre de Rozier，1754—1785），法国启蒙主义科学家和气球航空的伟大先驱。他在1782年到1785年间曾多次亲自驾驶气球旅行，并在载人气球飞行的距离、高度和持续时间上实现了多个世界首创纪录。

[b] 达尔朗德（François Laurent d'Arlandes，又名marquis d'Arlandes，1742—1809），法国热气球航空探险家。

而在那山岗之上高高矗立的则是索邦神学院和圣恩谷教堂的穹顶,以及当年仍在建的可俯视整个拉丁区的巨大的圣热纳维耶芙教堂[a]。

虽说教堂建筑占据了大部分视野,不过除卢浮宫之外还有一些建筑物体现着科学在巴黎城的存在,它们皆位于塞纳河南岸,如东面有布封提议扩建的植物园和自然博物陈列馆;南面有夏尔·佩罗[b]主持建造的天文台,这正体现了旧制度政府对科学的兴趣;另外,还可看到一些较近时期建成的新古典主义风格建筑,它们也是科学家们聚集工作的场所,譬如西面的军校、塞纳河畔的造币局以及位于拉丁区内的王家外科学院和法兰西公学院的一些新楼宇。这些华丽的建筑从那时候起就已经吸引旅游者的眼球了,它们成了当年教育、工业和行政领域建筑群中最耀眼的风景线,而国王优秀的科学家们就在其中工作和生活着。

正如当年的伦敦被称为商人与发明家之都、罗马被视为主教与艺术家之都、维也纳被称为音乐家之都一样,巴黎被誉为哲学家与科学家之都。实际上,哪怕将这座城市比作整个欧洲的思想启蒙之都亦不为过。其实早在中世纪巴黎就已在文化知识领域享有盛名。数个世纪以来,巴黎大学都具有首屈一指的学术地位。尽管后来其名望颇有下降,但它的各个院系仍吸引着来自四面八方的学子。在瓦卢瓦王朝和波旁王朝统治期间,巴黎的科学文化发展翻开了崭新的一页。国王弗朗索瓦一世于1530年建立了王

---

a 即今天的先贤祠。
b 夏尔·佩罗(Charles Perrault, 1628—1703),17世纪法国诗人、作家,曾任国王建造总管,以其作品《鹅妈妈的故事》而闻名,被视为现代童话故事的奠基人。

家公学院[a]以促进人文知识的传授。而在整个17世纪期间，各类专业学院、植物园、天文台及国王图书馆等众多王家研究院所纷纷创立。君主专制政府通过这些机构实现了对各种知识产业的管控。而这一建设持续到了18世纪：王家路桥学校、王家物理研究所、王家外科学院、王家医学会及机器库应运而生。

文人共和国里的科学

在18世纪，欧洲的知识界是一个世界化与平等化的圈子。在这个圈子里仿佛不存在任何等级和国界，人才和创意都可以自由地交流。不过相比较而言某些城市则更为突出，巴黎便是这样一座主导欧洲文人共和国的城市。而巴黎的知识界又以卢浮宫为中心，在这座宫殿里云集了主导知识和艺术发展的各大王家院所。这种知识的集中化地理布局凸显了国家权力对文学、科技和艺术的监管作用。

各类王家学院理所当然地荟萃了美术界、音乐界、建筑界、文学界、医疗界及科学界的顶尖人才。这些学院除了开展各自的业务和制定有关规章之外，还在卢浮宫里拥有各自的套房。譬如，巴黎王家科学院是在一层[b]的原国王套房里开会，而法兰西学术院则占据了底层的御前会议厅，法兰西铭文与美文学术院就设在其隔壁。此外，在国王套房的延伸部分里还有许多正对塞

---

a 即后来的法兰西公学院。
b 相当于中国的二楼。

纳河的宽敞房间，这些房间都拨给了兼做美术学校的法兰西绘画雕塑院。阿波罗长廊里的隔段房间归美校学生使用，而绘画雕塑院的院士们则可在隔壁宽敞的正方形沙龙里展出他们的作品。每年的大展，即当年俗称的"美术沙龙"都会在整整一个月内吸引大群的美术爱好者、猎奇者和报界的艺术评论家们慕名而来。建筑学院位于北面，即在老卢浮宫的另一端，从1774年开始该院在那里的底层辟有一间会议厅、一个摆放建筑模型的长廊以及一间设计室。而最后搬入的医学会则将直接朝向公主花园的原国王御前秘书听政大厅（即四季大厅），作为自己的会议室。

尽管这些王家学院分别从事不同的专业，但它们作为一个整体统一归国王事务省国务秘书监管（王家医学会同时也归法国国家财政总监管辖）。当年在包括法国在内的欧洲君主专制国家里，国王事务省国务秘书是一个可以无所不管的大臣级职位。它的职权实际上远超出了王室和宫廷事务的范畴，而囊括了对文人知识界的管控以及对各大位于巴黎之机构的领导，其中就包括对国王图书馆、巴黎天文台、植物园以及对位于塞夫勒和戈布兰的工场的管理。为此，国务秘书既要到凡尔赛宫陪王伴驾，又得在卢浮宫设有一个办公机构以接见有关人员。而他本人，自不必说，当然是科学院的荣誉院士。曾在路易十六统治初期做过一年国王事务省国务秘书的马尔泽尔布当时早已是荣誉院士了。不过他的继任者阿姆洛和布勒特伊男爵在被任命为国务秘书后则是通过选举才成为荣誉院士的。布勒特伊男爵在1784年到1788年间曾担任国务秘书，他与天文学家卡西尼和巴伊过从甚密，并自诩为院士们的好朋友。1787年他还将当时欧洲最优秀的数学家拉格朗日请到了巴黎。在布勒特伊男爵卸任国务秘书后，科学院为表达对他的感谢之情，请雕塑家帕如（Pajou）为其制作了胸像。但随后，科学院便再无机会选举新任国务秘书洛朗·德·维勒多耶担任荣誉院士了，因为此公已因革命浪潮而逃往国外。

对艺术行业的赞助主要由国王建造总管负责，该职位虽然名义上隶属于国王事务省国务秘书，但实际上可自主行使职权。而绘画雕塑院和建筑院，以及位于戈布兰和塞夫勒的王家工场就直接归该总管监管。1751年蓬帕杜夫人的弟弟马里尼侯爵被任命为建造总管，他开始大兴土木。在巴黎，他不但监督在建的军校工程，还开始兴建圣热纳维耶芙教堂以及路易十五广场。一方面，他在建筑领域里和建筑师卡布里耶及索弗洛（Soufflot）共同确立了严肃的"希腊式"风格。另一方面，他鼓励王家工场对瓷器和染色技术进行研究。在他离任后，接任的昂吉维莱尔伯爵是一位很有见识且深受尊敬的人，他延续了对工艺事业的扶持。作为一位矿物收藏家，昂吉维莱尔伯爵对科学特别感兴趣，而且与布封和卡西尼关系亲密。他的下属就是数学家蒙蒂克拉[a]，这位数学家以其所编写的鸿篇巨制《数学史》而闻名于世。就是在蒙蒂克拉的辅佐下，昂吉维莱尔伯爵在大革命爆发前的几年里还支持了布封和卡西尼对植物园和天文台的大规模扩建项目。

而科学院与其他文学性学院的联系也十分密切。按照历史传

---

[a] 蒙蒂克拉（Jean-Étienne Montucla，1725—1799），法国数学家。

统,法兰西学术院的院士中必须至少有一人为科学院院士。作为科学院终身秘书的丰特奈尔就于1691年进入法兰西学术院。1740年以后,出身科学院的法兰西学术院"终身院士"明显增加,譬如布封和达朗贝尔就是在18世纪50年代被选入学术院的,而孔多塞和巴伊则分别于1782年和1783年被选入。这一现象反映了一个重要的事实:在18世纪时,科学家们理所当然地被归入文人共和国。尽管科学家因其专业特殊,且有自己专门的机构和刊物,从而有自己单独的圈子,但他们却被视为完完全全的文人。

其实当年的文学与科学之间是没有明显界限的。像伏尔泰和狄德罗这样的文学家从来都不觉得自己涉及科学主题是一种屈尊之举。而像丰特奈尔和布封这样的科学院院士同时也是作家。就这样,科学界与文学界人士相互融合共同形成了18世纪中期的"哲人集团"。这一现象形成的最初动力来自18世纪40年代,当时正值牛顿的科学理论以及随之而来的洛克哲学观念击败笛卡尔思维,从而最终主导巴黎知识界的时刻。虽说当年的巴黎王家科学院曾是这场角逐的中心,但文人伏尔泰却在其中起到了决定性的作用:他于1738年起发表了《牛顿哲学原理》,并鼓励其好友夏特莱侯爵夫人将《自然哲学的数学原理》译成了法文。1750年后,《百科全书》的编撰最终使"哲人集团"蜚声于世。

这个在巴黎城乃至法国政府里获得支持的哲人集团正是启蒙主义思想家群体。而它的对手则是在宫廷里势力依然十分强大的耶稣会和虔诚派(le parti dévot)。这场较量历时漫长且激烈。由于当局的严管，《百科全书》曾于1752年和1759年两度停止出版，但在狄德罗的大胆坚持下，后又恢复出版直至1772年全部结束。也正是在1772年，科学院在与政府意见相左的情况下，选举达朗贝尔为科学院终身秘书。五年后，受其关照的孔多塞接替了他在科学院的这一职务。自此，启蒙哲人集团主导了法兰西王国的各大官方院所。

巴黎的文史学问界

长期以来，科学与文史学问的界限是模糊的。而科学与后者的区分始自伽利略与笛卡尔，即文史学问家偏重研究前人所写的著作，而物理学家和博物学家则专门研究"自然界这部大作"。尽管如此，两者间的关系还是很近的。一方面，直至19世纪，没有任何一门科学不是在反思自身历史的基础上进行创新的；另一方面，随着学问的世俗化发展，史学既包含人的历史也意味着自然的发展历史。

从1663年起，柯尔贝尔把筹备和撰写官方法国史的任务委托给了法兰西学术院的几位院士。这几位院士便组成了一个人称"小学术院"的专项委员会，该委员会在此后的几十年里地位日益重要，最终在1701年依照科学院的模式改组为一个真正的国家机构，并在此后不久定名为王家铭文与美文学术院，且开始出版论文集。该院拥有四十名院士，可对法兰西王国方方面面的著述展开研究。在这些院士中不乏高水平的史学家，譬如天主教莫尔会修士及古文字学的创始人蒙特福肯[a]以及语史学家费雷莱[b]，后者从1742年至1749年去世一直兼任该院的终身秘书。在将近一个世纪里，法国的王家铭文与美文学术院主导了整个欧洲的史学研究界。

此外，巴黎王家科学院与法兰西公学院，特别是与同归国王事务省国务秘书管辖的国王图书馆也有着密切的联系。两者之间的关系可谓由来已久。科学院从1666年成立伊始一直到1699年迁至卢浮宫之前，就在位于薇薇安街的国王图书馆开会办公。而搬入卢浮宫后，科学院院士仍继续定期造访国王图书馆的阅览室，《百科全书》的编纂者们也正是在这里进行这套典籍的大部分资料汇集工作的。达朗贝尔、布封和孔多塞就曾是该图书馆的忠实读者。

国王图书馆的创立至少可追溯到弗朗索瓦一世时期。当时这位法国国王在枫丹白露建立了一个由纪尧姆·比代[c]领导的王家图书馆。到了路易十四世时期，受国王任命掌管其图书馆的柯尔贝尔在1666年做出了一个重要决定，即将国王图书馆设立在薇薇安街自己的府邸旁边。此外，他还设法加强了在法国境内印刷书籍的法定送存制度，并鼓励对远方国家及地区的著作及手抄本进行收集工作。1719年，比尼翁神父[d]受命担任馆长，图书馆迎来了一个崭新的发展期。这位馆长把图书馆迁到了毗邻黎塞留路

---

[a] 蒙特福肯（Bernard de Montfaucon, 1655—1741），法国天主教修士、古文字学创始人。他提倡史学研究不仅要参考文献，还应以遗迹考察为依据。因此他也被视作现代考古学的先驱。

[b] 费雷莱（Nicolas Fréret, 1688—1749），法国史学家和语言学家。

[c] 比代（Guillaume Budé, 1467—1540），法国人文主义学者。

[d] 比尼翁（Jean-Paul Bignon, 1662—1743），法国天主教修道院院长、国王图书馆馆长。

的讷韦尔公爵府邸，并进行了大规模扩建。睿智而精明的比尼翁馆长同时也对图书馆的工作进行了全面改组，而且通过大量购入手抄本扩充了藏书。自改组后，国王图书馆便分为了五个部门，每个部门设一位总管。五部分别是：送存印刷品部、版刻品部、手抄本部、勋章部和称号及家族谱系部[1]。

国王图书馆一直由比尼翁家族的人掌管到1784年，此后由警察总监勒努瓦接手。当年图书馆里负责藏书的分类和保管的雇员有四十余名。这些工作人员和科学家们同属一个圈子：文人共和国中长于学问研究的那一部分人。除了主管和管理员之外，图书馆还设有一些通晓东方和欧洲其他国家语言的译员负责翻译手抄本。首位叙利亚帕尔米拉文字和腓尼基文字的翻译家巴泰勒米神父[a]曾在1787年写就了《年轻的阿纳卡西斯希腊游记》，此书一经问世即成为启蒙主义思潮的畅销书。而神父本人就是勋章部的主管。语史学家德金[b]曾任《学者报》的秘书，同时也是闪米特语与汉语专家。而语史家安奎蒂尔-迪佩龙[c]则是翻译了《波斯古经》的大家，这部古经是祆教的圣典，此外他还翻译了波斯文的《奥义书》。他和德金同为国王图书馆的翻译。

这些语言文化专家同时也是王家铭文与美文学术院的院士，他们在那里与大贵族和教会人士有密切的交往。而该学院的气质

---

[a] 巴泰勒米神父（Jean-Jacques Barthélemy，即abbé Barthélemy，1716—1795），法国天主教修道院院长，考古学家、钱币学家和文字学家。
[b] 德金（Joseph de Guignes，1721—1800），法国语史学家、汉学家和翻译家。
[c] 安奎蒂尔-迪佩龙（Abraham Hyacinthe Anquetil-Duperron，1731—1805），法国印度语言文化学者和翻译家。

与思维和科学院区别甚大，它曾是詹森主义思想的栖身之所，直至大革命前夕一直保持了这种教义的某些思维方式——既具有某种超脱的情怀又具有苦修的作风，而且将这两者与文史学家的严谨态度结合在了一起。王家铭文与美文学术院的院士只对古代的科学感兴趣，而且他们的思想从根本上说是保守的、敬仰宗教的，这与科学院院士所秉持的启蒙哲学思想相去甚远。

在旧制度行将就木的最后几年里还是发生了一些新的改变。1785年王家铭文与美文学术院设立了常住自由合作院士一职，这一举措引来了精通阿拉伯语和希伯来语的货币法庭年轻推事西尔维斯特·德·萨西[a]，此人可谓前途远大。此外，科学院的巴伊和巴尔泰（Barthez）[b]亦来加盟。巴伊在取得了几项出色的天文科研成就后，于1775年发表了他的《古代天文学史》以及致伏尔泰的公开信，这些著述凸显了他受共济会思维的启发而阐述的科学本源理论。这一理论的提出立刻使其名声大噪。在他看来，中国人、印度人和迦勒底人的天文知识可能只不过是来自同一种科学的记忆碎片罢了，而这种科学的创造者可能是某种在大洪水时期前曾生活在亚洲北部某地但现已消失的远古人类族群。这一论调虽然遭到启蒙科学家的抨击，但却获得了巨大成功。巴伊虽然不懂希腊语和其他东方语言，但他仍被大家视为古代天体学历史的专家。在当选王家铭文与美文学术院院士后，巴伊又发表了《印度天文学史》，在其中他将印度出现天文图表的时间追述到了

---

[a] 西尔维斯特·德·萨西（Antoine-Isaac，即 Silvestre de Sacy，1758—1838），法国文献学家、语言学家和阿拉伯语专家。
[b] 巴尔泰（Paul-Joseph Barthez，1734—1806），法国医生及百科全书派人物。

公元前四千纪末期。

巴伊受库尔·德·热伯兰[a]关于比较神话学观念的启发,从天文学的视角解读了一些远古神话的记述,并由此推想大洪水时期前的天文观应源自地球北部地区。另一位名叫夏尔-弗朗索瓦·杜皮伊[b]的学者则进一步从天文学角度对古代神话进行了解析。杜皮伊做过利雪中学的修辞学老师,又得到了拉罗什富科公爵的庇护,他曾专心地听过拉朗德在王家公学院所讲授的天文学课程。据杜皮伊的看法,埃及人可能早在公元前15000年时就发明了黄道各宫及各星座的称谓,并可能根据黄道各宫制作了他们的历法。而埃及神话里的许多传说也有可能是针对星座位置和运动的比喻。他的这一带有唯物主义色彩的论点得到了拉朗德和其他启蒙哲人的支持。而巴伊则激烈反对这一论点,因为这与他所认为的天文学研究发端于地球北部地区的理论相左。尽管杜皮伊思想尖锐,但仍当选了王家公学院的拉丁语雄辩科教授,后又在1787年成为王家铭文与美文学术院院士。热月政变后,杜皮伊发表了《论所有宗教(或普世宗教)的起源》一书,在书中他用对待其他异教神话的那种毫不客气的态度来看待基督教信仰。此书一出犹如巨石激起了千层浪。

---

a 库尔·德·热伯兰(Court de Gébelin, 1725—1784),法国文人、神话学者。
b 夏尔-弗朗索瓦·杜皮伊(Charles-François Dupuis, 1742—1809),法国文史学家、科学家和大革命政治人物。

天文台和天文学

科学家和文史学家对天文学发展史的浓厚兴趣令我们回想起这门科学在古典时代的重要地位。自古以来天文现象都以其宏伟壮美吸引着众多的观测者。上古时期的人们把天空划归了各路神明。而天文学家则通过观察与测算，指出了天体运行所具有的惊人规律性。哥白尼将天体运行的图示进行了简化，令太阳取代了地球在宇宙中心的位置。这场技术领域与观念领域的革命使16世纪成为近代科学的起点。此后，得益于观察和测算手段的巨大进步，天文学研究获得了越来越精准的数据。而牛顿凭其在科学发展进程中的非凡之力，将所有天体运动都归结为由统一的物理定律的效果所导致的现象，而这个物理定律的效果是可以用数学表示出来的，它就是：万有引力定律。

天文学领域的这一进展促进了人们世界观的变革，而这一思想变革已超出了科学界。它对已有的教条提出了质疑，这些教条既包括对万物本源的成见，也包括对人在万物造化中的地位的固有思维。初看起来，牛顿的天体力学理论似乎支持了上帝是宇宙的总设计师和自然法则的保障者这一观念，但人们很快便会发现这一理论实际上解放了思想，大胆揭露并断然摒弃了宗教的束缚。思想史家保罗·阿扎尔就认为，欧洲在从17世纪的古典时代转向18世纪的启蒙时代的过渡期曾经历过一场"欧洲思想的危机"，而科学曾是导致这一思想危机的决定性因素。从另一方面看，天文学也有许多的实际用途，譬如它对编制历法、绘制地图册以及开展航海事业都有重要的贡献。在统治者看来，仅从这一目的出发就理应对天文学家加以保护并对其观测活动给予资助。

位于巴黎的王家天文台建立于1667年，它被视为前一年成立的巴黎科学院的必要补充机构[2]。天文台不仅用于天文观测，也为科学院所开展的物理和博物学科研项目提供服务。正因如此，在创建天文台之初，当局就曾设想在那里设置存放科学院演示所用机器的库房、摆放有关自然界的王家藏品，并在台里建立若干化学实验室，甚至还拟在天文台里为来访的欧洲各国科学院同行设立招待所。但由于能力所限，且因台址过于远离巴黎市中心，所以如此庞大的计划很快就被放弃了，替代项目则仅限于天文领域的建设。但从创立的初衷观之，足见天文台与科学院的密切关系，毕竟直到1771年为止，它在名义上还是归科学院管辖的。另外，对原来构想的追忆也使人们想到天文台在创立伊始的探索初心曾比天空更为广阔。巴黎天文台由夏尔·佩罗所建，它的样式仿照了第谷·布拉赫所创立的乌拉尼堡天文台的风格。这座城堡状的建筑位于巴黎南部原先的昂费尔收税关卡[3]附近，当年此地被叫做"大视野"（le grand Regard），是一片防烟火的开阔田地。不过这座有拱石结构的建筑杰作却并不实用，而且不利于进行精确观测。

1671年后，卡西尼家族掌控了天文台，而科学院里的其他天文学家则选择去别处进行观测。天文台便主要成为大地测量及地形图测绘中央领导办公室。而到了1756年其主要工作则是绘制法国地图。这项绘制地图的业务被交由一家私人企业负责，而该私企的主管就是卡西尼天文家族第一代掌门人的孙子卡西尼·德·蒂里。卡西尼家族在天文台的势力在1771年得到了官方确认：这一年，卡西尼·德·蒂里获得了天文台台长的官方任命以及三千里弗尔的薪俸。由于缺乏工具和观测人，长期以来天文台的天文活动都大受缩减。对天象的观测实际上是在军校、克吕尼宫、法兰西公学院、马扎然学院[a]和若干私人观测台等分散在巴黎的不同地点进行的。而巴黎天文台连对这些天文活动发挥组织和协调的作用都谈不上[4]。到了18世纪70年代末，天文台里只住着卡西尼一家以及天文学家勒让蒂尔[b]和若拉[c]，此时台里的观测室已破败不堪，而楼宇也变成了随时可能倒塌的危房。

不久卡西尼·德·蒂里病重，其子让-多米尼克·卡西尼（人称卡西尼四世）接替其父担任天文台台长，新台长随即着手修复天文台建筑，并重启天文观测活动。他还命人重建了各观测室，并请来了一些临时观测者。而且他还开始进行地磁场测量。不过直到其父老卡西尼于1784年过世，新台长才在其好友布勒特伊男爵和昂吉维莱尔伯爵的积极支持下启动了天文台的大规模改造计划。他获准建立了三个用于观测的学生广场和一个专业图书馆，并且颇费了一番周折请到巴黎的工匠师制作了新型专业工具。正值法国地图绘制这项大型工程行将完工之际，新台长又提出一个大地测量的跨国合作新项目：将伦敦格林尼治子午线与巴黎子午线进行衔接。此时真是到了该好好修复破旧楼房的时候了。卡西尼本打算去除露台和拱顶以降低上层的高度，但昂吉维莱尔伯爵不赞同对如此美观的建筑进行这般肢解。1787年，翻修

---

a 即前文提及的四国学院。
b 勒让蒂尔（Guillaume Le Gentil，1725—1792），法国天文学家。
c 若拉（Edme-Sébastien Jeaurat，1725—1803），法国天文学家。

工作开始，最终决定重建上层的拱顶并新建一个屋顶。虽然大革命爆发之际该项目还远未完成，但卡西尼已为新天文台工程打下了基础，而该项目将在接下来的19世纪迎来充分的发展[5]。

王家植物园里的博物学家

应该说卡西尼是效仿多年以前布封修复王家植物园的例子来重建天文台的。而说到植物园，其实在布封于1732年出乎众人意料地当上这一机构的总管之时，该园仍差不多停留在一百年前居伊·德·拉博罗斯[a]初创时所设计的样子。那时它位于圣维克多镇[b]，毗邻比耶夫尔河的旧河道。园子包含一座小城堡、一块空地、两个小山包、一片树林迷宫以及一个小土丘。设计初衷是建设一个药用植物园地，但后来这个园子也成了一个教育场所，用于给医药专业的学生讲授植物学、化学及解剖学。在布封上任该园主管前的几年里，小城堡里的药库已改为自然藏品馆[6]。

布封承袭了其前任们的工作。其实，他作为一位出没于上流社会的杂家学者，本人在科学院里的专业是几何和力学，似乎既无权也无专业能力来领导植物园的工作。但不久后的事实证明布封不愧是一位杰出的博物学家和卓越的管理者。他所著的36卷《自然史》在1749年到1788年之间陆续发表，赢得了堪比《百

---

a 居伊·德·拉博罗斯（Guy de La Brosse, 1586—1641），法国植物学家、医生及王家植物园首任总管。

b 原系巴黎老城边的小镇，在后来的城区扩展中成为巴黎的一部分。

科全书》的巨大成功。此书包罗万象，既有对多种多样动物和矿物的精细描述，也有针对地球和人类历史、生命起源与世代繁衍、动物行为及其驯化等方面所提出的全面而大胆的见解。布封是一位科学家、商人及朝臣，更是一位作家和哲人。他在1753年入选法兰西学术院，并在1772年受封伯爵，是启蒙运动旗下毋庸置疑的主将之一。

王家植物园以其教学能力著称于世，并吸引了众多学子与自然爱好者慕名前来。该园始建于17世纪，当时虽遭巴黎大学医学院的强烈反对但仍得以落成。它的创立对于巴黎在科学实验手段，特别是在解剖学和化学实验手段方面的飞跃起到了决定性的作用。植物园所讲授的三个科目都各自设有理论课教授讲席和实践演示课教授讲席。布封对所教课程内容不甚关心，仅就空余教师职位的人选任命进行干预。即使布封对在职老师的管辖权限很小，但也可给予园内职工以很大的关照[7]。

这就使布封在撰写《自然史》的同时，还得以在众多蒙其关照的人才的协助下对植物园进行彻底的改造：他既扩大了园内自然博物藏品馆的面积和藏品数量，又通过购置地产拓展了植物园的面积。自布封任植物园总管后，他对园里的植物建设不甚关注，而是把这一任务委托给朱西厄叔侄们去负责，自己则专注于自然博物藏品馆的建设。他刚上任时，这个馆只剩下两间小屋子了。于是他从自己的套房里拿出了两个大厅作为新辟的藏品室。而后到了1766年，布封彻底搬出了自己在小城堡里的住所，这就腾出了足够的地方可以在四个大厅里更加系统地陈列藏品，即两个厅用于摆放动物标本，一个厅安放矿石标本，一个厅存放植物标本。

此外，另设一间屋子安置原来的药库。这个藏品馆每星期对公众开放两天，自1745年后它一直由科学院的道本顿院士主管，道本顿是医生出身，他也是受布封特别关照的人之一，他和布封不仅都是来自蒙巴尔的老乡，而且一起合作编写了《自然史》[8]。

1771年，大病后捡回一条命的布封开始亲自过问园内植物建设方面的事。他先是根据安托万-罗兰·德·朱西厄[a]的博物学分类法重新布局了植物学院示范园地，并将其面积扩大了一倍，随后，他又通过不断购置植物园附近的土地逐渐扩展总面积。譬如，在北面，他买下了原属圣维克多修道院的几块地、一个名叫帕图叶的果园，以及巴黎市政府租给木材商的几块位于塞纳河边的场地；在南面，他则购入了一大批小手工作坊和一处小房子。改建工程于1782年在布封信任的植物园总园艺师安德烈·图安[b]的领导下开始了。

改建工程在比耶夫尔河一侧开辟了一条名曰布封街的新马路，并将两条由前任植物园总管迪费[c]营造的菩提树小径延伸至塞纳河畔。此外，还开挖了一个方形大水池，扩大了植物学院示范园地，并盖了一座新暖房。在北面买入的新地块，特别是1787年所购得的马尼宫楼房再次补充了植物园的建制。园林建

---

[a] 安托万-罗兰·德·朱西厄（Antoine-Laurent de Jussieu, 1748—1836），法国著名植物学家。他的三位叔叔安托万·德·朱西厄（Antoine de Jussieu）、贝尔纳·德·朱西厄（Bernard de Jussieu）和约瑟夫·德·朱西厄（Joseph de Jussieu）均为法国著名植物学家。

[b] 安德烈·图安（André Thouin, 1747—1824），法国农学家和植物学家。

[c] 迪费（Charles François de Cisternay du Fay, 1698—1739），法国化学家及王家植物园总管。

筑师韦尔尼凯[a]在此建了一座新的阶梯礼堂，该礼堂在大革命前夕落成，用于植物学、化学和动物解剖学的课程讲授和演示。从此以后，这座植物园不仅成为巴黎漫步的理想场所之一，而且还以其近六千个不同品种植物的容纳量位居全欧洲植物园之首。布封在1788年临终前还设计了一个自然博物藏品馆的新扩建方案，拟在二楼再加一个大厅、在三楼添一个大陈列廊，这就需要将作为藏品馆的城堡加高[9]。

尽管在巴黎城里及郊区还有多处自然博物陈列馆，譬如位于弓弩路的药学公学院花园，又如造币局的矿石陈列间，还有位于迈松-阿尔福镇的兽医学校以及其他大大小小的花园与私人博物收藏室，但在布封的奋斗下，巴黎植物园终于被打造成了最为引人入胜的博物学中心，使相关的科研工作围绕它展开并辐射到全巴黎、全法国乃至全世界。博物学爱好者们齐聚此地聆听公开课程、采集植物、参观标本，并结识博物学家。而对于途经巴黎的外国旅客而言，造访植物园更是不容错过的项目。从更大的视角来看，布封和受他关照的专家们借此营造了一个巨大的学术社交网络，他们可以网罗各种各样的专业信息、取样、矿石样本、骨骸、植物标本及种子品种，并将其悉数收入他们的藏品馆，或植入他们的花圃。在旧制度即将倾覆的最后几年，这一搜集的力度得到了大大加强。然而这仅仅是一个开始：在大革命催生了国立自然博物馆后，巴黎所有的博物学专业活动才都围绕新机构进行了重组，而该馆也发展成为全欧博物学无可匹敌的翘楚。

---

a 韦尔尼凯（Edme Verniquet，1727—1804），法国园林建筑师。

院士们的业务

天文台和王家植物园的创立已彰显了官办科学的重要性。因此自王家科学院创立以来,柯尔贝尔也有意让它为王朝的强大与繁荣贡献力量。科学院不仅要对涉及公共利益的事务拿出意见,也须对个人的发明和企划进行表态。总之,科学院的工作处处都要围绕着实用性这一宗旨来展开,其实天文台和王家植物园便是基于这个宗旨而建立的。具体说来,天文台主要用于大地测量工作,以供绘制法国地图之用;而植物园创建伊始本是培育药用植物,以及进行海外物种的本土驯化尝试。从更广的层次来看,科技鉴定工作是伴随着整个18世纪法国国家官僚体系的发展而发展的。王权设立科学院以将其作为自己养士和取材的基地。某些院士担任中央行政机器所赋予的常设职务;而另一些人则领导着君主政府在首都所设置的一些大型科学机构。这种官办科学的性质遍布民用和军用的各行各业。鉴于巴黎是国家的首都,又是大部分政府部门云集之处,所以这里对科技的需求也是最大的。

尽管像战争部、海军部及外交部等涉外机关的主要机构设在凡尔赛,但它们均与巴黎科学院的院士们保持着定期的联系。况且,凡尔赛距离巴黎这个众多机构云集的城市也不算很远。制炮局就设在兵工厂,而防御工事局则设在巴尔贝特街。由柯尔贝尔所设立的殖民地行政管理部门也位于塞纳河畔[10]。甚至一度搬到凡尔赛的海军海图局最终也迁回了巴黎,在1775年落户于圣安托万大道的耶稣会发愿者之家。不过对于法国海陆军而言,巴黎主要担当的还是军事教育场所的角色。

军校于18世纪中叶隆重创建，在一段时期里它始终是一所重要的科研单位，尤以数学为重。军校里设有天文台，包括拉普拉斯在内的多名科学院院士均在那里执教并居住过。然而，1776年军校关闭并被一所规模大大缩小的贵族子弟军事学院取代，自此后原址的地位便大大衰落了。拿破仑曾于1785年在此研习数学。此外，隶属于海军部的舰船建造学院则设在卢浮宫中科学院隔壁的厅室里。最后值得一提的是，军事工程、炮兵和海军这三大技术兵种的主考官一律从科学院院士中选拔并常居巴黎。波絮[a]于1768年继其保护人加缪[b]之后担任了军事工程主考官一职。而在兼任海军和炮兵主考官的裴蜀[c]于1783年去世后，蒙日和拉普拉斯便分别继任了这两个职务。拉普拉斯还兼任了新设立的舰船建造科主考官一职。

不单是那些涉及军事的部门，当年的法国财政总监办公室与巴黎王家科学院的关系更加密切。柯尔贝尔所营造的这一氛围在接下来的18世纪又大大加强了。在国王路易十六当政初期，杜尔哥受命担任了法国财政总监，他依靠科学院院士推行改革政策，任命其顾问孔多塞执掌巴黎造币局，任命拉瓦锡主管火药局，委派波絮、达朗贝尔和孔多塞一起研究运河事宜，还请维克·达吉尔进行牛科动物流行病的调查，由此引出了王家医学会的建立。实际上，历任财政总监均十分倚重科学院院士们的业务

---

a 波絮（abbé Charles Bossut, 1730—1814），法国几何学家、军事工程学教师及主考官。
b 加缪（Charles Étienne Louis Camus, 1699—1768），法国数学家、天文学家、军事工程学家。
c 裴蜀（Etienne Bézout, 1730—1783），法国数学家，裴蜀定理（又称贝祖定理）的提出者。

能力。甚至杜尔哥的政敌也即他的继任者内克尔[a]亦不例外，而且他还与布封那个圈子的人士过从甚密。当年，法国财政总监的办公室距离位于小场街的国王图书馆仅几步之遥。院士们常来造访，就有关商贸、物资供应、公共工程，甚至财政和人口政策等方面的问题献计献策。

而隶属于财政总监的各大技术管理机构，譬如造币局以及管理矿业和路桥的机构均将其办公总部设在巴黎。长期以来，它们都与科学院的专家们关系密切。譬如，对货币的打造与质控就需要借助丰富的化学知识，对矿产品的管理也亟需矿物学和地质学方面的知识，而筑路和开挖运河则需要依赖力学和水利学方面的知识。久而久之，这些管理机构逐渐在其业务机关里积攒了各种专业文献和样品系列，从而积累了强大的科技鉴定能力。可以说，不论是对督察人员和工程师进行培训，还是完善自身的业务执行能力，这些机构都须定期求助于科学院的院士们。

钱币铸造府

钱币铸造府简称造币局，系大革命前夕位于首都的最显眼机构之一。它的正面系四层石砌建筑，沿塞纳河伸展开来，共有窗户六十六扇。局里设有众多造币车间和大型制造厂的测试室，以及一所专业学校和若干功能性科室。整座建筑落成于 1775 年。

---

[a] 内克尔正式的官衔并非通常所称的财政总监（contrôleur général des finances），而是财政主管（directeur général des finances）。据称，这是因为他是外国新教徒。

自从钱币制造职能由最高法院[a]转给财政总监后,政府强化了对铸币工作的集中化和优化操作。鉴于原来设在卢浮宫附近的巴黎铸币府已经破旧,正好建造一座宏伟崭新的府邸,以便与造币这一国之重器的地位相称[11]。

政府原计划是在王家路上沿新建的路易十五广场重建铸币府,可这遭到了金银匠们的反对,他们集体跑到巴黎市长那里抗议。由于金银行业一直没有专辟的街区,所以长久以来他们都把店铺和作坊设在卢浮宫和西岱岛宫殿之间,且靠近金银匠行业管理处的地段。这些店铺、作坊集中分布在这一地区的塞纳河北岸、西岱岛以及跨河的兑换廊桥和圣母廊桥。金银匠需要常常到铸币府去查验他们所获金属的成色,因此担心若新铸币府建在偏远的王家路,他们携带财货往返会耗时太多且若遇阻塞会多有不便。最终金银匠们获胜,政府放弃了在王家路的兴建方案,改为在塞纳河南岸、位于新桥和四国学院之间的孔蒂公馆旧址处进行建设。就这样,新建的造币局仍坐落在巴黎市中心,与金银匠码头近在咫尺,且位于作为王权集中化重要象征的老宫殿建筑群地带。

直至旧制度被大革命推翻之际,多位科学院院士都住在造币局,他们中有科学院终身秘书兼造币局总监孔多塞,他及夫人在造币局还举办了沙龙;此外,还有铸币实验台和精炼总监马蒂厄·蒂耶[b]。这两位均于1775年受杜尔哥的任命来造币局担任领导

---

a 即货币法院,属于当时法国最高法院体系。
b 马蒂厄·蒂耶(Mathieu Tillet, 1714—1791),法国冶金专家、植物学家和农学家。

工作。另外，验矿学教授巴勒达扎尔-乔治·萨日[a]也于1778年受内克尔的任命来造币局工作生活。因为造币局缺乏空房，1784年接替蒂耶职位的让·达尔塞和1786年被派到孔多塞身边担任造币监察官的罗雄神父[b]只能住在别处。孔多塞和罗雄在造币局几乎没做什么有科学含量的工作，蒂耶和达尔塞却利用他们在局里的实验室进行科研，从而向科学院提交了若干篇论文。不过，若论造币局最重要的科学建树，那必定是萨日的研究成果了。

药剂师出身的萨日很不受科学院同行们的待见，他既从事化学科研也致力于自然研究。在18世纪60年代他对公众开设了一门公开课，并在位于圣墓街的布雷昂公馆中慢慢积攒了十分珍贵的矿物藏品系列。在路易十五的关照下，萨日于1770年进入了科学院。此外他身兼数职，既是王家化学与博物学的学监，也是药学公学院化学课的演示员，还是实验督察，而且造币局在1778年根据他的请求创立了验矿学教授这个岗位，并最终任命他担任此职。就这样，萨日凭借他在宫里的人脉，成了当年最有权势和最富有的院士之一。但是他的工作却招来院士同事们的嘲笑。他坚称已从植物灰烬中发现了黄金，而这一所谓发现随即遭到科学院化学同行们的否决，于是双方的关系就闹僵了。不仅如此，萨日还公开与蒂耶作对，并激烈地反对拉瓦锡的科学理论。尽管这样，由于他颇受上层人士和王室的宠信，所以并未因自己在科学院圈子里的糟糕名声而受多少委屈。

---

[a] 巴勒达扎尔-乔治·萨日（Balthazar-Georges Sage，1740—1824），法国化学家、药剂师和矿物学家。
[b] 罗雄神父（abbé Rochon，1741—1817），法国天文学家和光学仪器发明师。

矿业学校和路桥学校

萨日在造币局除了拥有一个套房外，还占有一个朝向塞纳河岸的宽敞豪华待客厅。他在此设立了他的实验室，并陈列其矿物藏品。另外，他也在此处讲授课程。1783年，尽管时任矿物总监的安托万·莫内[a]脾气火暴，且对萨日的想法充满敌意，萨日还是凭借他的四处周旋，成功地实现了在局里创立一所矿业学校的目的，这所学校自然也就归他来管理了。其实在该校的学生当中只能有少数几人成为专业的矿业工程师。该校同时还面向公众开设了若干门公开课程，其中有关矿物学和化学的课程就是由萨日亲自讲授的。而有关矿产开发技术的课程则由矿物监察官吉尤-杜阿梅尔[b]来执教，吉尤-杜阿梅尔不久后也当选了科学院院士[12]。

而萨日同时还在继续讲授他的验矿学公开课。而且他还利用创立矿业学校的机会，使官方按照他提出的条件购买了其收藏的矿物样品，并翻新了教学场所。此后的授课大厅中央改建为一个能容纳二百人的大阶梯型教室，且厅内还装饰有国王路易十六和卡洛纳[c]的胸像。在教室四周走道的靠墙处摆放着一些玻璃柜子，里面陈列着一部分藏品。在大厅尽头的几级台阶之上便是一个做化学实验的大壁炉。而其他的众多矿石则陈列在楼上的长廊里，参观者须拾阶而上，楼梯上郑重地安放着萨日的胸像，表达了学

---

a 安托万·莫内（Antoine Grimoald Monnet, 1734—1817），法国矿物学家。
b 吉尤-杜阿梅尔（Jean-Pierre-François Guillot-Duhamel, 1730—1816），法国矿物学家和冶金专家。
c 卡洛纳（Charles-Alexandre de Calonne, 1734—1802），路易十六统治时期的财政总监之一。

子们对这位创校鼻祖的敬意[13]。

可惜，由萨日在造币局里一手创立的矿业学校因就业出路渺茫而被迫于1788年停课，直到1795年经改头换面后才得以恢复。在这方面，萨日的矿业学院远不及由特鲁丹[a]于1747年在路桥局绘图办公室里成立的路桥学校。该学院创立伊始即被称作王家路桥学校，由法国路桥工程师团体首席工程师兼科学院院士贝罗耐领导，到了18世纪80年代，该学院即招收到包括编外生在内的百余名学生，他们均居住在巴黎城里。课程在位于玛黑街区的利贝哈勒·布昂公馆进行讲授，该公馆在珍珠街和托里尼街的交汇处。1786年后，授课地点迁到了圣拉扎尔街与三兄弟街交汇处的路桥总管公馆[14]。

实际上在当年，路桥学校只能勉强算是一所学校，因为它的老师只有贝罗耐和他的两位助理，即罗扎日工程师[b]和谢才工程师[c]。因为缺乏正式的师资，所以学生们只能在巴黎城里四处去听公开课和私课，譬如去造币局听萨日的化学课，或去纳瓦拉学院听布里松的物理课。许多学生还去位于圣奥诺雷路的奥拉托利司铎祈祷会听流体力学课，这是杜尔哥于1775年设立的一门隶属于建筑院的专题课。这门课的老师原是波絮神父，后在1780年由蒙日接替，蒙日随即在巴黎的这个讲坛上首次展示了他曾在梅济耶尔给军事工程学校学生传授的画法几何学。接下来的继任

---

[a] 特鲁丹（Daniel-Charles Trudaine，1703—1769），18世纪法国旧制度下的官员，法国王家路桥学院的创建人之一。
[b] 罗扎日（Pierre-Charles Lesage，1740—1810），法国王家路桥学院工程师和教师。
[c] 谢才（Antoine Chézy，1718—1798），法国王家路桥学院教师和水利学家。

者是几何学家雅克·夏尔（这样称呼是为了将他与著名物理学家雅克·夏尔区分开来）[15]。路桥学校拥有一座图书馆和一个图表库，在那里谢才和罗扎日两位老师监督学生们作图。学院贯彻互帮互学的机制，即成绩好的老学生须辅导新生掌握课堂理论知识。另外，在夏季的几个月里，学生们须到施工现场接触工程师，开展一系列"野外体验课"。

各王家制造工场与机器馆

造币局位于巴黎城中心，而其他直属国王的巴黎工业部门则位于城市边缘。譬如，一直作为法国制炮局所在地的兵工厂连同自己的司法和警察机构，构成了夹在巴士底监狱和塞纳河之间的一种飞地结构：兵工厂的办公楼、住所和车间棚屋之间靠迷魂阵般的院落和小径相连通。在其南端的塞纳河沿岸、正对卢维耶岛处（île Louviers），为大兵工厂区，那里设有兵工厂主管的宅邸及其藏书楼；而在北面靠近巴士底监狱处则为毗邻壕堑的小兵工厂区。王家火药和硝石局就位于壕堑边上。这个由政府专管的局于1775年由杜尔哥创立，它隶属于法国财政总监，以改变原先名声不佳的低效的租赁经营机制。火药局确保从国内各地收集和提纯硝石，并生产和经销不同种类的火药。这个局的领导机构以及一个提纯厂和数个火药仓库均设在兵工厂内[16]。

杜尔哥任命拉瓦锡担任火药局局长，于是拉瓦锡及其三位同僚进驻位于硝石院和兵工厂壕堑之间的局长官邸。这些建筑后来遭遇巴黎公社的大火,如今已荡然无存了。拉瓦锡在关注火药局行政管理和经济效益的同时,尤为重视火药生产的合理化改进工作。为此他发起多个重要的科研项目,并组织科学调查、鼓励科学创新,还特别求助于工科的技术支持。从18世纪80年代初开始,火药生产的意义愈发为人所重视。从1792年开始的频仍战事再次对革新火药生产操作提出了迫切的要求。拉瓦锡随即投入科研攻关之中,直至他最后被捕的那一刻。

在改进生产的同时,拉瓦锡也建立了一套火药监制官的培养机制,这个机制将在兵工厂的学习和到工作现场的实践结合在了一起。他将在兵工厂里给火药科学生讲授化学和力学课程的任务交由自己关照的新秀让热布雷[a]完成。其实,巴黎兵工厂最为人称道之处还是拉瓦锡为自己的科研需要而专门打造的私人实验室。在旧制度倾覆前的最后几年岁月中,这个实验室已成为"化学革命"积极分子的聚会场所,众多巴黎科学院的学术精英和途经巴黎的外国专家在此济济一堂纵论科学发展大事。

在塞纳河南岸的圣马塞尔镇还坐落着另一家王家所有的企业,它就是同样要借助化学知识的戈布兰工场。该工场由柯尔贝尔创立于1662年,位于比耶夫尔河所流经的一片工业区。这条河的两岸工场林立,大多是漂白作坊、制革场和染坊。戈布兰工场在国王建筑总署的领导下生产垂直和水平纺织工艺的精美挂毯。工场里配有数名督察和专业画家,1779年后还任用了一位

---

[a] 让热布雷(Philippe Gengembre,1764—1838),法国化学家和第一帝国时期的造币局总督察。

化学家负责监督染色车间，起初在这个位置上的人是科尔奈特[a]，后来换为达尔塞，两人均是科学院院士。

政府对这类企业的管理效仿了王家瓷器制造场的模式。瓷器场成立于1756年，坐落于距离巴黎八九公里远的塞夫勒村。起初这个工场隶属于贝尔丹[b]领导的一个小部门，1780年它转由国王建筑总署监管。该工场以其软瓷产品著称——仿制中国硬质瓷器。这种硬质瓷技术在德意志也有人掌握，但在法兰西却长期不为人知。从18世纪50年代末起该工场产品质量有了大幅提升，这主要应归功于工场里化学师们的科研成果，他们均系科学院院士，即从1751年到1766年在工场里任职的埃洛[c]、从1766年到1784年在工场里任职的马凯以及后来的达尔塞。1769年，马凯使用在圣伊里耶发现的高岭土成功掌握了硬质瓷器的生产技术。他立即将此成果汇报给了科学院。

建立戈布兰及塞夫勒这样的大型王家制造场，主要旨在推动工业的发展。自柯尔贝尔以来，历任法国财政总监虽政策各异，但都一贯支持工艺技术的改善及其在全国的推广，这正是位于巴黎的商业局督办官以及地方各省的制造业与矿业督察官的分内职责。科学院也积极地投入工艺革新的工作。商业局则委派科学院

---

[a] 科尔奈特（Claude-Melchior Cornette，1744—1794），大革命前夕的法国宫廷医生、首席御医拉索讷的助手、化学家及巴黎王家科学院院士。后因随王室逃亡意大利而被革命政府从科学院中除名。

[b] 贝尔丹（Henri Léonard Jean Baptiste Bertin，1720—1792），法国大革命前夕的财政总监之一。

[c] 埃洛（Jean Hellot，1685—1766），法国化学家，曾任染色工艺督察官，并改进了相关技术。

院士担负新发明的检验工作，譬如埃洛、马凯和贝托莱就曾先后担任化学发明检验专员；而沃康松[a]、范德蒙德和勒华则先后负责检验机械发明。1785年又设立了两个负责检验矿业科研成果的专员职位，一个给予了不久后当选科学院院士的迪耶特里克男爵[b]，由他负责金属矿专业的检验工作，另一个给予了受布封关照的福雅·德·圣封[c]，由他负责煤矿专业的检验工作。

机械天才沃康松于1737年展示了他发明的一个奇妙的吹奏长笛的机器人，从而崭露头角。一年后，他又创制了一个铃鼓手机器装置，更令人叫绝的是他发明了一只能拍翅膀、吃谷粒甚至排便的机器鸭子。此装置风靡整个欧洲。当时的财政总监奥利惊叹于他的才能，任命其改进丝绸工业所用的机械。沃康松在后来成为制造督察官和科学院院士，将其工作间设在了位于圣安托万镇沙罗纳街的莫塔涅公爵公馆旧宅内，并把自己发明的各种机器都集中存放到了那里。

1782年沃康松去世，他在莫塔涅公爵公馆里存放的各式机器都归国王所有。这些机器遂成为对公众开放的工艺博物馆的核心陈列内容，该馆隶属于商业局，由科学院院士范德蒙德任馆长。对公众开放的目的在于鼓励发明创造，并"促使资本家们投资于新型机器造出的产品"。除了沃康松遗赠的六十多种机器外，馆

---

a 沃康松（Jacques de Vaucanson, 1709—1782），法国自动机械发明家。他发明了自动装置"消化鸭"。
b 迪耶特里克男爵（Baron Philippe Frédéric de Dietrich, 1748—1793），法国化学家和地质学家、巴黎王家科学院通讯院士、斯特拉斯堡市市长。
c 福雅·德·圣封（Barthélémy Faujas de Saint-Fond, 1741—1819），法国地质学家和火山学家。

里还有许多购入、受赠或暂时存放的设备模型。另外，馆里的技师和工人们还按照政府的要求或依照发明者的描述制作了一大批装置[17]。正是有了这些藏品，大革命期间政府才得以成立法国国立工艺博物馆。

巴黎的各大院所，还有国王图书馆、巴黎天文台、王家植物园、机器馆、王家制造工场以及若干技术学校，正是这些分布在巴黎各处的享有盛誉的机构将这座城市打造成了18世纪欧洲无可匹敌的科学之都。通过这些机构的创立和运作，法国科学界被紧密地整合进了国家机器之中，双方实现了目标统一和利益共享。而科学家们的塑像也时常出现在巴黎的各个角落，从而映衬出王权对科学事业的高度重视，这种重视既树立了科学的崇高地位，又为其发展提供了助力。巴黎的科学事业围绕着这群科学家展开，并进而超出了各大王家机构的范畴。须知，巴黎之所以能够成为启蒙思想的摇篮，不仅有法国国家及其各级官员的努力，也应归功于整座城市及其居民的共同参与。

CHAPITRE 3

第三章 巴黎城里的知识氛围

LES
SAVOIRS
DANS
LA
VILLE

位于荷兰哈勒姆的泰勒博物馆被誉为欧洲最美的科技博物馆之一。1785年7月6日，该馆馆长兼物理学家马丁·范马勒姆[a]南下法国来到了巴黎新桥附近位于多菲内路的安茹公馆。这是他第一次造访巴黎。他以通讯院士的身份参加了五次卢浮宫里的科学院会议和一次王家医学会的会议。此外，他还拜访了国王图书馆、法兰西公学院、王家植物园及其自然博物藏品馆、造币局，以及位于莫塔涅公爵公馆的机器馆。范马勒姆还曾到多位法国科学院院士家中作客：拉瓦锡邀他去了兵工厂；蒙日邀他去了小奥思定会街；特农[b]邀他去了小花园街；布里松邀他去了孔代街；福雅则邀他去了瓦卢瓦街观看了新式的阿尔冈油灯。其实像这样的邀请访问还有很多。此外，范马勒姆在《物理报》主编德拉美特利位于圣尼凯斯路的家中与主人会晤，他还去观摩了

---

a 马丁·范马勒姆（Martin van Marum，1750—1837），荷兰医生、博物学家和物理学家。
b 特农（Jacques-René Tenon，1724—1816），法国著名外科医生、巴黎医院建设政策的智囊。

勒德吕[a]在策肋定会修道院所做的电疗实验，并观看了贝托莱做的氯漂白效力的实验。另外，范马勒姆还研究了巴黎最精彩的自然私人收藏品，即位于旺多姆广场的吉高·道尔西[b]及儒贝尔[c]的收藏品、位于新贫童学校路的罗梅·德·里尔[d]的收藏品及位于玻璃坊路的瓦勒蒙·德·波马尔[e]的收藏品。同时，范马勒姆还在巴黎王家宫殿欣赏了佩里叶兄弟[f]为奥尔良公爵的孩子们所制作的各行业设备的模型。范马勒姆也曾登上蒙马特尔高地向采石场的工人索要化石。他还曾参观位于沙朗通的兽医学校，以及位于凡尔赛的动物园。范马勒姆也未忘记拜访各类专业的书商和科技交易商，譬如位于奥思定会码头的印书商小迪多、位于蛇形街的书商库柴以及位于干枝路的科技交易商比扬奇与位于黎塞留路的加雅尔。

总之，范马勒姆在一个月内将巴黎的科技界转了一个遍。不过他可不是一个盲从盲信的人，范马勒姆在他的旅行日记里曾披露了巴黎某些科研室的糟糕水平，以及它们所用设备的破旧不

---

a 勒德吕（Nicolas-Philippe Ledru，1731—1807），法国魔术师和趣味科学表演家，又化名"科穆"。
b 吉高·道尔西（Jean-Baptiste-François Gigot d'Orcy，1737—1793），法国旧制度时期的省级总征税官、昆虫学家和矿物学家。
c 儒贝尔（Philippe-Laurent de Joubert，1729—1792），法国朗格多克省的司库官，拥有众多收藏。
d 罗梅·德·里尔（Romé de l'Isle，1736—1790），法国物理学家和矿物学家，现代晶体学的创始人之一。
e 瓦勒蒙·德·波马尔（Jacques-Christophe Valmont de Bomare，1731—1807），法国博物学家。
f 佩里叶兄弟俩是18世纪末的法国机械工程师和企业家，他们共同创办了巴黎水务公司。

堪。尽管他每日的记录如流水账般潦草，但仍显示出巴黎之行带给他的巨大触动：他对一座城市竟能有如此包罗万象的科学资源和科研活动叹为观止！[1]

巴黎科学界的地理分布

在 1700 年左右，巴黎共计约有五十万居民。此后人口增长一直保持稳定，但到了 1750 年后开始加速，到了 18 世纪末可能已达到了六十万。在此期间，城市范围亦在扩展，不断突破以古城墙遗址为界所建的大道而延伸到了毗邻的近郊城镇。1784 年为设立入市税征收站所兴建的围墙（就在今天所谓的"外侧大道"），也即包税人围墙，又确定了新的巴黎城边界。而今天我们看到的城市范围则是在 1860 年进一步兼并了美丽城镇（Belleville）、蒙马特尔镇、帕西镇等这样的周边城镇后最终形成的。

18 世纪巴黎城的规模大约相当于今天从第一区到第十二区的总和，这种规模是利于步行者起居出行的。当年的范马勒姆只要不介意街区的泥泞肮脏和车辆的拥堵不堪，仅凭自己的双脚即可从容地走遍全城。每个街区、教区，甚至每条小路都具有各自的特色。这种多样性也体现在不同街区的不同科技氛围上。尽管范马勒姆在巴黎逗留期间主要是在城西的高档社区和大学区活动，但他也时而横穿市中心造访城东的街区及市镇。他甚至偶尔还涉足城外。这位荷兰学者在游历巴黎期间曾进行了多种多样的会晤。而他的各种行踪恰恰描绘出科学活动在巴黎城里的分布态势，至少可反映出他所感兴趣的科学活动所分布的状况。

范马勒姆并不满足于仅仅造访大家在巴黎鸟瞰图里所看到的那些官方科学殿堂，周边的许多不起眼的地方也同样吸引了他的目光。而且即便是那些科学的豪门府邸也已和其周边的环境融合为一体了。因周围陋屋环绕且店铺林立，这些大型科学府衙没有丝毫壁垒森严的傲人之姿，公众几乎可以随便出入。而科学院的院士们则既不总是待在卢浮宫中，也不总是守在自己上班的公馆里。他们和范马勒姆一样，穿梭于自己的办公室、库房和工作坊之间，足迹遍布了整座巴黎城。其间，他们要和商人、官吏、科技爱好者、小业主、技师、工人等来自不同领域的上千人打交道。这些人的帮助对科研任务的最终完成是不可或缺的。因为正是这些人和这些场所构成了巴黎科学赖以生存的资源，并为科学家提供了各种材料、载体和生产工艺的支持。所有这些因素共同构建了一个关系错综复杂的互动机制，而这个机制又深深扎根于其所处的都市环境之中。

院士们与巴黎社会环境的共生态势催生了官方科学界内部的分化，也强化了不同专业间的学科界限。另外，由于和科学家密切交往的不同行业之间存在冲突，譬如医疗领域里内外科医生之间的矛盾，再如工业领域里手工艺人与机器制造场之间的矛盾等等，最终选择与不同行业部门合作的科学家也产生了阵营分化。不过，从另一个角度而言，科学界与巴黎民间的融合也使得其影响力远远地超出了知识和官僚精英界的小圈子。诸如数学、天文学、化学、植物学及矿物学等不同的知识门类都分别编织着属于自己的关系网。各科专业在巴黎城的不同街区都呈现出不同比重的业务分布。这种错落有致的分布使巴黎城里形成了各个科研专业区。

而官方科学界也由此直接或间接地接触到都市生活的各个方面，并邂逅了那些鲜为人知、不被承认或是从某种意义上说不易被察觉的另类知识天地。而在这其中，上流社交圈又是科学家们最易造访的场合之一：他们可在这样的场合里觅得能够关照和庇护自己、有见识的大人物及收藏家。当然在这种场合里他们也有可能遇到江湖术士和所谓的民间大师，这些人的走红甚至使科学家们无法对其视而不见。其实要想在真正的发明、幻术乃至彻头彻尾的骗术之间划清界限并不是一件容易的事。在18世纪80年代里巴黎科学院便致力于通过评审进行科技打假的工作。的确，当年的巴黎大众科学可谓精彩炫目甚至古灵精怪，它的影响力已远超出了沙龙聚会。当时的人们可以领略到公开课、物理学演示、解剖观摩以及气球升空表演等各种科技展示活动。尽管科学家对这些鱼龙混杂的活动投以质疑的目光，但巴黎城仍张开双臂迎接着这一波接一波异彩纷呈的节目。

不过，对于官方科研工作而言，能给予它实实在在资源帮助的其实是各行各业的工商业者。这些行业的工艺支持直接关系到科研项目实施的成败。正因如此，科学院院士们遂利用自己临时拥有的官方权力尽量掌控这些资源。由于院士们可经常出入政府机构，并进入机构的各办公室和专业科室，他们就有机会在那里邂逅各方面的专家及专业人员。譬如，在法国财政总监办公室可接触到统计师；在国王事务省可遇到直接或间接隶属于该部门的建筑师和工程师；在巴黎的各大医院以及沙特莱的监狱和停尸房则可结识内外科医生；还可在各大公权力或准公权力部门遇到各类技术员，这些部门包括火药局、邮政总署以及总包税所等等。不过，最主要的助力还是来自五行八作的工艺支持。这一点将在后文中有专门介绍。

　　上述所有单位构成了一幅巴黎科学界的地理分布图，图中揭示了科研活动在城市里的分布，既标示了若干个科技集中点，又显现出属于不同科学门类的专业分工区。不过若想在分布图中体现跨学科间的互动却困难得多，然而这一互动又是科研工作的关键所在。好在通常而言，都市环境本身就利于实现频繁而快捷的交流。更何况，各种上层建筑的集中分布与社交网的错综复杂也有助于这样的交流。其实在巴黎城里，不仅男男女女在不停地往来穿梭，各种创意和事务也在不停地流转。若想弄懂这些动态的脉络，最好从不同的层级去观察，即先从某一类大机构及其下属单位的范围，而后再扩展到整座城市的范围。这就要求视野转换的能力，既将我们的分析目光从具体的会议厅、阶梯教室以及实验室等构成的基层单位上移开，从而放眼于一个由众多科研地点及其联系方式共同构建的全城社交网，对其进行宏观的审视。

　　之所以这样考虑，目的只有一个，那就是试图描绘出18世纪巴黎科技活动的地理分布常态。因条件所限，我们在此仅从专业街区的层级着眼，逐区标注有关专家及其业务。同时，我们也会大致勾勒出这些人物在周围城市环境下的动态互动。基于此，我们先把巴黎城分为以下几个部分：首先是西区，它既是财富和权力集中的区域，也是严格意义上的巴黎启蒙思想区；其次是拉丁区，它是巴黎大学所在地，也是自中世纪以来的知识中心；然后是人口过度密集的中心区，它也是巴黎工商业的摇篮；此外还有亦农亦工的城边镇，以及环绕在外层的村落。最后还请谨记，作为法国的首都和大城市，巴黎的影响力可辐射到法兰西王国的任何角落，甚至更远。

启蒙的巴黎

由于巴黎王家科学院的院士必须常住首都，他们的住址便成了我们智慧巴黎地理分布图的第一组参照坐标。在法国旧制度的末期，大部分科学家的住址都顺理成章地集中在巴黎老城墙内的人口稠密区。而在老城边的近郊镇里，除了荣誉院士和某些有钱的自由院士外，只有一些因本人工作的行政或事业单位就设于此且自己又住在这些单位大楼里的院士。譬如，军校、荣军院以及天文台等就属于这种住有专家的城边单位。不过，在巴黎市中心从中央批发市场到市政厅之间的街区却没有院士居住。虽然仍有些专家住在玛黑区，但他们的数量却日渐减少。而绝大部分（近四分之三）的科学家住所都集中在巴黎的西部，它们的分布呈现南北对应的两条地带：一条位于塞纳河北岸，集中分布在卢浮宫和巴黎王家宫殿附近直至北面的大道商圈一带；另一条位于塞纳河南岸，集中分布在拉丁区西侧、从河边向南直至卢森堡宫一带的街区。人们习惯把塞纳河南北两岸做对比，北岸被视为工商业制造之地，南岸则被看作大学知识之所。但就卢浮宫所处的位置来看，塞纳河并不构成不可逾越的界限，居住于河南岸的院士们仅需要走上几分钟便可过桥来到北岸并到达科学院所在的卢浮宫。其实位于新桥南端的街区，也即坐落于马拉凯、孔蒂和奥思定会三个码头后面的社区，完全可以被看作是塞纳河北岸住宅区的向南延续。

如果我们暂时忽略塞纳河而重新审视科学家们在巴黎的住址分布图，就会发现科学院院士们集中居住在以卢浮宫为中心、四周以中世纪城墙原址为界所建设的广阔住宅区内。这一建设自17世纪开始已持续了约一百年。而巴黎的启蒙思想家们便活跃在这一方天地里，他们在此结社聚会、公开讲学、上演节目、畅饮咖啡，这里亦有属于他们的图书馆、志同道合的记者以及敢于出版遭禁作品的书商。不过话又说回来，这片地带被塞纳河一分为二也并非没有意义：在北岸，科学家们常跻身于诸如胜利广场、圣洛克丘以及圣奥诺雷路这样的国家行政财经重地和奢华社区；而在南岸，他们则辗转于圣日耳曼及圣米歇尔街区，因为在这里既可接触到上等贵族，又可沉浸在大学氛围之中。要知道，有一半的荣誉院士都住在毗邻的贵族区镇里，而在塞纳河南岸的东部尚有一系列科学家的住址，它们沿着圣热纳维耶芙山山脊依次排开，向北延伸到塞纳河上的小岛，向南则直至王家植物园。

这样一看，还有谁会怀疑卢浮宫作为巴黎启蒙思潮中心的位置呢？相关的文化活动难道不是由位于卢浮宫里的各大官方学院领导的吗？各方的文人和艺术家们也都涌向卢浮宫寻求支持和引荐。即便如此，卢浮宫却仅仅是促使巴黎西区文化知识界迅猛发展的因素之一。要看到，这个区域还拥有着权力与财富高度集中的地利优势。而这一态势的形成始自17世纪掀起的拆除中世纪城墙的市区改建运动。

在卢浮宫北面，巴黎城从17世纪30年代起开始突破了黎塞留所建的王家宫殿的界限而向北延伸。马扎然则将其公馆安置在小场街，该街位于黎塞留路与薇薇安街之间，原系黄土沟壑，后经填埋形成了空地。柯尔贝尔则将其府邸安置在薇薇安街的另一边。这些建设使该地段成了法国财经和文化的中心，而这种蓬勃态势一直持续至大革命。后来路易十四的弟弟，人称"大殿下"的奥尔良公爵菲利普一世接手了王家宫殿，把它变为了历任奥尔良公爵府。马扎然枢机主教的公馆则在其死后被拆分为马扎然府和讷韦尔公爵府。再后来，马扎然府成了法国东印度公司、巴黎证券交易所和王家博彩局，而讷韦尔公爵府则成了国王图书馆。在整个18世纪期间，众多行政机关，特别是法国财政总监的下属机构均在附近地带。财政总监办公室则在18世纪50年代末迁入了马扎然公馆附近的新小场街。

在行政机关迁入的同时，众多有钱的贵族和银行家也纷纷来此建立不同档次的公馆。从此以后，富有以及随之而来的奢华便成了这一社区以及圣奥诺雷镇、蒙马特尔街和绍塞-昂坦路等新延伸地带的特色。这里的商店门庭若市，咖啡酒吧极尽时髦，剧院及各种娱乐场所应有尽有。随着1784年对王家宫殿花园的翻新改建，该地区的辉煌岁月达到了登峰造极之程度。那曾是一个事业蓬勃、创意频出的时代。达官巨贾争相赞助科学文化事业，他们对矿物及动植物标本的收藏也蔚然成风。哲学家们成为各种文人沙龙的座上宾，其中著名的聚会就有位于奥诺雷路且正对嘉布遣兄弟会的乔芙兰夫人[a]的沙龙，位于特蕾莎路与圣安妮路交汇处的包税人爱尔维修的沙龙以及临近财政总监署、位于王家圣洛克路的霍尔巴赫男爵的沙龙。到了18世纪末，科学公开课也对上流社会的听众开放，其中最为著名的有物理学家雅克·夏尔在其位于胜利广场物理工作室里所教授的课程，以及位于瓦卢瓦街的彼拉特尔博物馆的公开课。同一时期，梅斯梅尔医生也在位于鸡鹭街的夸尼公爵府向初学者讲授他的动物磁流说奥秘，该府邸当时已成为这位医生所创立的宇宙和谐总会的所在地。

巴黎的启蒙运动也延伸到了正对卢浮宫的塞纳河南岸。与北岸一样，南岸也在拆除中世纪围墙的基础上建起了一片新区。这片区域从依照马扎然遗愿在塞纳河边建立的四国学院开始一直延伸到圣叙尔比斯教堂。该教堂大致依老城壕堑的走向而建，位于圣日耳曼代普雷区的集市附近。该区域里的著名政府机构为造币局，此外便是一些富丽的私人公馆，以及琳琅满目的商店和遍布街区的剧院、酒吧。闻名遐迩的普罗可布咖啡馆便坐落其中。1782年，位于卢森堡宫对面的法兰西喜剧院[b]开业。而卢森堡宫已在此前不久成为王弟普罗旺斯伯爵，即未来的法国国王路易十八的府邸。喜剧院的开业确立了该区域的社交属性，加之此地毗邻大学区，所以科学文化活动便在此枝繁叶茂。

---

a 乔芙兰夫人（Madame Geoffrin, 1699—1777），18世纪巴黎著名的沙龙女主办人。
b 法兰西喜剧院（又称法兰西戏剧院）自1680年成立以来几经搬迁。1782—1793年，于卢森堡宫附近的圣日耳曼镇剧院（今奥德翁剧院）开业。

拉丁区

几个世纪以来，拉丁区便是人们求学的所在地。古代的拉丁区曾位于塞纳河与城墙之间，但这堵围墙在17世纪末被拆除了。拉丁区的范围西至四国学院，东达小塔要塞附近的勒莫万枢机主教公学院，而在南面，该区则一直延伸到圣热纳维耶芙山顶上的圣热纳维耶芙修道院。在如此狭小的地段里就有十多所学院，所教授的课程是语法、哲学等基础科目。此地还有众多的私立寄宿学校。授课老师均出身自巴黎大学的基础学科学院（Faculté des arts）。此外，该地段里还设有法学院、医学院及神学院这三所高等教育机构，以及王家公学院。

拉丁区的街道弯曲狭窄、校舍年久破旧，其氛围有如中世纪的巴黎城，让人很难把它与启蒙时期的巴黎联系起来。作家梅西耶就此语带轻蔑地说道："在这里能看到一大群披长袍的索邦神学院学生、穿翻领服的教师、学法律的大学生，以及攻读内外科的医学生，他们一窝蜂地跑上跑下，清苦的生活使这些人充满了对功名的执着。"[2] 实际上，在当年的拉丁区，人们更经常遇到的是辛劳奔波的穷教士而非那些出没于沙龙的启蒙哲人。虽然如此，这里的文化知识生活却是特别活跃的。除了学院和图书馆机构外，此地还有众多的公开课和私教课程、若干物理及自然藏品的展示间，以及与医学和其他科学专业相关的商业买卖。另外，这里还有涉及书籍出版和销售的各种行业。这些活动自15世纪末起就聚集到了大学区，这是因为根据国王法令，获得资质的大学书商和印刷商必须把他们的印刷场、书店和商店开设在拉丁区（当年西岱岛上的西岱宫[a]亦属于拉丁区）。版画商和地图商也随之在周边开业。最终，为书商和出版商提供服务的雕版、装订、书皮镀金、大理石纹装饰纸以及其他各种相关行业的店铺也自然而然地在靠近其主顾的地方落址了，它们挤在圣雅克街区的一些狭窄巷子里，靠近王家公学院和索邦神学院。

自 1730 年以后，科技书刊的出版业务蓬勃发展起来。除了专业科学领域的小众书刊外，巴黎书商还出版面向大众的科普类书籍。值得一提的是，由狄德罗和达朗贝尔主编，并于 18 世纪中叶问世的《百科全书》便取得了巨大的成功。在旧制度的末期，科技出版市场已被几家精英圈内的知识类书商把持，譬如，出版炮科和工程学方面专业书籍的王家出版商荣贝尔[b]，以及巴黎出版业巨擘潘寇克。他们中大多落址在拉丁区西部、位于大奥思定会码头和王家外科学院之间的地带，也就是拉丁区离卢浮宫最近的地带。荣贝尔的店面开在新桥边的多菲内路，18 世纪中叶，他曾在那里举办沙龙，接待了达朗贝尔、拉朗德、蒙蒂克拉以及众多的艺术家[3]。出版商潘寇克是布封以及百科全书派学者的好朋友，他后来也邀请过文人共和国的朋友们到他在布洛涅的家中，以及位于普瓦图人路的图公馆（hôtel de Thou）[c]做客。总之，这些出版界的大佬无一例外地都是科学家们的首选合作伙伴。

---

[a] 即巴黎司法宫。
[b] 荣贝尔（Charles-Antoine Jombert, 1712—1784），法国著名印刷和出版商。
[c] 该公馆的一部分为他的印书局。

在拉丁区的学院里，科学的传授是次要的，不过，位于圣雅克路的路易大帝中学却一直是个例外。作为首都唯一一所耶稣会机构，这所中学里拥有一小群为寄宿学生授课的神父，他们一方面教书育人，一方面致力于科研和出版工作。许多有影响力的刊物就是在此出版的，譬如堪与《学者报》媲美的耶稣会刊物《特雷乌报》和耶稣会传教士的《耶稣会士书信集》。1762 年耶稣会教士遭到驱逐，路易大帝中学也因此被关闭。

在巴黎大学所属的院校中，只有哲学课的班级会讲授科学，而来听课的多数学生将来的专业取向是医学和神学。物理课要到二年级才会讲授（一年级的学生要专修形而上学和伦理学课程）。在 1770 年后不久，教学实行了现代化改革：法语逐步取代了拉丁语，而牛顿物理学也渐渐取代了笛卡尔的物理观；课堂上开始讲授数学，并开始加入少量实验观摩内容；到了大革命的前夕，物理与哲学的完全分离也提上了日程。然而，尽管有了这些进步，科学在教学中的地位仍然是辅助性的和次要的。为军事工程师部队的数学录取考试而开办的预备班也并不设在拉丁区，它们要么在外省的军校，要么在巴黎的某几所专业寄宿学校，譬如设在勒伊路的龙普雷学校和设在圣奥诺雷镇的贝尔托学校[4]。

尽管拉丁区整体的科学氛围比较迟滞，但幸运的是，由王权开设的一些专业科技课程提升了巴黎大学各学院的科学水准。四国学院的科技教学工作算得上是水平最高且涉猎面最广的了。该学院设有专门的数学专业以及一座小型天文台。继伐里农[a]和拉

---

[a] 伐里农（Pierre Varignon，1654—1722），法国耶稣会神父和数学家，法国应用微积分的先驱之一，专于静力学研究。

卡伊[a]两位老师后,马力神父[b]也来此执教直至1785年。另外,位于圣热纳维耶芙山丘一侧及新建的同名教堂旁边的纳瓦拉学院也值得一提。它的最大特色是实验物理课,这门课当初专为诺莱神父设置。1770年后,则由科学院院士布里松接替讲授。该课在一个特地专门布置了四百多个位子的阶梯教室里进行,也吸引着大批校外的听众。

不过,最主要的科学宣传阵地还应算是位于拉丁区中心康布雷广场的法兰西王家公学院,在那里可以听到高水平的科学课程。公学院曾长期保持独立,但在1773年开始隶属于巴黎大学并因此获得了资金支持,这使它得以重建楼宇,增设新课程,特别是科学方面的专业课程。并入巴黎大学后,公学院拥有了一个举办高端会议的华丽大厅、六个授课厅、一个用于解剖观摩课的阶梯教室、一座天文观象台和一个小型的化学实验室。在任教的十九位老师中,三位讲授东方语言,九位讲授科学专业。

由于在公学院能听到全巴黎城里独一无二的授课内容,所以它吸引了大批学生和各界科学文化爱好者。这些有特色的课程既包括古叙利亚语、阿拉伯语和波斯语,也包括微分计算和数学物理。譬如,围绕拉朗德的课就形成了一个巴黎天文迷的小圈子;而达尔塞的化学课不仅赢得了一群好奇者,还吸引了众多医科学生;道本顿开设的博物学课程实际上是对他在王家植物园自然博物藏品馆所作演示的有益补充。这些老师原想将王家公学院建设为一所拥有印刷场、图书馆并设有年度奖项的学院机构,并使其

---

[a] 拉卡伊(Nicolas-Louis de Lacaille,1713—1762),法国著名天文学家。
[b] 马力神父(Joseph-François Marie,1738—1801),法国数学家。

与欧洲其他国家的科研院所建立沟通联络机制。可惜他们的这些计划因资金不足而未能实现[5]。

医学教育

医学院也同其他学院一样是巴黎大学的一部分。但它实际上是一个完全自治的职业机构。大约一百五十名在巴黎行医的医生及有资格在学院里教书的医师（docteurs régents）都是它的成员。原则上，该学院对首都的行医行为和公共卫生负有监管职能，并负责对新药和新治疗方法实施技术鉴定。同时它还承担着自中世纪以来形成的医疗教学工作。医学院总部起初设在位于巴黎主宫医院附近的木材场路，后于1775年迁到了让-德-博韦路的法学院旧址，这里的房子相较木材场路的要新一些。医学院总部搬走后，在其原址仅保留了一个1744年建成的用于演示观摩的阶梯教室。

医学院课程的教师每年从院内有资格教书的医师中选出。内科课是由学校的专职老师（professor scholarum）来讲授，只有这个位子可享有连续两年的任期。内科课的第一年讲授生理学和卫生知识，第二年则讲授病理学和治疗学的知识。此外，该课还讲授人体解剖学。内科学生也须上外科课、药用（植物）课和药学课，这些课则外聘专门的老师来讲授。当时化学课和眼科课的开设尚未固定。除了化学外，其他课程均为拉丁语讲授。不过，医学院有两门课因其听众更为广泛，所以最终采用法语教学，它们分别是给外科大夫讲授的外科课和给助产士讲授的产科课。

大部分史学家都习惯于一遍遍地严厉抨击医学院，而他们的指责都是在重复医学院竞争对手的论调，尤其是王家医学会的论调[6]。的确，当时医学院的教学机制已经过时，特别是它的教师每年更换，这就造成新老师往往缺乏教学经验；更何况这些身着长袍的教师高高在上地在那里说教，他们的授课常常学究气十足而不大切合实际。教学计划里也没有设立临床教学课程。尽管医学院也开设了演示和实践类课程，但由于缺乏资金及配套的植物园地和实验室，其授课比重小得可怜。最后能有幸获得资格证书的人是凤毛麟角。

然而，如此负面的评价却忽视了整个巴黎医科教育的雄厚实力和多元特色。正如前文所述，就解剖、药用植物及化学方面的教学而言，在王家植物园和法兰西公学院开设的课程实际上弥补了大学医学院的短板。另外，虽然医学院的实践课不多，但拉丁区的其他机构提供了丰富多彩的临床或实践类课程，学生们通常只须付很少的学费，便可以在其中选修一门接受教育。希望掌握解剖和外科技术的学生就常去莫贝尔广场和圣塞味利教堂附近的私立阶梯讲堂，亲自拿起手术刀进行实践；而希望学习化学和药学技术的学生则可去各个药房的实验室进行观摩；若想学习临床医学则可去各大医院实地考察，譬如造访巴黎慈善医院现场学习科维萨特[a]医生的高超医术，或是前往主宫医院观看德索医生[b]的精湛技能。

---

a 科维萨特（Jean-Nicolas Corvisart, 1755—1821），法国临床医生及皇帝拿破仑的私人医生。
b 德索（Pierre-Joseph Desault, 1738—1795），法国外科医生和解剖专家。

医科学生还会在各个听课和观摩地点遇到大批走读生，他们中有的人是长途跋涉来到巴黎的，目的是在不正式注册成为医学院学生的条件下学习一些实用医术，而大部分走读生是外科学徒。实际上当时的巴黎已成为全欧洲的外科学习中心。大革命前夕，外科学校的注册生已多达八百人左右，而同期在医学院的注册生仅有一百多名。外科医生在18世纪从剃须匠这个行业中独立了出来，并在国王的庇护下跻身成为自由职业。外科医生公会遂改名为外科公学院。外科公学院不隶属于巴黎大学，却和医学院一样在拉丁区设有自己的校舍。

1774年，外科学校搬离了位于科德利埃路的圣科默阶梯教室，迁到了对面王家外科学院的新办公楼里。王家外科学院创立于1731年，仿效了法兰西绘画雕塑院的模式，其宗旨在于促进外科科学与外科医术的提升。王家外科学院由外科首席御医担任院长，所有的巴黎外科医生均是它的自由合作会员，此外还包括外省及外国的合作会员。实际上，只有常务委员会的四十位理事才真正参与该机构的业务，他们均是巴黎外科界的精英。1774年后由于机构多次分拆，王家外科学院的职能范围明显缩小了。

若想注册成为外科学校的学生，必须接受基础学科学院的文化素质教育，这就意味着每位外科医生都必定是一位文化人。外科学校学制三年，包括五门公共课和若干门专业课，皆用法语教学。教员都是正式编制，在1789年时，八位正式老师的教龄均不少于七年。自从搬入王家外科学院的楼房后，外科学校的设施已远非巴黎大学医学院可比了。它那宏大的阶梯教室可容纳一千四百名听众，还配有一间化学实验室、一间专供助产士上课的阶梯教室，以及一间特为最高资质学生预备的外科实践厅（该厅设有四张解剖用的桌子）。另外，还有一个配置了若干张床位的收容所，可在科学院特农院士的领导下为十几名学生提供临床观摩课。这些都为后来在大革命期间成立的新型医学院提供了可借鉴的模式[7]。

在旧制度末期，继外科界之后，巴黎的药工们也开始了革新。药工这个行业长期以来都是与食品杂货商联系在一起的。到了1777年，随着杜尔哥颁布法令取消行会，药工们终于独立了出来，并获得了药剂师这个更令人尊敬的职业称谓。他们有了属于本行业的王家药学公学院，该院总部坐落于巴黎城弓弩路上的药工花园旧址。不久后，巴黎的药剂师们又获得了开设公开课的权利。自此，他们彻底打破了医学院对药学教育的垄断权。王家药学院鼓励院内的科研活动并为政府部门提供相关的专业鉴定，此外它还开设了化学课、博物学课和植物学课。这些课程都面向广大公众。药剂师们仍一如既往地在工作实践中、在药房里以及在散布于巴黎各处的实验室里历练自己的业务能力[8]。

五行八作的巴黎城

若想从拉丁区前往位于塞纳河北岸的巴黎市中心，就需要借助桥梁。坐落于西岱岛最西端的新桥是塞纳河上众多桥梁中最古老、最美丽的一座。假如您是一位像范马勒姆那样从多菲内路的北口走出来的行人，那么可借由新桥先跨过塞纳河被西岱岛分隔出的南部窄河道,并在过桥之后上岛右拐,然后沿着西岱岛南侧的金银匠码头向东走,随后向北穿过司法宫的院落抵达岛北部的兑换廊桥,过桥后便到达了塞纳河北岸。虽说这一路走来须绕些弯路,但也十分值得。正如梅西耶所讲的那样,金银匠码头"不正是一道由银器店铺串成的闪闪发亮的风景线吗?"[9]

实际上,西岱岛的整个西半部都充斥着各种贵重金属及玻璃制品作坊、各种奢侈品商家和各种书籍出版及销售店铺。紧挨着金银珠宝店的是众多钟表店、镜子店、光学眼镜店以及物理工具店。由于这些行业既需要手工技能又要求相当的科学素养,且其面向的客户既有知识精英又有社会名流,所以它们布局在塞纳河的南北岸之间是相当理想的选择。一方面,它们紧邻北岸卢浮宫及圣奥诺雷路等富人区,有利于其高档奢侈品的销售;另一方面,它们又可以看作是南面拉丁区书店及雕刻印刷作坊等相关产业的向北延伸。

总之,西岱岛因其南北行业的枢纽地位成了首都巴黎知识界分布图里的重要一环,同时该岛也是巴黎工商百业的重要组成部分。而蓬勃发展的各行各业正是巴黎这座城市跳动的心脏。实际上,从中世纪起巴黎便是五行八作的荟萃之地,并因此成为重要的工业中心。那时,大部分的商业和手工业活动都是在王权的监管下,以商会或行会的形式来开展的。在18世纪初共计有一百二十七个行会组织。即便在1776年杜尔哥的改革失败以后,仍有四十四个行会存在。其中六家最大的行业组织,即呢绒商行会、食品杂货商行会、缝纫服饰行会、皮货商行会、针织品商行会和金银匠行会以其所拥有的特权和势力居于主导地位。考虑到传统和布局方便，多数行业都集中分布在某些特定的街区，尤其集中在巴黎中心区域，譬如西岱岛、市政厅周围以及从中央批发市场到玛黑区之间的地带。正是这些区域构成了巴黎工商业繁荣的发祥地。正因如此，许多行会的办公室都设在格列夫广场[a]周围。像书店这样的隶属于巴黎大学的行业则坐落于塞纳河南岸。还有一些行业搬迁到了当年的环城市镇一带，譬如圣安托万镇及圣马塞尔镇。

当年仅有少数几种纯文化类的行业公会脱离了五行八作之列，跻身成为王家体制内受人敬仰的事业院所。由于这几种行会在相关领域享有巨大的知识和道德权威，所以它们有权面向公众办学。这样的行会主要有美术家们的王家绘画雕塑院、建筑师们的王家建筑院，这两院均设在卢浮宫中。此外还有健康卫生行业的医学院、王家外科公学院和王家药学院。巴黎的资深文员们也在1779年组建了一个相比其他行业学院而言规模小得多的文秘所，由勒努瓦担任所长。

文秘所有正式会员二十四位，外加二十四名通过教师资格会考的老师、二十四名合作会员，以及数量不定的通讯会员。文秘所每月都要在柯基业路召开四次会议，讨论如何改进文体字体、完善商业和财务的计算、记账办法，并提高拼写水平。科学院院士、矿物学家阿维的弟弟瓦朗坦·阿维[b]曾在外事部门担任翻

---

[a] 该广场位于巴黎市中心的市政厅前。

[b] 瓦朗坦·阿维（Valentin Haüy, 1745—1822），法国著名教育家和盲人阅读法的研发者。他在巴黎创办了世界第一所盲人学校（即后来的国立青少年盲人学校），并积极推动视障人士融入社会。

译，同时也是文秘所的会考教师会员。他开办了一所书写和语言学校，并在此利用凹凸形式的字母研发出了一种著名的盲人阅读法。1784年11月18日他在文秘所例会上介绍了此法。几个星期后，科学院也批准了这个阅读法。1786年，文秘所将会议地点从柯基业路迁到了国王图书馆。阿维则在法国慈善会的支援下，于胜利圣母院路建立了一所盲人学校[10]。

然而除了上述特例之外，巴黎的其他行业组织既无权也无意自发办学以传播和改进它们从本行业生产实践活动中获得的知识。更何况，科学院的院士们和政府官员们一向认为这些生产实践活动只不过是些盲目的行为和循规蹈矩的做法而已。虽然科学院和《百科全书》收录的许多关于机器原理及生产规程的描述均源自巴黎工商业的生产实践，譬如狄德罗就是在工人巴拉特的帮助下记述了织袜的工序，但是在科学界精英人士的观念里，只有科学理论才能真正解释和改进各种工艺。

化学工艺与巴黎的五行八作

正是在这一观念的驱使下，药学家帕门蒂埃[a]和卡代·德·沃[b]试图给面包师们讲解有关面包的科学理论。在勒努瓦的支

---

a 帕门蒂埃（Antoine Augustin Parmentier，1737—1813），法国农学家、营养学家和军事药学家。他为马铃薯在法国乃至欧洲的种植推广做出了杰出贡献。
b 卡代·德·沃（Antoine Cadet de Vaux，1743—1828），法国化学家和药学家。

持下，一所免费的面包师学校于1780年成立了，该校坐落于当年的小麦交易厅附近的大特吕昂德利路。上面这两位曾对面包烘制做过专门研究的药学家亲自到校授课。卡代·德·沃参与创立的《巴黎日报》曾为该校做过大量宣传推介，作家梅西耶也在其所著的《巴黎万象》(Tableau de Paris)中用了一章谈及该校，他写道："小麦制品的烘制是一个化学反应的过程，理应由化学家进行阐释。"遗憾的是，这所学校虽然幸运地开办到了18世纪末，但巴黎面包师傅们对讲授内容却没啥兴趣，因为没有多少师傅相信专家宣扬的化学知识会对面包的制作工艺有多大用处[11]。

不过，对动植物原料的转化加工，以及从中提取有用物质，进行提纯、混合等一系列工序，的确是食品店、制醋作坊、熟肉加工商、果脯园子以及面包坊等行业的日常工作，这些工作实实在在地与化学工艺水平的高低有关。除食品业外，药品杂货业、颜料业、皮革业、洗染业、制帽业、香水业和金银作坊等也都离不开化学知识。由于相关行业颇多，且因篇幅有限，本书在此不一一赘述它们和化学之间的关系，只概括性地点出它们与科学的重要联系。

在上述这些行业辛苦劳作的几千名巴黎手工业者和店主中，多数人都只是循规蹈矩、默默无闻的芸芸众生。他们一成不变地依赖着同样的配方或工艺生产过活，而他们的秘方或所谓的绝活早已被科学家破解。不过在这些手艺人中，也出现了几位行业翘楚，他们凭借自己取得的财富和成功从芸芸众生中脱颖而出。其中，有在圣安德烈艺术路开店并被美食评论家葛里莫·德·拉汉尼耶[a]赞誉为"芥末泰斗"的魅雅（Maille）[b]，有在杜鲁勒街开店的王后调香师法赫基翁[c]，还有在本书后面部分会再次提到的在小桥路开铺子的烧酒店主朗日。由于这几位行业大腕具有发明思维，又是王室及巴黎达官贵人等高端客户的固定供货商，所以他们惯于走上层路线以获得官员和学术权威界的扶持。他们把自己的实验室设在位于市中心的店铺隔壁或者位于近郊镇的作坊里。每次研究出新的配方乃至独门绝技后，他们就把成果送到相关的权威院所请求审查。

我们在前文已讲过金银作坊均集中分布在西岱岛及其周边地带。其中某些店铺掌握复杂的合金和镶贴技术，因而堪称真正的冶金企业。譬如，作坊设在玻璃坊路的金银师傅铎米（Jacques Daumy）早就以其制作的精美包银餐具而远近闻名。1786年他又在科学家拉瓦锡的帮助下为穆埃特城堡的珍奇品陈列馆制造出了望远镜镜面所用的铂金底板。一年后，另一位名叫马克-安托万·雅尼提（Marc-Antoine Janety）的巴黎金银匠首次大面积地使用铂金这种贵重金属制作出了一些盒子及其他金银物品。

五行八作中与化学知识关系最密切的职业还要数药剂师。尽管当年大部分药房的配药坊都只满足于照搬药典上的配方或一些"独门秘制"的特别药方来配制药物，但还是有那么几家药房拥

---

[a] 葛里莫·德·拉汉尼耶（Alexandre Balthazar Laurent Grimod de La Reynière，1758—1837），出身金融家和包税商家族的法国记者、律师、评论家及美食家。

[b] 安托万-克罗德·魅雅（Antoine-Claude Maille）于1747年创制了享誉世界的"魅雅"牌芥末系列产品。

[c] 法赫基翁（Jean-Louis Fargeon，1748—1806），法国调香师，法国王后玛丽-安托瓦内特的香料特供商。

有真正意义上的科研和知识传授性质的实验室。它们中最著名的是位于雅各布路与双天使路交汇口的鲁埃勒[a]药店。1784年，化学家兼药学家贝特朗·佩尔蒂埃[b]接手了该药店及其实验室，而佩尔蒂埃本人于1792年入选科学院。德马西[c]和米图阿尔[d]均系药学公学院的老师，他们各自的药房实验室位于渡轮路和博讷路。另外，药剂师、科学院院士卡代·德·伽西科特[e]的药房实验室设在圣奥诺雷路，药剂师、植物园展馆演示老师安托万-路易·布隆尼亚尔[f]则是在他位于竖琴路的药房实验室工作。

化学家波美[g]的药房别具特色。它位于柯基业路，地处巴黎工商业中心地带，设有一间专用于教学的宽敞实验室，此外还有一间用于配药的实验室以及五个化学品制作间。波美的这样一个多样经营的企业不但为其他药房供应各种药品，还为果脯园子、制醋作坊、烧酒作坊以及制帽场等多个行业提供产品，甚至出售化学工具和科学书籍，他的客户遍及巴黎及外地。波美的企业因此兴旺发达，直至18世纪70年代末从未遇到任何竞争对手。到了1778年，一群投资人在塞纳河畔的雅韦尔（Javel）建立了一座以制作硫酸和蚀刻版画原料闻名的化工场。又过了一年，波美

---

[a] 鲁埃勒（Guillaume-François Rouelle, 1703—1770），法国药剂师、化学家。
[b] 佩尔蒂埃（Bertrand Pelletier, 1761—1797），法国药学家和化学家。
[c] 德马西（Jacques-François Demachy, 1728—1803），法国药剂师。
[d] 米图阿尔（Pierre François Mitouart, 1733—1786），法国药剂师及巴黎药学公学院成员。
[e] 卡代·德·伽西科特（Louis Claude Cadet de Gassicourt, 1731—1799），法国化学家和药学家，为另一位化学家兼药学家卡代·德·沃的兄长。
[f] 安托万-路易·布隆尼亚尔（Antoine-Louis Brongniart, 1742—1804），法国化学家。
[g] 波美（Antoine Baumé, 1728—1804），法国化学家和药学家。

实验室的配药师坎凯[a]自己开设了一家批发药房。或许正是这种新的竞争形势，使业已发迹的波美萌生了退意。总之，他最后于1780年将自己的药房卖给了药剂师富尔西（Fourcy）继续经营[12]。

城市里的机械

化学的确是科学成果融于城市生活的绝佳例子。这一点在后文中还会再提及。此外，其他门类的科学也同样与巴黎的工商业不无联系，只是这种关联不似化学与相关领域那般紧密罢了。譬如，数学就不仅仅应用于高精分析和科学领域，其实它对提高商家的计算能力以及解决建筑业和手工业中遇到的几何问题也是有贡献的。实际上一些数学家们也像文秘所的资深文员那样给巴黎生意人讲授算学和会计课。他们对手工业的帮助则主要是在几何和力学知识方面。1766年画家让-雅克·巴契利尔（Jean-Jacques Bachelier）建立了一所免费的王家绘图学校，该学院在1775年后迁到了科德利埃路，并搬入了外科学校迁走后腾出来的圣科默阶梯教室。绘图学校的学生在这里学习数学、建筑学、石料切削和透视学，同时也绘制素描图。该学校的经费一方面来自私人募捐，一方面来自行会资助。建校以来，它为巴黎培养了众多工艺家和艺术家，特别是在机械、装饰和建筑业方面的人才[13]。

不过，在机械工业方面，巴黎是远远无法与伦敦、瑞士和列

---

a 坎凯（Antoine Quinquet, 1745—1803），法国药剂师，"坎凯油灯"的联合发明人和命名人。

日的水平相媲美的。多数的巴黎钟表匠只满足于直接将从日内瓦进口来的半成品安装到漂亮的外壳里。最好的科学工具则直接由一些专业供货商从英国进口。尽管如此，在巴黎还是有那么一小群工艺家有能力造出令人艳羡的机械装置，他们多为外国裔。在太子广场周围就聚集着这样几位能工巧匠，正是他们树立起了巴黎钟表业的声誉。一方面，他们是达官贵人的供货商，其产品销往全欧洲，另一方面，他们又和科学界关系密切。勒华[a]和贝尔杜[b]制作的航海精密时计通过了巴黎科学院的评审，在水平上堪与英国钟表匠的最好产品媲美。1775年后，来自纳沙泰尔的钟表匠宝玑[c]在跟马力神父学习了数学之后，在钟表技术和美感方面进行了众多创新。他在自己位于钟表码头的作坊里制作出了多款超群的钟表机械装置。

制锁和五金行业的情形亦是如此，虽说这方面的产品不分优劣多数产自外省，不过有几位极富创意的巴黎工匠却擅长制作豪华和精密档次的产品。某些在巴黎从事数学仪器制作的制造商就是这方面的能工巧匠。譬如，在圣安托万镇就有这样一群机械师，他们专为坐落于莫塔涅公爵公馆的工艺博物馆制作机器。在旧制度的末期，他们是法国少有的可以制作英式纺织机的工匠。其实，巴黎工匠创新人才辈出的领域还要数当年井喷般发展的楼堂馆所建筑工程和装潢工程。然而，这些能工巧匠却始终默默无闻，上

---

[a] 皮埃尔·勒华（Pierre Le Roy, 1717—1785），法国国王路易十五的御用钟表师，被誉为精密时计的发明人。他也是科学家勒华（Jean-Baptiste Le Roy）的哥哥。
[b] 贝尔杜（Louis Berthoud, 1754—1813），法国瑞士裔钟表师。
[c] 宝玑（Abraham-Louis Breguet, 1747—1823），来自瑞士的著名钟表制造师、"宝玑"品牌的创始人、海军钟表师，也被誉为陀飞轮之父。

流社会记住的只是那些显赫的项目业主的大名。不过，这里至少有一个特例，那便是小麦交易厅的圆顶。当年报界公开称赞了那些参与建设的普通施工者、木匠、锁匠和铸工的高超技艺。

小麦交易厅位于巴黎老城的心脏部位，不过它却担负着巴黎之胃的功能，因为整个巴黎市区及郊区的面粉和小麦均在此交易。其实这座功能性建筑物也有着一种重要的政治意涵，即王权应该将确保老百姓的温饱作为它应尽的职责。具体而言就是，必须首先确保质量合格、价格合理的面包能够充足地供应市场。随着谷物贸易自由化政策的实施和科技的进步，到了18世纪60年代，王家政府鼓励对麸皮残留面粉的再研磨和模制面包的产销。与此同时，政府也着手新建一个现代化的小麦交易大厅。新交易厅于1767年竣工，为一座宏伟的环形建筑。砖石铺地的圆形大厅四周由二十五个连拱环绕，运来的谷物和面粉就堆积在拱门后大厅的谷仓里。可是没过多少年谷仓就显得过于狭小了。于是人们决定给中央大厅加盖一个大型圆顶以拓展建筑。在多个备选设计方案中，只有两个送到了勒努瓦面前。其中一个是建筑师贝朗热[a]的方案，它提出效仿英国模式在法国首次采用铸铁和玻璃材料来制作圆顶，为此他还和制锁师多米耶（Deumier）一起绘制了结构图；另一个方案由建筑师洛格朗[b]和莫利诺斯[c]提出，他们建议采用木制和玻璃材料的圆顶，这样做可尽量节省费用并使结构变得轻盈，最终这个方案得到采纳[14]。

---

a 贝朗热（François-Joseph Bélanger, 1744—1818），法国建筑师。
b 洛格朗（Jacques-Guillaume Legrand, 1753—1807），法国建筑师和建筑史家。
c 莫利诺斯（Jacques Molinos, 1743—1831），法国建筑师。

圆顶的屋架采用冷杉木料制作，系著名细木工大师鲁博[a]的杰作。鲁博以其所著的《木匠技艺》及其他一些木工专业的指导性书籍而著称于世。他在建筑设计师们的同意之下采用"细木窗框"技术制作圆顶。该技术在16世纪由菲利贝尔·德洛姆[b]发明后，曾被人们彻底遗忘了两百年之久。采用这种技术无须依赖任何砌筑的加固。细木师阿勒布依（Pierre-Laurent Albouy）曾使用这种既简便又省钱的"细木窗框"技术搭建了悬空脚手架。此外，锁匠拉甘（Raguin）还为交易厅圆顶制作了一个巨大的铁笼罩子，其想法可能来自机械师梅涅（Mégnié）。圆顶的外层覆盖则由铸铁师图尔努（Tournu）负责，他为此使用了一种自己发明的合金材料，该材料得到了科学院评审的认可。交易厅安装避雷针时还咨询了富兰克林的意见。

交易厅扩建工程以创纪录的速度完成了。圆顶撤去脚手架的那一刻，大厅的支撑梁坚固美观，尽显鲁博工艺的巨大成功。1783年1月扩建工程竣工揭幕，立刻博得了一致的啧啧赞誉。那硕大的圆顶完美地罩于大厅顶端，而外观不露任何一点木工的痕迹。二十五面巨大的玻璃框架环绕在铁笼罩旁闪闪发光，使得日光可透过玻璃彻照交易大厅。《巴黎日报》为此刊登了一篇长文，向打造出如此"奇美装置"的建设者致敬。小麦交易厅也由此成为一处旅游名胜和聚会演出场所。杰斐逊就曾夸赞："（它是）地球上最美妙之物！"[15] 亚瑟·杨格[c]也认为小麦厅是巴黎最美的建

---

a 鲁博（André-Jacob Roubo, 1739—1791），法国细木工大师。
b 菲利贝尔·德洛姆（Philibert de l'Orme, 1514—1570），法国文艺复兴时期建筑师。
c 亚瑟·杨格（Arthur Young, 1741—1820），18世纪末英国农学家。

筑。遗憾的是，这美妙之物也是脆弱的。小麦厅圆顶的结构对温度的变化极其敏感，1803年的一场大火令其化为灰烬。后经数年的调查和研究，人们于1812年重建了圆顶。而这一次，建筑师贝朗热的方案终于得到采纳。再建的圆顶构架经过了精密的计算，但仍为木工界人士的作品。承担此次任务的是巴黎的木工作坊主弗朗索瓦·布吕奈（François Brunet），此人在旧制度时期已在业内享有盛名。新圆顶仍沿袭了上一次鲁博所启用的菲利贝尔·德洛姆的技术。不过，毕竟时代进步了，这一次以克勒佐（Creusot）生产的铸铁材料替代了原先的木质材料[16]。

巴黎周边的知识界

首都与其近郊地区的各种交流时刻进行着。和所有巴黎人一样，科学院院士们也向往着田野的清新气息。其中几位就在乡下有自己的别墅，每逢周末和怡人的季节，他们就会到那里度过美好的时光[17]。另一些同事则会受权贵们之邀到他们在乡间的豪宅小住。譬如，前往昂维尔公爵夫人一家在拉罗什吉永的城堡，或是去往伯沙尔·德·萨龙在楠图耶的宅子，抑或是造访特鲁丹在蒙蒂尼的府邸。对于某些院士而言，在凡尔赛逗留才是他们的不二选择，因为那里是王室和各位大臣的云集之地。

首都郊区也为博物学家们提供了众多的研究资源。让-雅克·卢梭就常常把帽子揣在口袋里，携带孔蒂亲王送他的放大镜，身背马口铁盒子，手持一把铁锹和一根头上配有小剪枝刀的手杖，前往塞夫勒村及罗曼维尔村的高地上采集植物。其实并非只有卢梭如此，拉马克、朱西厄、阿维及德枫丹[a]等一大批科学家都曾前往巴黎周边的树林和山丘从事野外样本采集，以丰富他们的自然收藏。植物园的教授们也常带他们的学生前往。在位于蒙鲁日的城门下，当年的植物爱好者可以看到园艺家塞勒[b]和科尚[c]栽培的花坛。当时多处城门下面还有巴黎粮种商培育的苗圃。另外，个别作为特邀嘉宾的科学家还可以参观距巴黎稍远的一些私人植物花园，譬如，位于马尔泽尔布村的马尔泽尔布花园，以及位于弗里尼的杜阿梅尔·杜·蒙梭[d]和其外甥福日鲁[e]的花园，还有位于凡尔赛附近蒙特勒伊村的勒莫尼埃[f]的花园。对于矿物样品采集而言，巴黎周边地区同样也是理想的场所。像达尔塞和拉马农[g]这样的科学家都喜欢到蒙马特尔采石场采集奇特的化石。而格里尼昂村及其他地方的卢台特石灰岩则可让科学家采集到美丽的贝壳化石。

其实巴黎周边地区不仅能为科学家带来惊喜，其肥沃的水土还长年为首都供应着充足的农牧产品。正因如此，为了促进

---

[a] 德枫丹（René Desfontaines，1750—1833），法国植物学家和国立自然博物馆馆长。

[b] 塞勒（Jacques Philippe Martin Cels，1740—1806），法国花卉家。

[c] 科尚（Denis-Claude Cochin，1698—1786），法国植物学家。

[d] 杜阿梅尔·杜·蒙梭（Henri Louis Duhamel du Monceau，1700—1782），法国植物学家和农学家。

[e] 福日鲁（Auguste-Denis Fougeroux de Bondaroy，1732—1789），法国植物学家。他是蒙梭的外甥和业务合作者。

[f] 勒莫尼埃（Louis-Guillaume Le Monnier，1717—1799），法国植物学家、科学家和御用医生。

[g] 拉马农（Robert de Lamanon，1752—1787），法国植物学家、矿物学家和气象学家。

农牧业的进步，当年的巴黎财政区督办官贝尔提埃·德·索维尼（Bertier de Sauvigny）曾请巴黎的科学家来助一臂之力。特别是1780年后，索维尼又到法国财政总监手下兼管阿尔福王家兽医学校和王家医学会的事务，他对科技兴农的工作就更为重视了。为此，索维尼专门求助了博物学家道本顿及其侄女婿、动物解剖学家兼医学会秘书维克·达吉尔，另外还有蒙彼利埃的年轻医生奥古斯特·布鲁索奈[a]。布鲁索奈曾在伦敦结识了约瑟夫·班克斯[b]，并成为其好友。

1766年，阿尔福王家兽医学校在夏朗通桥旁的一座城堡中开始了教学活动。学校为未来的马蹄铁匠讲授兽医技能，特别是治疗马匹的技能。根据维克·达吉尔的建议，贝尔提埃决定将这所职业学校提升为一所高级科教机构，为此新设了若干专业讲座职位，并聘请王家医学会的成员来作讲授。譬如，在1782年曾由维克·达吉尔讲授比较解剖学，并由道本顿讲授农村经济知识，在1783年曾由富克鲁瓦讲授化学和植物学专题。这些教授均配有副手和助理。在贝尔提埃的关照下，布鲁索奈成了道本顿的副手，并在后者帮助下进入了巴黎科学院。这样一来，兽医学校不但拥有一个实验用农场及一个动物饲养园地，还配有博物学研究室、解剖室和实验室。从那以后，人们纷纷从巴黎来到郊外的阿尔福兽医学校参观，并聆听教授们的公开讲座。不过，虽然教授

---

[a] 奥古斯特·布鲁索奈（Auguste Broussonnet，1761—1807），法国医生、博物学家、鱼类学家。
[b] 约瑟夫·班克斯（Joseph Banks，1743—1820），英国博物学家，曾参加库克船长的远洋探险，对澳大利亚动植物颇有研究。

们来此进行了一些科教活动，但他们基本上都不从事正式的授课。1787年财政总监卡洛纳被解职后，法国政府决定停止为兽医学校的教授讲座提供经费。于是三个科学讲座职位被撤销，学校因此降回了原先的职校水平。

巴黎财政区总管贝尔提埃还曾试图扭转巴黎财政区农学会自1761年创立以来的长期颓势。经过1784年的改革，一批大农场主以及众多像拉瓦锡、布封和维克·达吉尔这样的科学院院士都参与了农学会的业务。当时，布鲁索奈刚入选科学院新设立的植物与农学部，随即就做了巴黎财政区农学会的终身秘书。该农学会每星期四在位于旺多姆路的财政区总管府开一次会，旨在促进农学发展和农业进步。1786年，农学会也获准在朗布依埃王家领地里建立一个实验农场。泰谢"神父"[a]将数百头安哥拉山羊和美利奴绵羊安置在农场里驯化。

尽管有上述的努力，巴黎财政区农学会的作为仍十分有限。法国财政总监在进行农业决策时其实更倾向于听取作为自己僚属的农业委员会的意见，这个委员会的核心人物正是拉瓦锡。1788年贝尔提埃终于得以将他的学会升格为王家学会，使其业务可以覆盖全国。如同王家医学会一样，王家农学会也需要与本领域的各个省级农学会进行联系，以便建立一个真正全国范围的农业信息网。然而，王家农学会却不再可能有多少发展的机会了，因为1793年它和其他学院一并被大革命取缔了。

---

[a] 泰谢"神父"（Henri-Alexandre Tessier，1741—1837），法国医生和农学家。因年轻时曾就读天主教学校，所以人称"神父"，但他从未从事过神职。

大千世界只在巴黎

作为法兰西王国的首都，巴黎在18世纪末已发展成为全欧洲乃至世界级的大都会，其地位和名气远远超出了地域限制。对于文人共和国而言，巴黎正如大卫·休谟在1764年给友人的信中所写的那样：这座城市是国际多元化大都会的绝好代表，也是世界公民的首选之地[18]。其实巴黎并不能独享世界主义之都的美名，因为18世纪的伦敦、阿姆斯特丹、维也纳、加的斯、罗马或君士坦丁堡从各自特点上都可称得上是世界城市，而这还没有包括欧洲以外的城市。尽管如此，巴黎的与众不同之处在于其所具有的文化思想使命，另外它还是启蒙思想的中心和科学技术之都。在这一方面，自1750年之后没有任何其他大都市可真正与它相比。当时，来自四面八方的各类人才、各种创意和各色事物齐聚巴黎，并在这里尽情展示、论争较量。这些荟萃与交流成了巴黎知识界和科学界的力量源泉。

其实巴黎大学早在中世纪便接纳了来自欧洲的所有"民族"。尽管后来它的威望大不如前，但仍继续吸引着外国的学子前来聆听各种公开课程。这里既有法兰西公学院、王家植物园、外科公学院以及主宫医院等官方机构的课程，也有更多的私人开设课程，领域涵盖物理、化学及博物学。除此之外，还有大批外国富人路经或到巴黎做更长时间的逗留，来豪赌者有之，为美食而来者有之，为寻艳遇而来者有之，当然为陶冶自我而来者亦有之。从传统上讲，巴黎一直是欧洲贵族游学经历中的常设一站。到了18世纪末，它更是成为各国人士齐聚的圣地。这些远道而来者纷纷下榻在专为游客开设的宾馆中，这些宾馆为数众多，集中在从巴黎王家宫殿到绍塞-昂坦路之间的街区。专为游客出版的旅游指南中标注了各个值得造访的景点及建筑，巴黎天文台及王家植物园等科学场所赫然在列。

在这些外国访客之中，不乏来进行专业交流的学者和科学家。约瑟夫·普利斯特里[a]的巴黎之旅便是化学发展史上的一桩著名公案。普利斯特里于1774年随其上司兼庇护人谢尔本伯爵（Lord Shelburne）造访巴黎。在逗留期间他结识了众多巴黎科学家，特别值得一提的是，他在与拉瓦锡会晤时讲述了他刚发现的无燃素气，也就是氧气的一些关键信息。然而这次会晤竟成为未来有关这两位化学家谁先发现氧气之争的导火索。盲目民族主义倾向的史学家又把此事拿来大肆渲染。这次会晤后又过了九年，即1783年，卡文迪许的秘书兼医生布拉格登[b]来访巴黎，他告诉拉瓦锡，卡文迪许进行了分解水成分的实验。拉瓦锡听后立刻展开了一系列针对水的分析和合成的著名实验。结果英国人的第二次造访再次引发了后来史学家们的争论，即发现水的组成成分这项功绩究竟是该归于法国化学家还是英国化学家！不过，可以肯定的是，来访为各国科学家之间富有成效的交流创造了机会。同样，詹姆斯·瓦特也于1786年来到巴黎，他抱着浓厚的兴趣观摩了法国化学家贝托莱用氯气进行漂白的实验。在贝托莱欣然同

---

[a] 约瑟夫·普利斯特里（Joseph Priestley, 1733—1804），英国自然哲学家、化学家、牧师、神学家和政治理论家。他被认为是氧气的早期发现者和人工制造者。由于他坚持燃素说理论，未成为化学革命的先驱。

[b] 布拉格登（Charles Brian Blagden, 1748—1820），英国医生、物理学家和化学家。他是英国著名物理学家和化学家卡文迪许的助手。

意的条件下，瓦特在回到英国后应用他在巴黎所学的技术兴办了漂白工业。

正如所有路经巴黎的外国科学家一样，马丁·范马勒姆受到了法国同行们最热情的接待。正是有了他们的推荐，范马勒姆才有幸在法国首都领略了官方及私人的顶级科学收藏品。当年的巴黎真可谓集矿物界和生物界千奇百怪的标本于一城。在这里有着博物学领域最为集大成的收藏。这其中尤以王家植物园的收藏见长，不断增加的植物园藏品以其丰富性与多样性而与众不同、独树一帜。除了自然界的藏品，巴黎还为来访的外国学者展示了珍贵的书籍典藏，包括各种著作、手抄本、绘本、图刻版印刷物以及各类地图。巴黎博大精深的知识积淀使其当得起"世界之窗"的称号。

人类学家布鲁诺·拉图尔曾描述过"西方科学"与异域知识之间的大交流，在他看来，前者是普世的和可积累的，后者则是拘于一隅的、虚弱的和昙花一现的。拉图尔由此设想存在着一个远程信息汇聚网的架构，这个网络将遥远异域的多种数据以文字、数字、图画及实物等形式汇总到位于欧洲大都市里的所谓"计算中心"[19]。这一看法虽然激动人心但却是错误的。对其他文明感兴趣的人指出，拉图尔的观点趋向于将西方以外的世界不恰当地贬损为一些被动的边缘事物或单纯的信息采集地。况且，将大都市简单地比喻为"计算中心"也是有失公允的，因为这种提法忽略了知识存在形式的多元性。这种比喻使人误以为科学家们一天到晚就待在自己的实验室和办公室之中，仿佛把自己关在古堡的小房间里与世隔绝地搞科研。这种想象与人类学家及博物学家应具有的"户外"开放视角是相违背的。仅以巴黎为例就足以证明这是一种误解。大家在前文中已看到，巴黎的科学活动是深深植根于整个城市生活的方方面面的。

对于像梅西耶这样带有启蒙主义色彩的共济会成员兼巴黎生活观察家来说，科学之城是没有围墙的，发明创造的精神也是无处不在的。和那个时代的其他人一样，梅西耶认为科学是在对各种工艺行为的观察中形成的。他相信，科学源自大道上的百姓生活场景，正是生活中的行为引发了好奇心并激励了智慧的开发；总之，科学应该是城市生活的天然且必要的产物。由于科学本身来自草根，所以科学家就有义务走出他们的庙堂，服务于公众的福祉，有义务启迪民智，并将科学的光明带回给曾孕育它生命的寻常百姓。实际上，有上述见地者在当年绝不只梅西耶一人[20]。这反映出1750年后巴黎文化界不断增长的雄心壮志，即它意欲摆脱甚至对抗来自官方的政治与宗教监管，以科学评判官和道德审判官的面目来对大众舆论施加影响。有意思的是，这种对解放的渴求恰恰发生于传统的社会教育体系之中，正是在这样一群贵族中，在这样一批体制内的机构中以及在这样一种专制官僚的内部，酝酿着一系列新思想。科学院院士们或许是文化界人士中与王权体制结合得最好的一群人，可这些人却全心地参与到这场全民浪潮。他们也因此由为王侯服务并受达官贵人监管的角色，逐渐转变为引领公众舆论的角色。在这个过程中，科学本身也不知不觉地演变为巴黎大革命的一部分政治文化前奏。

第四章 《百科全书》的前前后后

L'ENCYCLOPÉDIE

1759 年 12 月 14 日，巴黎王家科学院主任莫朗[a]和五位院士一起来到了出版商布里亚松在圣雅克路经营的"致科学"书店。来访的目的是检查《百科全书》的图稿和图刻版校样。当时的建筑师兼绘图家皮埃尔·帕特[b]刚刚在弗雷隆主办的《文学年鉴》中声称，《百科全书》的合作出版商收买了科学院的雕版师从而抄袭了列奥米尔为《工艺说明汇编》所做的图刻版内容[1]。帕特还斥责说，这种行为简直就是剽窃加偷盗。实际上，帕特的指控颇有来头。首先，刊登其指责的那份期刊的老板弗雷隆正是启蒙哲人的死对头。另外，帕特的话也容易令人信服，因为他曾负责校对《百科全书》图刻版的图稿并对其进行归档，但后来遭解雇，所以他便以此报复。对于本已处于窘境的几位合作出版商勒布莱顿、布里亚松、大卫和杜朗而言，没有比此时遇到这种麻烦事更糟糕的了。

《百科全书》自刊行以来便获得了极大的成功，特别是它的

---

[a] 莫朗（Sauveur-François Morand，1697—1773），法国医生兼巴黎王家科学院主任。
[b] 皮埃尔·帕特（Pierre Patte，1723—1814），法国建筑师。

问世激发了民众对科学的巨大热情。尽管老百姓对科学的兴趣由来已久，但这部巨著造成的轰动却具有转折性的意味：长期以来拘于大专院所里的学问从此以后便闯入了寻常百姓的生活。对于科学活动而言，这种热情既催生了更多科学机构的建立，也改变了其布局的重心。当王权决定建立科学院之时，它扶助科学家，同时也把他们纳入了为自己服务的体系中。院士们以国王之名去监管和评估各项科研和发明成果，并向政府提交各种专业鉴定报告。即便当时科学院也负责公众科普工作，但这同促进科学进步并使之服务于国家和工业发展的任务相比是次要的。然而《百科全书》却直接面向众多有文化底子的读者，不在意他们的身份和职位。这部词典旨在于既有体制的管控之外对广大读者进行启蒙。它以字母先后顺序重新排列知识点，并配以丰富的插图，将知识的参天大树给予了民众。从此科学不再是科学家及其显赫保护人的独享事务，至少在理论上属于所有人。

然而《百科全书》却令某些人不快。敌视这个项目的人从一开始就试图阻止其出版，却未能得手。但到了1759年2月，当巴黎高等法院对参与该项目的哲人做出不利判决后，情势便明显恶化了。一个月后的3月5日，罗马教皇将这部词典列入禁书。3月8日，御前会议也撤销了对该词典的印刷和销售许可。此时，这部书的词条才刚刚编到字母G，相应的图刻版还未制作好。基于此，出版商们希望能将已编好部分对应的图刻版付诸出版，以挽救他们的项目，因为官方的不利宣判仅针对这部词典的文字卷。而且，政府在9月给了出版商们一道新的许可令，准许他们出版一部由一千块图刻版编成的图集。然而就在此刻，由于皮埃尔·帕特的指控，所有的图刻版面临一并作废的风险，令人真正害怕的是这一局面似乎无力回转了。

图刻版风波

《百科全书》的最大特色之一是对各种科技工艺流程进行了描绘。不过，这个构思并非它的首创，因为科学院在此前已经开展过一个名叫《工艺说明汇编》的大型丛书项目。该项目可上溯至科学院建院时期，并从17世纪90年代起实际立项实施。科学院的列奥米尔在1711年当选力学部领薪院士后便开始主持这个项目。自那以后，编撰工作有了很大进展，但发表的内容却不多。1757年列奥米尔去世时留下了大批手抄本、图本，以及几块图刻版和相关的铜活字块。所有这些遗存物都交给了科学院。当图刻版遭到《百科全书》剽窃这一丑闻被曝光之际，列奥米尔遗留物的出版工作根本还没有做。

于是便有了上文所说的科学院专家小组于1759年12月14日来到布里亚松的书店进行图刻版查验之事。检查组的专家们在书店逗留了三个小时，其间，他们看到了众多涉及科学内容的绘本和图刻版，但几乎没有看到有关机械工艺的内容。书店同时也给专家们看了四十多块列奥米尔编著内容的图刻版校样，没有一块和《百科全书》图刻版上的内容有关。出版商解释说，他们之所以把列奥米尔遗留的图刻版拿来，只是为了参考一下图像布局模式。由于在书店里看到的机械技术的图刻版很少，涉及列奥米尔编写的专题内容的更是少之又少，所以检查组的专家们便怀疑出版商为了应付检查故意藏匿了一些图刻版。而合作出版商们则保证说，除了专家们已看到的东西之外，他们再无任何其他相关的图刻版了。他们甚至还准备郑重其事地以书面形式承诺：涉及《百科全书》的图刻版在付诸印刷出版之前将先交由科学院进行复查。后来检查组的报告显示，科学院接受了他们的保证，委派诺莱和德帕西厄[a]叫人打扫了列奥米尔遗留的所有铜活字块，并将每块图刻版上的内容都印刷了三份以备将来和《百科全书》进行比较查验。

为了打消词典预订者的顾虑，合作出版商们立即登报邀请"那些支持和反对这部词典的人们"都来书店亲自查看已经投入印刷的近两百块图刻版的内容，让那些人亲眼确认这些图刻版上的东西和列奥米尔的编著真的没有关系。可是，他们的这一做法只能说服那些愿意相信他们的人，《百科全书》的敌人们要求提供更多的细节。譬如，有关机械工艺方面的原文字稿在哪里？为什么没有把这些文字稿给检查组查看？面对这样的质疑，合作出版商们担心皮埃尔·帕特完全有可能抛出新的爆料。事不宜迟，为了防备他这一手，出版商们认为有必要立刻请科学院一一查验他们所有涉及工艺内容的图刻版。

于是，这次彻查便在出版商们的主动要求下迅速而极为秘密地展开了。经由科学院院长兼出版审查总长马尔泽尔布的同意，并在其他科学院同事不知晓的情况下，诺莱和德帕西厄由莫

---

[a] 德帕西厄（Antoine Deparcieux，1703—1768），法国数学家。

朗陪同，于1760年1月16日造访了主要合作出版商勒布莱顿的店铺。在那里他们对近六百块涉及一百三十种工艺的绘图及刻版一一过目查验。他们出具了详尽的查验报告，证明这些图刻版没有抄袭列奥米尔图刻版的内容。这正是《百科全书》的合作出版商们望眼欲穿所需要的东西。

两个星期后，《文学年鉴》上发表了皮埃尔·帕特的一封新公开信，这位绘图家在信中称合作出版商接受检查的做法不过是掩人耳目的伎俩[2]。由于帕特并不知道1月16日在勒布莱顿书店里进行的秘密查验一事，他仍把攻击矛头指向上一年12月14日在布里亚松书店所做的检查。帕特自以为是地声称，只须将列奥米尔刻印的内容和《百科全书》已发表七卷中的描述文字对比一下，就会发现在大的面貌、绘制的图形及描绘的工艺乃至注释词条方面，它们是一样的。帕特甚至还举了"针制作""石板瓦制作""钉子制作""别针制作"以及"大型锻造工艺"的例子。最后，他充满讥讽地断言：就算合作出版商们承诺在词典出版前出示全部有关工艺内容的图刻版，他们也只会依照列奥米尔已写的工艺技术说明重新绘制相应的图片！幸亏诺莱和德帕西厄已经出具了文件正式证明这些人的清白，否则帕特的新指控将会带来灾难性的影响。

不过这个证明文件却挑起了科学院的内部争执。可以想见，像博物学家布里松和盖塔[a]这样参与了12月14日检查却被排除在1月16日查验之外的院士一定会有一种被同事们欺瞒的感觉。

---

a 盖塔（Jean-Étienne Guettard, 1715—1786），法国地质学家、植物学家和医生。

这两人中的一位（可能是布里松）还指责道，有关的同事急着为《百科全书》的当事人开具证明书损害了科学院的名誉和利益。为了平息科学院大会上的怒气，此事的幕后大佬马尔泽尔布于 2 月 20 日提议，请此前参加过检查或查验的所有院士都再次造访勒布莱顿的书店。两天后这个联合拜访团就去了那家店面，但整个经过却相当糟糕。根据狄德罗给索菲·沃兰[a]的信件所述："他们（即科学院院士们）在科学院里唇枪舌剑。昨天他们把所有不堪入耳的粗话都骂出来了。"狄德罗随后又补充道："我真不知道今天他们还会做出什么事来。"[3]

幸亏当时留下了会议纪要，才使我们知晓事态的后续发展。2 月 23 日，诺莱和德帕西厄为了回击他人对自己的人身攻击并捍卫个人尊严，在给科学院的报告中再次做出了与 1 月 16 日查验结果相同的证明。布里松和盖塔缺席了那天的会议。对于这份新证明，布里松的态度是保持沉默，而盖塔则独自致信院长表示最终接受诺莱等同事的立场。他本人将书商们的图本与列奥米尔所编的同类工艺专题的图刻版进行了比照，而后确认：就他所看到的东西中，并无抄袭的现象。他还补充说，其实所有这些比照都不重要，大家难道没有注意到词典图本里含有众多列奥米尔根本未提到过的工艺吗？基于此，盖塔也认可了合作出版商们的清白。最后，科学院要求秘书不得对外透露有关信件和报告的情况及任何摘录，并须将此事压在内部而不得外泄。由此，争执得以画上了句号，《百科全书》终于再次躲过一劫[4]。

---

[a] 索菲·沃兰（Sophie Volland, 1716—1784），18 世纪法国书简作家，狄德罗的红颜知己。

巴黎出版界的大手笔

《百科全书》项目早在十年前的 1750 年 10 月就开始了。狄德罗为此做了一个说明小册子向预订者介绍这个项目。正如他所说，出版这部词典的目的在于："对古往今来数个世纪里人类智慧在所有领域取得的成就做一个集大成的概介。"该词典包含十卷对开本，分为八卷文字本和两卷绘图本（共计六百块图版）。从 1751 年 6 月至 1754 年 12 月，每半年发行一卷文字本，两卷绘图本是和最后一卷文字本一起发行的。预订价为二百八十里弗尔，在 1751 年 5 月 1 日前预付六十里弗尔。没有提前预订的买主则须支付三百七十二里弗尔，比预订价高三分之一。至 1751 年 4 月 30 日预订期结束之日，实际预订者为一千零二人，词典在即将发售之际就已经获得了成功。

坦率地讲，《百科全书》在成为一项知识创举之前首先是一个商业项目。该项目的创意最初来自巴黎印刷出版界的大佬安德烈-弗朗索瓦·勒布莱顿。勒布莱顿的母亲出身于巴黎出版业的豪门，即杜里家族。勒布莱顿的外祖父洛朗·杜里曾于 1700 年创立了《王家名录》，该项目在杜里去世后由其遗孀继续经营。这是一部用于行政管理的年度性机构和人物目录，它的出版不仅使杜里一家人发了财，而且使他们得以和政府搭上关系。当安德烈-弗朗索瓦·勒布莱顿还是一个青年时，就曾在外祖母指导下负责这部名录出版前的细节准备工作。1733 年勒布莱顿获准成为书籍经销商，1746 年又获得了国王印刷商的称号。于是他接手了家族位于竖琴路路口且正对着圣塞味利路的"圣灵书店"，他的印刷作坊就在书店的隔壁。《百科全书》从始至终都是在那里印刷的。

起初勒布莱顿主要忙于《王家名录》的编写工作，除此之外只满足于刊发一些花边琐事。直到1744年，当他获得了重要期刊的独家出版权后，才真正投入出版工作。他的第一个出版项目是发行塞利乌斯所译的德意志哲学家克里斯蒂安·沃尔夫的著作，但此项目很快就被放弃了。那位名叫塞利乌斯的翻译于1745年1月又向他提出了一个更加令人心动的计划：由定居在巴黎的英国人约翰·米尔斯来翻译那部于1728年在伦敦发行的《钱伯斯百科全书》。勒布莱顿立刻从中嗅到了巨大的商机。这部涵盖工艺和科学各科目的集大成词典为两卷对开，以字母排序进行词条检索。词典已在伦敦多次再版，它也将能在法国受到公众的欢迎。机不可失，勒布莱顿当即与米尔斯签署了合同，紧接着他又马不停蹄地办下了该词典的出版许可。他在词典内容说明书中称其将包括一百二十幅插图，这是英文原版插图量的四倍。然而，不久出版商和翻译之间的关系就搞僵了。从1745年8月起，勒布莱顿就断然终止了与米尔斯的合同，但却没有放弃这个点子。为了分担这个项目的高昂成本，勒布莱顿转而寻求与布里亚松、大卫和杜朗这几位在词典出版方面经验更丰富的出版商一起合作。

这三位同行的店面就开在勒布莱顿书店的附近，且长期专于书籍销售。安托万·布里亚松系巴黎最富有的书籍经销商之一，他当时已出版了一百余种著作，涵盖小说、科学及医学等多个领域。人称"大卫哥"的米歇尔-安托万·大卫曾在1743年以特约出版商的身份出版了达朗贝尔所著的《动力学》。他的"金鹅毛笔"书店也和布里亚松的店铺一样设在圣雅克路。作为一位开明人士，大卫不仅是启蒙哲人的挚友，还兴趣所至，为自己设立了一个物理实验室。第三位合作者是洛朗·杜朗，他以出版科学类书籍著称，曾推出过克莱罗[a]、盖塔，以及孔狄亚克和狄德罗的著作。杜朗的"鹰头狮"出版社也在圣雅克路。这三位书商已在1744年合作出版过罗伯特·詹姆斯[b]所著的《医学通用词典》的法文译本，共六卷。当时他们还请勒布莱顿承担了相关的印刷工作。

也就是说，这一方小天地里的人彼此早已熟识了。实际上，在巴黎大学监管下的巴黎出版印刷界并不是一个多么大的圈子。当初柯尔贝尔对其重组后，这个圈子就不再容许新的从业者涉足了。这几家既有的出版商之间还通过联姻的方式确保他们的店铺和工场总是牢牢地掌握在自家人手中。因此，在1750年左右，这个圈子仅有不超过二百五十名的业主、书店店员、出版印刷工、装订工和铸字工，他们都只能在拉丁区营业。王权限制了这一行业的规模。为了能够掌控印刷品的生产和传播，王家政府一方面将首都巴黎印刷作坊的数量减少至三十六家，另一方面鼓励将图书贸易业务集中到少数几家巴黎人手中。这几家人利用他们和中央政府部门的亲近关系实际上垄断了业内的各种特权和预许可权。昔日业务兴隆的许多外省书商及印刷商因此一步步地走向衰落。巴黎的出版印刷圈子通过和警察及出版审查官员们的协作，打击了那些胆敢与官方批准的生产经营活动竞争的非法图书

---

[a] 克莱罗（Alexis Claude Clairaut，1713—1765），法国数学家、力学家、天文学家和大地测量学家。
[b] 罗伯特·詹姆斯（Robert James，1703—1776），英国医生。

贸易和盗版行为。

由于与政府的关系密切及与官方的意识倾向合拍，所以巴黎出版印刷商着重出版教会、行政部门和官僚阶层需要的书刊，即主要是宣传宗教、教育民众和研究雅文化方面的著作。然而这种出版导向越来越难以满足大众求新求"俗"，并想看看那些通常被禁的"思想性文章"的渴望。这类禁书的数量总是更为庞大，堪称另一番图书天地。它们或在国外出版，或为地下印制，并被藏于巴黎一些书店的里间屋偷偷摸摸地销售。实际上，许多拉丁区的书商私下已参与到这类有利可图的非法经营。

其实，合法出版物市场里还是有不少十分赚钱的商机的。譬如，行政文体的出版物就很有销路，我们前文提到的《王家名录》就是一个很好的例子。此外，词典和科学书籍也很受欢迎。人们还记得，曾经的巴黎出版印刷业巨头夸尼亚尔[a]正是在长达半个世纪之久的时间里靠着连续出版莫列里[b]编纂的《历史大辞典》终于发了大财。此外，在蓬勃发展的科技书刊出版领域，除了学术型和教育型著作外，还有不少销路很好的书籍。譬如，于1686年首次发行的丰特奈尔著作《世界的多元性对话》，就曾由法兰西学术院出版印刷商布吕奈定期再版过数次。再如，路易大帝中学老师勒纽神父[c]所著的对话体作品《物理学对话》给世人提供了一种耶稣会色彩的百科全书式世界观，这部著作于1729

---

[a] 夸尼亚尔（Jean-Baptiste Coignard II，1667—1735），17—18世纪巴黎著名出版家族夸尼亚尔家族第二代掌事人，法兰西学术院书籍出版印刷商。

[b] 莫列里（Louis Moréri，1643—1680），法国著名知识类工具书编纂家和族谱学家。

[c] 勒纽神父（Noël Regnault，1683—1762），18世纪巴黎学者和天主教耶稣会神父。

年出版于巴黎，数次再版，最后于1745年收入出版商大卫和洛朗·杜朗的精品书目录。由普吕什神父[a]所写的《自然的奇观》是一部同类型著作，于1732年出版后多次再版，力压其他所有出版物为经销商带来了巨大的利润。这位经销商就是已故出版商埃斯迪安的遗孀，她同时也是著名出版商布里亚松的丈母娘[5]。

正因如此，布里亚松、大卫和杜朗这几位深谙此类图书行情的书商心里十分清楚，在《百科全书》这个项目上与勒布莱顿合作必然有大利可图。洛朗·杜朗更是头脑敏锐，除了这部词典，他还在不久后出版了布封所著的《自然史》，这部作品堪称科学书刊出版业里启蒙思想的又一皇皇巨著。就这样，这四位出版商于1745年10月18日签署了关于《百科全书》的合作合同。按规定，勒布莱顿作为项目的提供人和出版特许持有人应占有一半的利润，而且他为此项目所付的前期费用可得到补偿。最后也由他负责词典的印刷。其他三位出版商则均分余下的一半利润。布里亚松因经验丰富而被任命为合作项目的负责人，管理有关账目和库存事务。

大家都相信这个项目一定可以成功，但不能指望它一开始就赚钱：在前三年里，出版商们都处在编纂词典的净赔钱阶段。至1750年1月，相关支出已超过六万里弗尔。其间，虽经历了各种难关险境，但四位出版商自始至终都能同舟共济。原因很简单，作为启蒙思潮的畅销书，《百科全书》必定是18世纪出版界最赚钱的项目之一。

---

[a] 普吕什神父（Noël-Antoine Pluche, 1688—1761），法国神父和学者。

《百科全书》的主编们

时值 1745 年的秋天，合作出版商们不仅拿到了出版许可，也拥有了资金和设备。此刻正是万事俱备，只欠最核心的要素，即词典的编写班子。他们首先想到的是德古阿·德·马尔弗神父[a]，他是王家公学院的古希腊兼拉丁哲学教授，也是科学院几何学部的助理院士。这位瘦高个子的学者在数学领域颇有成就，不过其性格比较另类且十分敏感。此前不久，他就和科学院的同事闹了些别扭，为此他需要做点事情来抬高一下自己的身价。在《百科全书》这个项目里，他的工作是在米尔斯翻的《钱伯斯百科全书》法文译稿的基础上，加入从塞利乌斯那里购得的哈里斯[b]所编的《技术词典》的内容，以及专为这个法文版词典撰写的若干新文章。

德古阿神父从 1745 年末便开始了相关的编辑工作。到了来年的 6 月时，他和出版商们签署了正式而详尽的任务合同。但人们对德古阿在这个项目上的真实付出知之甚少。实际上，他很有可能已将原先仅须对《钱伯斯百科全书》翻译稿进行简单完善的工作变为了一项整体重新编写的工程。然而，由于与合作出版商们的意见不合，他于 1747 年夏辞去了这份工作。于是，出版商们于同年 10 月 16 日与狄德罗和达朗贝尔签约，由他们继任该项目的主编，从而真正开启了《百科全书》的知识创作历程。

---

[a] 德古阿·德·马尔弗神父（Jean-Paul de Gua de Malves, 1710—1786），18 世纪法国学者。
[b] 哈里斯（John Harris, 1666—1719），英国牧师、科学家和词典编撰人。

当德尼·狄德罗开始担任《百科全书》主编一职之际，他刚刚三十四岁。狄德罗出生于弗朗什-孔泰地区的朗格勒郊区。其父是一位刀剪商。在1728年或1729年，狄德罗来到了巴黎这座大都市读书并在其后进行神学专业的深造。在索邦神学院学习三年后，他渐渐对神职前途和法律职场失去兴趣，转而钟情于无拘无束的生活方式，并成为各种公开课程的常客，且喜欢泡在咖啡馆和图书馆。在此期间，他进修了数学和英文，并开始靠写作谋生，不过有关作品的情况不详。就这样他开始引起巴黎出版商们的注意。布里亚松在1740年请他翻译了在伦敦出版的《希腊史》。狄德罗在1744年成家，同时接到了布里亚松的另一份大得多的翻译订单，这是布里亚松与大卫及杜朗合作的一个出版项目，翻译的书籍是詹姆斯所著的《医学通用词典》。直至担任《百科全书》的主编之时，狄德罗一直在忙于这部字典的翻译工作。

年轻的狄德罗可绝不仅仅是被动地为出版商打工，他本人对科学和哲学，特别是来自英国的科学成就和哲学思想十分着迷。他频繁地拜访在1742年来到巴黎时尚寂寂无名的让-雅克·卢梭。在一段时间里两人曾形影不离，狄德罗还经由卢梭结识了孔狄亚克。狄德罗在1746年发表了自己的第一部专著《哲学沉思》，之前曾匿名翻译过洛克的学生第三代沙夫茨伯里伯爵的作品。《哲学沉思》一书为秘密发行，相关人员谎称发行地在荷兰的海牙。实际上，它的出版商就是巴黎的洛朗·杜朗。虽然此刻的狄德罗尚未发表真正有分量的著作，但自那时起，他已成为巴黎出版商们喜欢的多面手撰稿人。德古阿神父也因狄德罗的才能而请其对《钱伯斯百科全书》的翻译稿进行审核。因此当神父辞去主编职务之际，合作出版商们自然就想到了请狄德罗来救场。司法大臣达格索也亲自批准了由他继任主编一职。

另一位《百科全书》的主编让·勒朗·达朗贝尔的身世则完全不同。他较狄德罗要年轻一点，且出生在巴黎，系著名沙龙女主人德·唐森夫人与炮兵军官德图士骑士的私生子。虽然达朗贝尔出生不久即被遗弃在巴黎圣母院附近圣让-勒朗教堂的台阶上，但德图士一直对他的教育给予关照。他由住在玛黑区米歇尔-勒孔特路的一位玻璃匠的老婆抚养。年轻的达朗贝尔在马扎然学院的成绩十分优异，后来他转而学习数学。凭借着惊人的才华，年仅二十四岁的达朗贝尔进入了科学院，这使他在1747年即在巴黎的文人共和国里享有一席之地了。就在前一年他还曾为德古阿神父撰写过几篇数学文章。与狄德罗不同，达朗贝尔之所以最终也被合作出版商们相中，是因为他本人是科学家，这将为《百科全书》的编纂工作提供无可置疑的科学保证。

这两位主编的差异还不止于此。狄德罗是位实心汉子，为人慷慨且不拘小节。他对一切都有着强烈的好奇心，而且热衷于争论和分享。达朗贝尔则正相反，他做人神神秘秘且十分敏感，令人捉摸不定。其人绝顶聪明，但疑心很重，而且过着一种两面的生活。尽管如此，两位主编的关系至少在一开始还是不错的。两人在工作上可以实现互补。狄德罗负责词典编辑的整体协调工作，特别是与编纂者、文字作者、插图作者和图刻版工的联系事宜，同时也负责管控和审校他们的工作成果。另外，狄德罗还须亲自编写多得数不清的词条以及所有涉及工艺方面的内容。达朗贝尔则负责数学部分，并为词典编写一些普通词条。在与文人圈和官方的沟通事务上,则由达朗贝尔出面,词典的序言亦由他撰写和署名。

对于狄德罗而言,承担这个项目意味着没日没夜劳作的开始。这是因为在前任德古阿离开后不久,两位新主编(特别是狄德罗)就要求合作出版商全盘调整原定的(以翻译为主的)项目,出版商们随即予以同意。也就是说,该项目不再是1748年新批复的出版许可仍然提及的有关《钱伯斯百科全书》的翻译及扩充工作,而是如1750年出版商所发行的内容说明书所说的工作:编纂一部内容全新的、规模宏大的《百科全书》。为此,就需要召集更多的撰写人一起工作。于是狄德罗把自己变成了一部从早到晚连轴转的机器。他不停地编写、拜访、校对,每天除了往返于他在老吊刑路的新住所和位于勒布莱顿书店的词典编写总部之外,其足迹还遍布了巴黎的大街小巷。即便如此,狄德罗竟还能挤出时间在其他领域有所建树。正是这段岁月的辛劳积累为其日后的功成名就打下了基础。

在发表了数篇有关数学的论文后,狄德罗在1748年尝试进入巴黎科学院以成为一名助理院士。然而在1749年2月他以微弱票数落选。不过狄德罗真正吸引公众和官方的眼球,还是他秘密发表的匿名作品《论盲人书简》所引发的争议。当时此书一出便得罪了多方人士。狄德罗在书中不但指责列奥米尔阻止他观摩一次白内障手术,而且还大胆地作出了许多反宗教的唯物主义论述。当事出版商杜朗在警察的讯问下只得招供了作者的名字,为此狄德罗便在文森塔楼的牢房里被关了三个月。不过他遭受的迫害激起了伏尔泰的同情,狄德罗遂被尊为捍卫启蒙哲学的"当代苏格拉底"。对他的迫害也同样令出版经销商们着急，他们竭力呼吁释放主编狄德罗，因为他已然成为《百科全书》无可替代的总指挥。

经受住了如此的风风雨雨，并仰赖着众人的努力，《百科全书》终于开启了预订活动！其实在1750年10月发行这部词典的内容简介之时，整个编纂工程还远未结束，不过狄德罗却善意地撒了一个谎，声言这部词典不会再有续集，目前列出的文字内容和插图已然是最完整的了。到了1751年6月，《百科全书》第一卷如期问世。其开篇是达朗贝尔作的编者序。他开篇便写道："我们向公众介绍的《百科全书》，正如其名称所体现的那样，是一部文化知识界的集体作品。"扉页上印有狄德罗和达朗贝尔在词典项目中的职务以及他们的院士身份。当时达朗贝尔已是巴黎王家科学院院士。两人又刚刚一起成为柏林科学和美文学院[a]的院士。

《百科全书》的制作班底

《百科全书》首先是巴黎的一项大胆开拓。就在狄德罗一度心灰意冷而欲远走柏林之时，伏尔泰提醒他道："只有在巴黎您才能成就自己的伟业。"[6] 由于《百科全书》是一部集体创作的著作，狄德罗和达朗贝尔便求助了众多的撰写人。他们自己也承

---

[a] 即普鲁士科学和美文学院。

担了相当一部分的词条编写任务。狄德罗习惯在自己撰写的词条内容旁加签星号，这样算来他大约编写了五千个条目，涵盖了所有专业，特别是历史和哲学科目。其中某些词条的内容不过是简短的照搬，甚至是一些巧妙的抄袭。不过另一些词条的内容则十分丰富和新颖。此外，他还审校了多到数不清的他人撰写的词条，并对它们进行改写，或加以提炼和增补。这种工作常常是枯燥乏味的，幸好狄德罗的好友萨利耶神父[a]在国王图书馆担任送存印刷品部的主管，在他的帮助下，狄德罗可依托大量参考资料完成工作。至于达朗贝尔，他习惯在自己撰写的词条内容旁加签"O"，其主要精力放在数学和物理学词条的编写上。不过，他也撰写一些普通词条，譬如第三卷里的"学院"以及第七卷里的"日内瓦"。就是这两个词条曾引发了争议。其他作者则为词典贡献了大部分的词条内容。其中最为多产且编写量远超别人的作者是路易·德·若古骑士[b]，他贡献的内容超过了一万七千个词条。起初，若古仅负责第二卷里的几个词条，但到后来他大大超过了狄德罗成为主要撰写人。尤其是在最后的几卷里，他一个人撰写的词条量就超过了40%。

总体而言，史学家们已确认的《百科全书》撰写参与人超过了一百四十位。他们中不乏像孟德斯鸠、伏尔泰和卢梭这样的名人。孟德斯鸠与伏尔泰合作撰写了"品味"这个词条，让-雅克·卢梭在和狄德罗不欢而散之前撰写了关于音乐的若干词条。

---

[a] 萨利耶神父（Claude Sallier, 1685—1761），法国神职人员兼语言文字学家。
[b] 路易·德·若古骑士（Chevalier Louis de Jaucourt, 1704—1780），法国学者，《百科全书》词条的重要撰写人。

但更多的撰写人名气不大甚至是无名之辈。狄德罗和达朗贝尔四处延揽编写人才，所招之人的身份五花八门，不过大部分人都住在巴黎。在撰写量超过一百个词条的二十四位作者中就有十九位如此。除了达朗贝尔以外，临时从蒙彼利埃来到巴黎听课的维内尔[a]也曾负责撰写化学部分的词条。维内尔本是来巴黎听鲁埃勒讲课的，他经马尔泽尔布推荐，加入了编写团队。道本顿在布封领导下的王家植物园工作，他负责博物学方面的词条。狄德罗的好友、哲学家霍尔巴赫男爵负责矿物学词条。另外，达朗贝尔的两位科学院的同事路易-纪尧姆·勒莫尼埃和让-巴蒂斯特·勒华负责电学和力学词条。

我们已知狄德罗专门负责编写工艺方面的词条。在《百科全书》开始编撰的几年里这个任务占去了他的很多时间。为此，他专门进行了仔细的调查。他一面亲自撰写众多词条，一面尽可能地求助于各行业的工匠，这些匠人多数住在巴黎。譬如，钟表匠贝尔杜和罗米伊负责钟表方面的词条，金银匠马吉梅勒负责金银器方面的词条，啤酒师龙尚负责啤酒制作方面的词条，建筑师吕克特负责建造工艺方面的词条。此外，狄德罗还请书商勒布莱顿编写"油墨"这个词条，并请他手下负责印刷的工头布吕雷撰写"印刷场"这个词条。狄德罗父亲的朋友、刀剪商傅古以前曾让狄德罗在穆浮达路居住过一段时间，如今他则协助其编写了钢铁方面的词条。此外，工人巴拉曾给"制袜工艺"词条的编写提供过宝贵的建议，帮助狄德罗对这种不断改进的工艺做了十分具

---

[a] 维内尔（Gabriel-François Venel，1723—1775），法国医生、化学家。

体的描述。起初，狄德罗仅满足于去国王图书馆查阅一些有关这种工艺的老式版画插图，这些版画还是早年间柯尔贝尔命人刻制的。但后来他阅读了工人巴拉所写的专题记述，并在其后又到了此人在圣安托万镇的车间观摩，这才使相关机械原理的描述精准详实了许多。

《百科全书》的绘图和文字有着同等的重要意义。特别是在对工艺的描绘方面，图稿的重要性不言而喻。可是其预订者竟然等了十年才在1762年收到了第一卷刻版绘图。这并非由于狄德罗对绘图工作不够重视，实际上，自1747年被任命为主编开始，他便收集了和前几卷词条直接对应的大量参照图稿和版画。狄德罗几乎毫无顾忌地抄袭别人已发表著作中的插图。更有甚者，有人还看见他剽窃列奥米尔为编写《工艺说明汇编》搜集的从未发表过的资料。实际上，在那个知识产权尚不存在的时代，其他词典和论文编写者也是这么干的。到了1760年，随着帕特对剽窃丑闻的揭发，狄德罗被迫全面更改了原先的图刻版出版计划。为此，他加大了搜集力度，把走访范围扩展到外省，以便请人绘制和雕刻全新的图刻版。

幸运的是，狄德罗得到了优秀绘图家路易·古谢的帮助。古谢从1747年起受雇为《百科全书》绘制插图直至整个项目结束，对该部词典的成功出版做出了重大贡献。古谢为人聪慧而且工作态度积极，他不辞劳苦地走访了位于巴黎和外省的众多工场和作坊，并在当场写生，绘制了数不清的速写草图。最终他为《百科全书》绘制了超过九百幅插图，此外，他还编写了若干技术词条。

插图版的刻制工作也调用了大批工艺师。当时整个巴黎有近两百名雕版师，他们中大多集中在拉丁区工作，为那里的出版经销商和版画商服务。词典的合作出版商们直到1757年才着手刻制绘图卷的工作。这比原先预订简介上所宣称的发行日期整整晚了两年！当然，这是文字卷的数量大大增加所致。合作出版商们将文字与插图刻版的配套协调工作交由建筑师兼绘图家皮埃尔·帕特负责。大部分图版都是在位于圣雅克门附近的圣托马斯路上的一个作坊里刻制的[7]。

《百科全书》也是在拉丁区印刷的。几乎可以肯定的是，所有的文字卷都出自勒布莱顿位于竖琴路的印刷机。即便1759年的文字卷出版禁令也未能阻止机器的运转。狄德罗在1762年给伏尔泰的信中写道："我眼前就有校样，照印不误。不过您可别去跟别人说哈！"[8]就这样，政府对这样一项五十个工人在搞的工作佯装不知，成吨成吨用来印刷的白纸和印好的书页竟仍能从容地通过关卡而没有遭受任何惩处！绘图卷并未遭禁，可以完全合法地出版。绘图卷的印制是在凹版印刷商利硕姆的工场里完成的。该工场位于（距竖琴路稍远些的）干草路。可以想象，用于《百科全书》绘图卷印刷的刻版都是参照这些印刷工场的标准来准备的。

围绕《百科全书》的争斗

《百科全书》之所以能够成为世纪创举，要归因于当年它在公众中激发的轰动效应，这里的公众既包括它的捍卫者，亦包括它的冤家对头。然而在项目伊始，还没人会料到它发行后会有如此传奇的命运。其实，《百科全书》归根结底不过是一部工具书罢了，和其他词典没有什么区别。起初政府也并未对其发行施加任何阻碍。当第一卷于1751年问世之时，两位主编小心翼翼地加上了一番溢美的赞语，这是献给当时的战争国务大臣达尔让松伯爵的。这位伯爵也兼管巴黎警察事务，曾因狄德罗写的《论盲人书简》而将其投入文森塔楼的牢房。不过，作为各大王家院所的监管人，达尔让松伯爵虽然外表严厉，却机智诙谐。他曾在任内暗中保护过词典项目。1757年，他因失去国王宠信而卸任，这对于《百科全书》项目而言是一个不小的损失。

《百科全书》项目的另一位保护人是出版审查总长马尔泽尔布，他的助力更大。马尔泽尔布出身于巴黎的显赫法官世家拉穆瓦农家族（Lamoignon），其父曾做过掌玺大臣。他不但是一位开明的政务官，而且也是启蒙哲人们的好朋友和科学发烧友。其本人对植物学尤为喜爱。马尔泽尔布于1750年3月成为巴黎科学院荣誉院士，并于同年年末，即在《百科全书》项目对外宣传开始的几星期后担任了出版审查总长。这个职位负责审查和监控书刊。马尔泽尔布在行使这项职权时对分寸的拿捏和是非的判断恰到好处，而且应该说如果没有他，《百科全书》大概早就被封杀了，或至少不可能在巴黎出版。这是因为该词典面世后不久便引起了一片声讨。那些在朝廷和巴黎城里广有势力的教会"正人君子"及其代理人痛陈这部词典的大不敬之罪，并大骂撰写人的恬不知耻。在反对者中尤以耶稣会会士为甚。

虽然在1751年出版的第一卷未引起很大的敌意，但在第二年1月出版的第二卷则点燃了怒火。巴黎大主教严厉谴责词典中一则有关神学的词条内容，于是已出版的这两卷被御前会议列为禁书。局势的发展似乎意味着《百科全书》项目彻底失败了。当时坊间有传言称，耶稣会打算接手这个项目并使其为己所用，警察部门也准备动手没收辞典的手抄原稿。在此情势下，达朗贝尔吓得准备辞去词典主编的职务。马尔泽尔布则积极着手挽救这个项目。他一面通知狄德罗警察要来查抄，一面赶在警方前面把所有相关文件藏入他家中！同时，他还尽力保全涉案词典的出版许可。而蓬帕杜女侯爵的亲自出面也安抚了惊慌的主编们。最终禁令不了了之，大家继续出书如前。官方只是要求这些当事人今后在对待神学主题时要慎重一些。

其实对《百科全书》的指责非但没有对其造成损害，反而给它带来了意想不到的广告效应。预订者随之不断增加。与此同时，由"启蒙哲人"组成的百科全书派也应运而生。虽然它还谈不上是一个有着像样形式的正式组织，但起码算得上一个有影响力的圈子。这个圈子集中了文化知识界里那些主张启蒙思想、主张宽容、主张批判精神，并在参与《百科全书》项目的过程中相知相识的同道人。他们中最富盛名的代表伏尔泰当时在柏林陪同素有"哲人王"美名的腓特烈二世，后来又住进了日内瓦附近的"乐园别墅"（Les Délices），但毫无疑问百科全书派的中心是在巴黎塞纳河畔。虽然国王和宫廷贵族对该派心怀敌意，但它也拥有一批显贵乃至政府高官的强有力支持。

18世纪法国的上流社交生活是以巴黎的几个沙龙为中心而

展开的。当年的巴黎沙龙曾孕育出丰富多彩且无可比拟的文化成果。这业已成为专家们屡次着墨研究的主题。按照惯例，沙龙的主人，或更确切地说多半是女主人，会在其宅邸接待来自五湖四海的客人。各方的艺术家和学问家群英荟萃、济济一堂。在沙龙里，人们无话不谈，当然也会谈及哲学和科学话题。可以想见，像这样的新思潮俱乐部肯定会欢迎《百科全书》的编写人士参与其中。达朗贝尔就是这样一位受欢迎的人，当晚上他不在自己位于米歇尔-勒孔特路的陋室中时，就通常出现在这样的社交场合里。从1743年起，经莫佩尔蒂[a]引荐，达朗贝尔得以进入他家附近四子路（rue des Qutre fils）上的杜·德芳侯爵夫人的沙龙。后来当这位关照自己的女贵人搬到了位于圣日耳曼镇的圣约瑟夫修女院后，达朗贝尔也随之更换了拜访地点。另外，从1749年开始，他也成为位于圣奥诺雷路的乔芙兰夫人沙龙的常客。

狄德罗直到1750年都还是一位不为上流社会知晓的文学新人。当时他所能参与的社交层级还仅限于咖啡馆。虽然《百科全书》令其成了名人，但人们在沙龙里很少能看到狄德罗的身影。他既不出席乔芙兰夫人的星期三沙龙，也不去杜·德芳侯爵夫人的晚宴沙龙。他坦承，这些聚会对他没有"亲和力"。他只喜欢去霍尔巴赫男爵的沙龙，还是那里的常客。坦率而言，霍尔巴赫男爵在星期四和星期日举办的沙龙与其说是名流的聚会，倒不如说是特为他的知己们组织的活动。霍尔巴赫男爵，本名保罗·提利（Paul Thiry），生于德意志，后迁居巴黎，并于1749年取得法

---

[a] 莫佩尔蒂（Pierre Louis Moreau de Maupertuis，1698—1759），法国数学家、物理学家和天文学家。

国国籍。他曾在荷兰的莱顿学习，精通矿物学和化学，但使其与百科全书派人士结缘的却是音乐，因为他和卢梭及狄德罗一样都痴迷于意大利歌剧。于是他匿名参与了《百科全书》第二卷的撰写，总共提供了超过四百个词条的内容。

1750年左右，霍尔巴赫开始在他位于圣尼凯斯路的家中举办聚会，这个地点就在卡鲁索广场[a]附近。1754年他从收养他的舅舅那里继承了大笔财富，并获得男爵的头衔。从1759年起，他搬进了位于王家圣罗什路的豪华宅邸。狄德罗很喜欢参加每星期四在男爵家的小圈子聚会，用他的话说，"只有在这里才有真正世界性的多元氛围"[9]。达朗贝尔却尽量避免出席这个场合。每到夏季，霍尔巴赫男爵还会诚邀最要好的朋友造访他在叙西昂布里（Sucy-en-Brie）的格朗瓦尔城堡，狄德罗就常常在受邀之列。正如不久后与之断绝往来的让-雅克·卢梭戏称的那样，这些人形成了一个"霍尔巴赫小集团"。这个小帮派直截了当地主张唯物主义和无神论，并全力支持《百科全书》项目。在1759年达朗贝尔退出该项目后的几年中，《百科全书》的编辑出版面临了一系列困境，当时需要找到新的编写人，正是有了这个集团的鼎力相助，项目才得以渡过难关。

其实，直至1757年，《百科全书》项目面临的形势都是十分有利的。1753年，达朗贝尔在第三卷发行前写了一篇告读者的文字，在其中他信心满满地向对手发难。一年后，在保护人杜·德芳侯爵夫人的强大造势下，达朗贝尔成功入选法兰西学术院。他

---

[a] 位于卢浮宫与杜伊勒里宫（今杜伊勒里公园）之间的广场。

的成功意味着启蒙哲人们的胜利。伏尔泰为此大好形势欢欣鼓舞,他对这些"《百科全书》师长们"拥有的社会影响力鞠躬赞美道:"他们才是整个世界这片最广袤土地上的大佬。我期待他们能够始终完全自由地去放手耕种这块土地。因为他们就是为勇敢照亮这个世界而生的,他们就是为粉碎其敌人而来的。"[10]虽然《百科全书》项目出现了明显的拖延,但截至1756年底,还是出版了六卷,预订者也是热情追捧。

然而这一大好形势却因为1757年1月5日的一起突发事件而急转直下。一个名唤达米安的精神偏执者意欲行刺国王。几个星期后,达尔让松伯爵即遭解职,至于他的突然失宠是否与此事有关,人们不得而知。惊魂未定的国王及朝廷执意要挖出隐藏在行刺者达米安后面的大角色。御前会议随即指责"时下各种恣意妄语的书刊在全国泛滥,这些读物企图攻击宗教、蛊惑人心,并危害政府"。为此,御前会议连发多道命令,严禁地下书刊的出版和流传。与此同时,对启蒙哲人们的攻击也变本加厉起来,种种威胁、诽谤接踵而至。更有甚者,有人还给他们冠以"嘎咕"(Cacouacs,一个生活在北纬48度线的恶毒野蛮人部落)的恶名!当1757年11月《百科全书》第七卷发行之时,非难之声加倍袭来。达朗贝尔撰写的"日内瓦"词条触怒了新教的牧师们,这些人随即加入天主教神父对哲人们的讨伐中。

所有这些还仅仅是开始。1758年7月,包税人出身的哲学家爱尔维修在杜朗那里匿名出版了一部名曰《论精神》的著作,杜朗正是《百科全书》项目的合作出版商之一。在这部著作中,爱尔维修坦然地宣扬激进的唯物主义思想。他一方面抨击宗教的专横,另一方面宣称教育能够带来幸福。这部书顺利地通过了审查得以发行。但当出版审查总长马尔泽尔布看到具体内容时,吓得立即撤销了出版许可。爱尔维修本想知难而退,然而这一切都为时已晚,此书一经问世就无法再堵住悠悠之口了。启蒙哲人的对手们终于等来了他们盼望已久的攻击借口,随即开始了疯狂的反扑。

不出所料,巴黎大主教对此书给予了严厉谴责。接下去便轮到巴黎高等法院发威了。总检察长若利·德·弗勒里连带着将包括《百科全书》在内的其他七本哲学书籍也统统列入受指控的书目中。尽管爱尔维修并未给词典撰写任何词条,但弗勒里才不管呢!1759年2月6日巴黎高等法院的判决如下:《论精神》将于高等法院的大台阶下被焚毁;暂停对《百科全书》的销售。该判决看似仁慈,实则在为最终的禁令做铺垫。一个月后,御前会议取消了《百科全书》的出版许可,这也就等同于封禁。同年7月,由于此时词典远未完成,御前会议又责令合作出版商们偿还每位预订者七十二里弗尔以弥补其所受的损失。这就意味着让整个项目破产。到了9月,作为对这一切惩罚的定案,教皇克雷芒十三世宣布取缔《百科全书》。

在出版许可被撤销后不久,饱受惊扰的达朗贝尔便辞去了《百科全书》主编的职务。狄德罗则在霍尔巴赫男爵的帮助下坚持了下来,并拿起笔为自己主编的《百科全书》申辩。至于那几位合作出版商,他们在濒于破产命运的威胁下,除了幻想能出现奇迹外已经无能为力了。在此关头,又是马尔泽尔布出来设法解难了。他出台了一项新的许可,准许在预订的前提下出版绘图卷。预订时须先付定金七十二里弗尔,四卷绘图本每卷出版后再付剩下的七十二里弗尔。之前已参与预订的人士可享受免费预订绘图卷并在每卷到货后支付二十八里弗尔的优惠条件。然而就在此时，帕特站出来指控《百科全书》项目有剽窃行为，此举险些令纾困计策徒劳无功。正如前文所讲，能否躲过帕特这一劫就要看巴黎王家科学院可否给予善意的表态了。幸运的是，当年的科学院院长正是马尔泽尔布本人，《百科全书》项目这才得以脱险。

胜利

  《百科全书》项目就这样涅槃重生了。其实从一开始这个项目就没有令人失望。还记得吗，当《百科全书》的首卷问世之际，就迎来了千人以上的预订读者。不到一年，预订人数已超过了两千。最终这个数字升破了四千。出版推迟也好，卷数加倍也罢（文字卷从八卷增至十七卷，绘图卷从两卷增至四卷[a]），种种的变故都无法消减读者对这部词典的热望。当 1759 年新的预订规则取代老规定时，没有任何读者提出偿还费用的要求。而就在那时，绘图卷的出版工序还尚未开始，最终这些图卷从 1762 年到 1772 年又花了十载才陆续问世。而剩余的直至字母 Z 的十卷文字稿则于 1765 年打着纳沙泰尔一个出版商的旗号全部出版。实际上，这几卷的文字页都是几年前在勒布莱顿的巴黎作坊里偷偷印刷的，随后秘密运送到外省的仓库，据说这个仓库可能在里

---

[a] 绘图卷实际上之后由两卷增至了十一卷。

智慧巴黎：启蒙时代的科学之都

昂附近的特雷乌。

订购者的名单虽已散失，但可知这些读者中包括开明而富有的社会精英，既有富商也有贵族及教会人士。实际上，《百科全书》是一套价格昂贵的著作，它的每卷均采用对开本，用纸考究且印刷精美，因而价格不菲。起初的非预订价格为（每本）二十五里弗尔，到了后来的第六卷图本价格升至七十二里弗尔。对于首批预订者而言，购买一整套非精装本的词典就需要支出八百五十里弗尔的巨额费用！

对于勒布莱顿及其合作人而言，《百科全书》是一个带来巨额回报的项目。截至1767年底他们共投资了一百万里弗尔，据估计这笔投资带来了三百五十万里弗尔的收入，其投资回报堪与印花棉布这类最赚钱的工业媲美。而词典的编写者们并没有分享到多少成功的果实。有些撰写者甚至是无偿地提供了一些词条内容，另一些同事也不过就是按页领取报酬而已。身为主编的狄德罗不过就是合作出版商们的打工仔。不过在度过了开始的艰难岁月后，他和老板们签了一个待遇较好的合同。报酬的提高使他得以举家搬迁到圣日耳曼代普雷区附近塔拉那路上的一套宽敞的公寓房。此后他又通过和老板们的进一步洽谈获得了更好的待遇，从而赢得了合理的宽裕生活。尽管如此，十五年的奔波辛劳远未能使他发财致富。

当然，《百科全书》不仅是一个商业和投资上的成功项目，它也代表着启蒙思潮的胜利。书中七万两千个词条和两千五百幅插图囊括了那个时代的所有知识，以至于没有其他著作能在图文内容的丰富性和多样性上与之匹敌。特别是这部词典对工艺和科学知识的介绍做出了极其卓越的贡献。它不仅给读者提供了精准而可靠的资讯，更为其展示了一幅人类智慧进步的宏伟画卷。

《百科全书》一经完成便激发出了他人的效仿。当其最后几卷绘图本在狄德罗的编排下于1772年问世之时，出版商杜朗和大卫已经过世。勒布莱顿即刻将其权属卖给了布里亚松，后者成了该词典项目的唯一经营者。但就在同一时期，一位名唤夏尔·潘寇克的新人步入了巴黎出版界，他已向有关合作出版商买下了相关的版权和铜版，并在没有狄德罗参与的情况下为这部词典续了一个增补本。后来，他又推出了一部名曰《方法论百科全书》的新版《百科全书》词典。该词典按不同的专业分为若干个分词典。从那一刻起，狄德罗和达朗贝尔为之奋斗的项目就不再仅仅是一项巴黎的事业了。各个版本纷纷问世，有的仍采用对开本，有的则采用便宜得多的四开本或八开本，因而相较第一版而言获得了更广泛的读者群。而且这些版本都是在远离巴黎的瑞士及意大利出版的。

最后，我们还要简要介绍一下科学院的那部《工艺说明汇编》系列丛书。这个汇编项目始于17世纪末，并在列奥米尔的领导下得以推进。这部汇编作品在催生出若干部出版物后，自身却被冷落在了一旁。正如前文所述，狄德罗在准备《百科全书》里有关工艺领域的词条时，曾直接获益于列奥米尔所收集的材料。图刻版风波以后，科学院曾决定重新启动《工艺说明汇编》项目，并任命院士杜阿梅尔·杜·蒙梭主持。最终，这部汇编系列丛书采用了大对开本的形式，并佐以精美的刻版插图，由巴黎最好的出版商印制出版。从1761年问世的首部描写烧炭工艺的著作，到 1788 年出版的最后一部，这一科学院的汇编系列丛书囊括了八十五种不同的行业工艺。因此就工艺领域而言，它在内容收集的规模上远超狄德罗和达朗贝尔编纂的《百科全书》。正因如此，潘寇克在推出《百科全书》的增补本和后来的《方法论百科全书》时，曾大量借鉴汇编系列中的若干卷以补充其内容。

科学院院士们纷纷亲自撰写汇编中的某些工艺内容。譬如，杜阿梅尔就撰写了二十种工艺，天文学家拉朗德则写了包括造纸等在内的九种工艺。其他工艺的编写任务则交由一些科技爱好者和专业工匠负责。在这些人中最杰出的当属安德烈·鲁博。鲁博本是住在圣雅克镇的一位平凡的细木工。在科学院的汇编系列丛书项目中，他在 1769—1774 年发表了《木匠工艺》（共四卷）。到了 1782 年时，他又补充了《板箱制作工艺》。其中的插图均为鲁博本人绘制，大部分插图的刻版也是由其本人雕凿的。鲁博正是凭借着渊博的细木工知识及丰富的资历，得以在 1782 年采用菲利贝尔·德洛姆的工艺成功制成了小麦交易厅的顶部构架。鲁博的这一成就赢得了巴黎人民的喝彩，这一成功也是《工艺说明汇编》的成功。作为集体创作的杰出巨著，这部汇编系列丛书将狄德罗主编的《百科全书》与科学院的工作成就不可分割地联系在了一起。《百科全书》思想的影响力已远超出了文人和订购读者有限的小圈子而在社会上蔚然成风，如果有人不信的话，只须看到以上这些便会明白其中意涵了。

CHAPITRE

5

*

第五章 城市与宫廷

LA
VILLE
ET
LA
COUR

1778年4月7日的早上，伏尔泰在富兰克林和库尔·德·热伯兰的搀扶下走入了梅济耶尔公馆。他受到了共济会九姐妹分会会员的盛大欢迎。真是造化弄人，这座坐落于圣叙尔比斯教堂附近坡德菲尔路（rue du Pot-de-Fer）上的府邸过去曾是耶稣会的初修院，四年来它已然成为共济会法国大东方社的总部。两个月前伏尔泰离开了小镇费内前来领教"巴黎泼出的泥水、营造的喧哗和奉上的颂歌"。他以八十三岁的高龄无视王家对他的起诉，勇敢地直面那些不怀好意的教士们[1]。巴黎为这位久违了二十余载的老人举行了凯旋般的欢迎仪式。伏尔泰下榻的维莱特侯爵府位于戴蒂尼会码头路和博讷路的交叉口，被人们围得水泄不通。此刻的伏尔泰虽然身体羸弱，并不停地咯血便血，但大喜过望。这位长久遭受流放的人，这位曾为卡拉斯、拉巴尔和西尔文的案件鸣不平的人和教会的死敌，如今扬眉吐气地回来了。他名义上是来看看在法兰西喜剧院上演的他的最后一部悲剧《伊兰娜》的情况，实际上是受巴黎的呼唤归来，这座城市既是他年轻时的记忆，也是他荣耀的最初见证者。

在3月30日这一天伏尔泰走到了他人生辉煌的巅峰。他锦衣华车，在崇拜者的簇拥下穿过塞纳河前去拜访法兰西学术院，接着观看《伊兰娜》的上演。当他到达卢浮宫时，院士们前呼后拥地将其迎进第一礼宾厅，并请他坐在主任的席位上。随后伏尔泰倾听了达朗贝尔宣读的致布瓦洛的颂词，并上楼来到其位于卢浮宫的居所致谢。然后，伏尔泰前往准备演出其剧目的杜伊勒里宫[a]。那里的场面已然十分狂热。这位明星抵达后即受到热烈的欢迎，他甚至头戴着桂冠观看了演出。整部悲剧从始至终都伴随着喝彩的掌声。剧终时帷幕刚刚落下随即又重新升起，舞台上出现了作者的胸像，演员们将其团团围住，为其戴上桂冠、围上花环，并盖满玫瑰花瓣。

共济会九姐妹分会

就在这历史性一天的前几日，即1778年3月25日，共济会九姐妹分会曾派代表团登门向伏尔泰表示敬意。实际上，他所住府邸的主人维莱特侯爵便是该分会的成员。尽管伏尔泰不像是对共济会有入门了解之人，但他难道不应该对这些启蒙思潮的盟友释出好感吗？也许正因如此，人们有了请伏尔泰加入共济会九姐妹分会的动议。到了4月7日，经过了一番准备后，伏尔泰在不蒙面的条件下被请进了履行入会仪式的大厅。据梅西耶称，这个

---

[a] 1770—1782年，法兰西喜剧院被设置在杜伊勒里宫中。

入会厅"过去曾是耶稣会人士数次以神之名义诅咒他的地方"[2]。该厅十分宽敞,布满了饰有金银的蓝白色华丽帷幔,并摆放了众多的共济会会旗和会幡,以及法国国王路易十六、普鲁士国王腓特烈二世、奥尔良公爵和爱尔维修的胸像。大厅深处的黑色幕布掩住了大东方社的标示。在场的人士包括所有的分会会员以及两百五十位来访的信众。仪式中还加入了共济会乐队伴奏。

考虑到这位知名老叟的身体状况,仪式从简安排。在进行了涉及道德观和哲学观的简短问话后,幕布拉起,随即显露出被照亮的共济会大东方社标示以及诸位在座的分会要人。在这些要人中有天文学家拉朗德,他是分会的会首,也是科学院院士。虽然伏尔泰系刚刚加入的"工徒",但他却被破例排在会长的旁边,并从会长手中接过给予他的桂冠以及该会精神导师爱尔维修的共济会围裙。在入会发言和诗歌音乐节目后,仪式以宴会形式收场。那位年迈的新工徒早因不堪这些繁复的排场而提前离开了。一个月后,因病卧床的伏尔泰再也没能站起来,他于5月30日溘然长逝。他的遗体在药剂师米图阿尔进行香料防腐处理后,由其外甥等人秘密运送至一百六十七公里外的香槟地区,并以基督教仪式安葬。这么做是为了避免巴黎大主教将其葬在公墓里。

伏尔泰加入共济会九姐妹分会自然而然地受到了舆论和官方的关注。该会在11月28日,也即伏尔泰去世五个月后,又为他举行了封圣仪式,此举引起了更大的反应。封圣仪式在拉朗德的主持下于坡德菲尔路举行,富兰克林、斯特罗加诺夫伯爵[a]以及

---

[a] 斯特罗加诺夫伯爵(Stroganoff, 1733—1811),沙皇侍从和俄国收藏家。

约两百位观众参加了仪式。伏尔泰的外甥女德尼夫人及其"养女"维莱特侯爵夫人也被获准列席仪式。会场是一间作为会堂的黑色大厅,仅靠几束昏暗的灯火照明。厅中央安放着伏尔泰的衣冠冢,冢上方冠以一个金字塔。周围有二十七位利剑在手的会友守护,厅里一片哀乐之声。拉迪斯梅里[a]朗诵了致伏尔泰的悼词,随后会场上出现一阵喝彩。当交响乐响起之时,大家在重又照亮的大厅里看到一幅逝者封圣的巨大画作。随后,作为仪式的收尾,诗人鲁什[b]朗诵了他的《十二月歌集》中的一首诗。在其中,鲁什揭露了最极致的宗教迫害行为。

诗歌念罢,人们纷纷鼓掌并要求再朗诵一遍,随后大家步入宴席。此举惹怒了虔敬人士,在政府的干预下,大东方社制裁了九姐妹分会。从那时起到当年年底,九姐妹分会被禁止使用位于坡德菲尔路的大会堂,理由是该分会让两名女性列席仪式,违反了共济会规定。这还没有结束,拉朗德被专门叫到大东方社巴黎会堂委员会(chambre de Paris)挨训,这才得知那个仪式上的文学朗诵惹了大麻烦,拉迪斯梅里的悼词和鲁什的诗歌引发了多方不满。有关的指控已告到了主管宗教事务的大臣们以及警察部门那里。这对于整个共济会组织而言是"后果最严重的违法行为"。九姐妹分会由此遇到的麻烦接踵而至并足足持续了近两年。

在揭晓该分会的最终命运之前,我们有必要先回顾一下它创立之初的情形。按照该分会立下的规矩,特别是在伏尔泰入会那

---

[a] 拉迪斯梅里(Nicolas Bricaire de La Dixmerie, 1731—1791),法国文学家和共济会会员。
[b] 鲁什(Jean-Antoine Roucher, 1745—1794),法国诗人。

个时期形成的惯例,"加入九姐妹分会的成员须具备配得上该会之名的才能。这些才能包括科学见识和综合文化修养。也就是说,凡被推荐入会的人选必须具备一技之长,这个才能可以是文艺成就也可以是数理成就,但须拿出证据表明其有足够的公众认可度"[3]。总之,该分会试图借此将科学、文学和艺术界的精英都聚集到共济会门下。种种迹象使人相信,这个1776年成立的九姐妹分会不过是爱尔维修与拉朗德在十年前成立的"共济会科学分会"的延续或拓展而已。爱尔维修在世时曾说,之所以采用(文艺缪斯)九姐妹的名字是为了将招收范围扩展到文艺界的人才。

九姐妹分会的创立标志着法国共济会在经历了长期危机与分裂后的重生。此前,巴黎的各个分会曾多次相聚议事,拉朗德在这些会上发挥了积极作用。最后大家于1771年决定成立大东方社,并推举(奥尔良公爵之子)沙特尔公爵[a]为总导师。大东方社的规矩严明、仪式感强,而且秉持宽容和博爱的共同理想,这些特质在某种程度上使法国的共济会得以统合,尽管有不少分会依然我行我素。其实不管怎样统合,每个分会都保持着各自的特点和组织方式。这是因为,既然共济会宣传会友们都是平等的兄弟,那么不同条件下形成的各个分会就应该保持各自的特性而不可混同。譬如,九姐妹分会就依照自己的创立原则只招收有才学之人。除了对会员的素质有很高的要求外,该分会还有一个与众不同之处,那就是思想的自由性:该会不太看重仪式,宗教气氛

---

[a] 即"平等者"路易-菲利普二世(1747—1793)。

就更淡了。该分会的领导层也并不避讳他们对启蒙哲学思想的认同。该会的名字本身就带有世俗特色。会首拉朗德更是一位人皆皆知的无神论者，秘书库尔·德·热伯兰则是一位倾向光照派的新教徒。

九姐妹分会创立之初，除了拉朗德外，会员中没有多少名人，来自科学界的名人就更少了。能举得上的例子仅有几个：分会宣讲人尚热（Pierre Nicolas Changeux）曾在罗杰神父的《物理报》上发表过几篇研究文章；库尔·德·热伯兰曾因其巨著《原始世界——辅以现代社会的角度来分析与比较》而一举成名，此书曾作为《百科全书》的补充读物于 1772 年开始预订。1777 年，该分会有六十多位会员。伏尔泰的加入与封圣在给该分会招致麻烦的同时，也让其迅速壮大了队伍。在 1778 年内，交费会员的人数就剧增至一百四十四名。然而科学界人士仍很稀缺。达朗贝尔、孔多塞以及狄德罗都曾希望入会，但又都放弃了。在科学院院士中，只有拉朗德、富兰克林和密伊伯爵[a]参与了九姐妹分会的工作，这三人都担任过会首。后来，拉塞佩德伯爵[b]、孟格菲兄弟[c]、罗默[d]、卡巴尼斯[e]及德拉美特利也加入了该分会。尽管如此，会友仍以文艺界人士为主。

---

a 密伊伯爵（Comte de Milly, 1728—1784），法国贵族，巴黎王家科学院自由合作院士。
b 拉塞佩德伯爵（Comte de Lacépède, 1756—1825），法国动物学家和政治家。
c 即约瑟夫-米歇尔·孟格菲（Joseph-Michel Montgolfier, 1740—1810）和雅克-艾蒂安·孟格菲（Jacques-Étienne Montgolfier, 1745—1799），两人是法国热气球发明家和造纸商。
d 罗默（Gilbert Romme, 1750—1795），法国数学家和大革命时期共和历的编制人。
e 卡巴尼斯（Pierre Jean Georges Cabanis, 1757—1808），法国医生、生理学家和大革命时期雅各宾俱乐部成员。

分会一直活动到大革命爆发。起初的会址在位于鸡鹭街的布里永公馆，后迁至多菲内路的让利斯公馆。虽然我们对该分会内的具体工作一无所知，但其对外公开的活动我们还是略知一二的。1779年，在位于蒙帕纳斯大道的王家马戏场举办节庆活动之际，一个面向女会友的所谓"接纳会所"诞生了。然而立即有人认定该会所有"规矩混乱和有失检点"的问题，并以此为借口告到了大东方社。其实这完全是出于政治目的，到了来年一切便都恢复到了老规矩的框架内。其实，其他的庆典仍在持续举办。如1783年5月12日，在《巴黎和约》即将签署之际，巴黎的中国舞场（Redoute chinoise）就举办过一次学院庆典，堪称共济会节庆活动的范例。在那次活动中，富兰克林被授予了一枚印有其本人肖像的勋章。密伊伯爵和拉朗德则各自朗读了一篇专题文章，前者宣讲了生命和毁灭的要义，后者则论及赫歇尔[a]发现的一颗新行星。而后大家在岩间和花园中的茶几旁就坐并享用晚餐。晚会的最后是歌颂和平的清唱表演以及舞会[4]。九姐妹分会如同其他分会一样，也提供了一个相互结识的社交平台，然而它的思想文化活动似乎仅流于"一些大而空的形式"[5]，这与创建者们的初衷相去甚远。这种庸俗化的表现很好理解，该分会需要更多地仰仗对外活动而不是内部的建设来实现自己的企划。

---

[a] 赫歇尔（William Herschel, 1738—1822），英国德裔天文学家和音乐家，他发现了天王星。

社交场合

须知，九姐妹分会的前身是一个沙龙。迄今为止的研究文章多是专注于沙龙对巴黎启蒙时代文艺生活的影响，少有研究法国近代社交生活的史学家关心科学。尽管人们也承认科学家达朗贝尔曾是乔芙兰夫人沙龙的常客，且后来又成为莱斯皮纳斯小姐沙龙的主角，但人们喜欢提及的不是他作为数学家的身份，而是其作为《百科全书》主编、作为知名哲学家和文学家以及作为《文人与大人物社交圈漫谈》著者的身份，甚至是他苦恋莱斯皮纳斯小姐的韵事。毕竟公众感兴趣的是科学家们的趣闻轶事和花边琐事，至于他们埋头工作的实验室及所处的那个严谨而枯燥的世界则距离人们很远。

近期某位研究巴黎社交生活的史学家便由此直言，科学实践活动在沙龙中所占的分量是很小的；而且在18世纪下半叶，社交场合的猎奇需求与真正的实验科学相距甚远[6]。如果仅局限于沙龙这个小天地，人们确实难以找到多少能称得上具有科学性质的活动。不过，18世纪的社交活动绝不仅限于沙龙，它们也发生在各种各样公共或私人的舞台上，于幕后和不为人知的地方展开。因此在评价上流社会与科学界之间的关系时，也有必要对这些台前幕后的各个当事地点加以关注。

当年的上流圈子既是某些特定的地点场合，又是一种特殊的社会象征限界。它是贵族、大佬及其仆役乃至冒牌货们争相上演真人秀的舞台。这个社交圈子主要位于国王及其廷臣生活的凡尔赛和各种府邸娱乐场林立的巴黎西区之间。估算过法国人口的德·拉米绍迪耶尔[a]就认为，这两处地点可以合二为一，"因为在这个国家里，大多数拥有庞大仆从和僚属班底的顶级权贵们均在这两地有房舍，而且他们的大半生也都是在这两地轮流度过的"[7]。人们于是把这两地连同周边的城堡和乡村别墅一起统称为"大世面、上流社会或城里、宫廷"。伏尔泰在他人生最后一次短暂的巴黎之旅中，于健康状况允许的情况下尽可能地走遍了巴黎城。他有遗憾，直至他辞世，位于凡尔赛的法国宫廷始终禁止其踏入一步。恰恰伏尔泰认为自己应算是上流社会的一员。如果说，在伏尔泰及其他哲人和文人的眼里，文人共和国和上流社会理应是画等号的，那么科学界与上流社会的关系如何呢？科学家们又在何种程度上能获得他们所需的达官贵人的支持呢？他们又在何种情况下可免于对这些权贵的依赖呢？坦率地讲，科学家同文人一样，都要依赖大人物的权势和庇护。况且，要想在科学界出人头地，不走上流社会的门路是根本不可能实现的，尽管在多数情况下只须有个上流背景罩着即可[8]。

大部分的科学家都缺乏博得上流社交界青睐的素质。他们中许多人不善言辞，与那些妙语连珠的文人相比，他们只会呆呆地站在一旁做背景摆设。由于多数科学家习惯独处、处事低调，加之科研工作的特性，他们往往远离上流交际场合。当然，不是所有的人都如此木讷。还是有那么一些科学家，当然这里指的是那些科学界里的大咖，经常出没于城里的各种沙龙和晚宴，譬如前文提到的达朗贝尔。此外，布封也是各种高级社交场合的座上

---

a 德·拉米绍迪耶尔（Jean-Baptiste-François de La Michodière，1720—1797），18 世纪法国旧制度下的官员，1772—1778 年任巴黎市长（Prérôt des marchands de Paris）。

宾,他自己也在王家植物园举办星期日沙龙。无论在巴黎还是凡尔赛,他都是德·马歇夫人家的常客。布封在晚年还曾多次出席内克尔夫人家的晚会并称夫人为"天赐良友"。拉朗德更是称自己工作以外的唯一消遣就是"研习社交界的打趣本领,尤其是琢磨知性名媛们的性情"。他还说自己曾陆续受邀出席"乔芙兰夫人、杜·博卡日夫人、杜·德芳侯爵夫人、德·布尔迪克夫人、法妮·德·博阿尔内伯爵夫人及萨尔姆-迪克亲王夫人的社交圈子"。另外,巴伊常出没于法妮·德·博阿尔内伯爵夫人的沙龙以及法国诗人舍尼埃的母亲(号称"希腊美人")的沙龙。同时巴伊还是夏乐宫的常客。与其交恶的孔多塞曾戏称巴伊为"社交圈的乖巧人物"。至于孔多塞自己,也曾在青年时期经由达朗贝尔引荐一度成为朱丽·德·莱斯皮纳斯沙龙的常客。后来,他又常出席昂维尔公爵夫人的沙龙及苏亚尔夫人主持的面向新兴有产人士的沙龙。孔多塞婚后,其夫人也开始在造币局办起了自家的沙龙。

上面所说的这几位科学家也是文人圈里的精英人物。一贯偏激夸张的马拉正是以这几位为参照对科学院的所有院士大加挞伐的:"这些人贪睡晚起,整个上午只是用来吃饭、翻看《巴黎日报》、搞各种迎来送往的交际。他们每晚都在城里下馆子,酒足饭饱后就去逛戏园,然后就去吃夜宵。他们的业余时间都用来搜罗时下的各种新闻以作为聊天的谈资。基本上一年到头他们天天都是这么过的。"[9]

其实除了前文所说的那几位真正的上流社会的人物之外,沙龙的大门也会对一些地位低得多的科学家敞开,尼古拉·德马雷斯特就是一例。1747年，德马雷斯特怀揣着几封奥拉托利会长老的介绍信从他的出生地香槟地区来到巴黎，这些就是他唯一可以倚仗的推荐了。初来乍到，他只能省吃俭用，靠给人补习数学并做些编辑工作勉强糊口。1751年，他写的有关古代英法接壤的论文赢得了亚眠科学、文学和艺术学院的大奖，此项殊荣旋即为其打开了上流社交圈的大门。此后不久他被引荐进了乔芙兰夫人的沙龙。他先是同瓦特莱[a]过从甚密，后又经由瓦特莱靠上了达朗贝尔。从此他又得以进入昂维尔公爵夫人的沙龙，并借由这一契机结识了荣誉院士特鲁丹和财政总监杜尔哥。在他们的介入下，德马雷斯特于1762年被任命为制造场总监。1765年他陪同昂维尔公爵夫人之子拉罗什富科公爵造访了意大利。1771年正当德马雷斯特在外省出差时，拉罗什富科公爵及时向他透露科学院正有一个位子出现空缺，并催他立刻返回抓住这一机会。结果德马雷斯特回到巴黎便入选了科学院[10]。

与人们的想象相反，被大人物接纳并不需要多么复杂的手段。这些大佬往往喜欢简率的风格和知心的感觉，他们希望身边能有一群态度谦卑、不具野心的人伴随。就算卢梭在多次光顾沙龙后对其大加抨击，许多贵族仍然是他的朋友并为其提供庇护，他们对卢梭这个人依旧像对他的哲学一样欣赏。再如本杰明·富兰克林在1778年抵达巴黎后便受到了最为隆重的接待。上流社交界争相邀请他。他在奥特伊落脚后，随即成为爱尔维修夫人的座上客。那些贵族们就喜爱他率真的性情、蹩脚的

---

[a] 瓦特莱（Claude-Henri Watelet, 1718—1786），法国旧制度下的收税官兼画家和诗人。

法语和简单的穿戴（他总是戴着眼镜和无边的毛皮帽）。即使在凡尔赛，他仍既不套假发也不着佩剑。其实对此奇装异服最感不适的倒是他的同胞约翰·亚当斯。每当看到富兰克林的法国粉丝们到处夸赞其光秃的额顶和蓬乱的头发时，亚当斯便十分恼火。其实富兰克林并不傻，他不过是把自己装扮成贵格会士以及《穷理查年鉴》里的那位理查老弟以取悦法国上流社会的朋友。

与大人物的交情

上流社交圈不限于沙龙聚会，存在于方方面面。大人物们时时刻刻在接待各方寒士。他们或是邀请人们来小坐，或是请大家来赴宴，其好客之情溢于言表。尽管大多数科学家惯于躲避那些重大节庆的日子和盛宴，但他们没少和上流社会打交道。下面就举两个科学家和权贵相识的例子。第一个是杜尔哥与寒士安德烈·图安的交情。图安是布封手下的总园艺师，正是植物学拉近了他和杜尔哥的关系。从 1778 年开始，杜尔哥便成了王家植物园的常客，他请图安专门为他授课，并习惯请其来自己的府邸做客。杜尔哥在 1779 年 1 月 6 日给图安的信中写道："我一直想请您来赴晚宴，但因为总有女宾女眷在场，所以始终未能如愿。今天只有我和儿子们在，所以我邀请您来共进晚餐，今天或明天都可以。诚盼您回复是否肯赏光。"2 月 6 日，杜尔哥再次请图安下午过来与他攀谈。图安行事低调，如此邀请对于他这样不情愿离开植物园半步的人来说也许是一种负担[11]。第二个例子是伯沙尔·德·萨龙和天文学家夏尔·梅歇尔结下的真挚友情。伯沙尔系巴黎高等法院的庭长，出身于巴黎的法官世家。梅歇尔则正如拉阿尔普[a]所称的那样，"有着孩子般简单的背景"。他刚到巴黎时没有任何可倚重的推荐，唯一吸引人之处就是他写得一手整齐清晰的好字并擅于绘图。一个偶然的机会使他得以到天文学家德利尔那里做抄写员。他痴迷于天文学并很快表现出卓越的天文观测能力。梅歇尔与伯沙尔的合作长达三十年之久，他们两位一个负责给彗星定位，一个负责计算各种参数。两人不仅在巴黎定期见面，梅歇尔还常去伯沙尔庭长在香槟地区的属地萨龙拜访。可惜有一次，梅歇尔与伯沙尔及孩子们在蒙梭花园散步时不慎跌入冰窖，从此他的腿落下了残疾[12]。

伯沙尔和马尔泽尔布均是科学院的荣誉院士，又分别是梅歇尔和图安的保护人，他们很可能在这两位科学家于1770年和1786年入选科学院的事情上出过力。于是人们传言，图安的老上级布封十分不快，因为他"看到平日里视为家臣的下属图安竟然在科学院里成了和自己平起平坐的同事"。正如人们所看到的，这些荣誉院士既点缀了科学院的门面又是它的看家利器，而且标志着上流权贵在这所全国最高科研机构里占据了一席之地。伏尔泰在生前最后一次巡游巴黎时也没有忘记于1778年4月29日出席巴黎科学院举行的开放会议。有感于开放会议场面的巴肖蒙曾写道："最具有吸引力的美丽女士、最潇洒可亲的宫廷人士、最

---

[a] 拉阿尔普（Jean-François de La Harpe，1739—1803），法国作家和评论家。

绚丽典雅的文学辞藻都汇聚于科学院的厅堂之中。"[a] 伏尔泰先是在人群的掌声中与富兰克林互相拥抱，而后受邀前去与院士们相聚[13]。

据此看来，科学院似乎成了文人圈和上流社交界的附属。众多舆论也相信甚至夸大了权贵左右科学家的能力。约翰·亚当斯就曾根据坊间的说法称："昂维尔公爵夫人母子想要什么样的院士就会有什么样的院士。达朗贝尔和孔多塞就都是他们扶持起来的。"[14] 可是几年后，孔多塞在给卡西尼所写的悼词中却告诫他的科学界同仁们要谨防大人物的友情利诱，他写道："他们（这些大人物）乐于凌驾于科学专业之上。他们和您以朋友相称，目的却是要左右您的感情。他们对人才的这种控制欲是和人才自身的自由和独立不相容的。一旦自由和独立被其剥夺，那么人才自身的力量源泉便会大打折扣。况且，理性使我们接受了人生而平等的天赋观念，我们越是坚信它，就越应避免那些在公众眼里骑在我们头上的达官贵人以友情来诱惑我们。"[15] 孔多塞的这番训诫并非新鲜论调。从1753年起，达朗贝尔就不断揭发文人们对大人物的依附嘴脸：一边是卑躬献媚，另一边则是傲慢自大。当然他也承认某些像达尔让松侯爵[b]这样的大官确能做到"不带傲慢地平易对人"。为此，达朗贝尔也希望知识分子能够"像对待

---

a 巴肖蒙（Louis Petit de Bachaumont, 1690—1771），18世纪法国作家。此处引文描述的是伏尔泰1778年出席巴黎王家科学院开放会议时的盛况，出自 *Mémoires secrets pour servir à l'histoire de la République des Lettres en France*。该书应为集体创作，记述了1762—1787年的社交秘闻。有人认为作者是巴肖蒙，但尚存疑。此处绝不是1771年已去世的巴肖蒙所写。

b 这位侯爵是前文提及的达尔让松伯爵的兄长。

自己的同事和朋友那样坦然而平等地"[16]去看待和接触这些大官。孔多塞的态度可比他偏激多了。他认为,为了捍卫才能发挥的自由度,科学家们应斩断与那些大人物们的私人关系。令人不解的是,此番言论竟然出自这样一位沙龙常客及拉罗什富科公爵的密友之口。到了大革命时期,他已然摆明其革命立场了。

清客型科学家

问题是,当年的科学家们确实是相当地卑躬屈膝,以至于身为科学院终身秘书的孔多塞不惜公开站出来抨击他们身后的权贵保护人!达朗贝尔认为对于一个文化人而言,去充当清客角色实在是最卑微的行为了。然而在18世纪,许多科学家仍是专为某些王公效力的家臣,他们甚至一天到晚地陪侍在其左右。不过除非特殊情况,他们不必在主子面前逢迎卖笑,这是因为大家都明白搞科学的人首先只遵从真理,至少从这个出发点而言,科学家和他所服务的主子是平等的。大革命前夕,在权贵家的门客中像这样的学者不在少数,其中某些人已经成为大官家的侍从。

实际上,如此身份的学者,很少能够去往凡尔赛。每年科学院的领导们都要来此向国王汇报本院的工作成果。除此之外,国王和科学院之间再无直接关系了。诚然,像布封和卡西尼这样的少数科学家可以获准进入王宫,但是在搞科研的人中,基本上只有为王室服务的内外科御医才可以前往凡尔赛并每年至少在那里住上一段时间。法国国王路易十六及王后玛丽-安托瓦内特的首席御医弗朗索瓦·德·拉索讷也是科学院的资深领薪院士及王家医学会的会长,他在凡尔赛逗留期间便住在宫里。另外,他还在马利宫拥有一个化学实验室。拉索讷的知己和助手科尔奈特医生就住在他的套房中并跟随他入宫出诊。科尔奈特在拉索讷的关照下于1778年以化学家的身份入选科学院。1784年他在与皮奈尔医生[a]的竞争中胜出,遂被任命为路易十五之女阿德莱德夫人和薇朵儿夫人的御用常规医生。科尔奈特在凡尔赛拥有一间小实验室及大批患者,其中地位最显赫的就是阿尔图瓦伯爵。大革命开始后这位医生跟随其保护人一同逃往国外[17]。

路易-纪尧姆·勒莫尼埃大概是所有宫廷御医中最出名的一位了。他的父亲和兄长皆为天文学家,其本人则从1735年[b]起成为科学院植物学院士。他曾与园艺师克洛德·里夏尔[c]合作开发了暖房植物种植技术,当时他还在圣日耳曼昂莱王家医院工作。法王路易十五对暖房产品很感兴趣,于是当勒莫尼埃被引荐给国王时,他提出了修建特里亚农宫植物园的相关建议,随即得到批准。国王任命了贝尔纳·德·朱西厄来领导植物种植的科学工作。1759年,勒莫尼埃在德意志随军行医之时,王家植物园植物学讲师的任命落到了他的头上。1762年,他从弗朗索瓦·魁奈那里买下了国王常规首席御医的职位。1770年,就任该职位之际,他将王家植物园植物学讲师的席位转给了贝尔纳的侄子安托万-罗朗·朱西厄。之后,他进入了国王的小圈子,乘机利用他的影

---

a 皮奈尔(Philippe Pinel, 1745—1826),18世纪末法国最著名的精神病科医生。
b 原文如此,经查应为1743年。
c 克洛德·里夏尔(Claude Richard, 1705—1784),法国植物学家。

响力派人搜罗了各地的植株和物种，并委派他的弟子们先后前往国外考察。譬如，派安德烈·米肖[a]前往波斯考察，后来又派勒内·德枫丹前往非洲西北部的阿特拉斯山脉考察。

勒莫尼埃与出身布列塔尼的权贵罗昂家族以及天主教虔敬派关系密切，特别是与王子和公主的傅母马尔桑伯爵夫人[b]过从甚密。他与伯爵夫人共住在她位于蒙特勒伊村的家中，直到他于1773年结婚。在此期间，他曾按其个人想法和需求在那里营造了一个绚丽的花园。勒莫尼埃为人低调到几乎不为人注意，基本上没有写什么著述也没有发表过什么东西，然而他通过自己编制的关系网拥有不可小觑的势力，同时又能置身于宫廷的各种权谋算计之外。在拉索讷于1788年去世后，勒莫尼埃终于获得了国王首席御医的位子[18]。

血亲王公们也能为学者提供庇护。譬如，虽说王弟普罗旺斯伯爵对科学不太感兴趣，但他还是在18世纪80年代以自己的名义资助了彼拉特尔建立的博物馆，并在后者于1785年死后买下了这个博物馆。与普罗旺斯伯爵相比，其小弟阿尔图瓦伯爵则是间接但更为积极地对学者们给予了支持。这种支持并非来自他本人对科学的特别兴趣，而是源自他的两个儿子：贝里公爵和昂古莱姆公爵。这两位王侄的师傅是德·塞伦特侯爵，他在1775年请来了四国学院的数学教师马力神父为其讲授科学。在凡尔赛还专门设立了一间物理学与博物学工作室，专供小王公们学习。马

---

a 安德烈·米肖（André Michaux，1746—1802），法国植物学家和探险家。
b 马尔桑伯爵夫人（Comtesse de Marsan，1720—1803），法王路易十六及其弟弟妹妹的傅母，出身罗昂家族。勒莫尼埃是她的情人。

力神父入宫后不久,就把受自己关照的年轻才俊、钟表匠亚伯拉罕·路易·宝玑介绍给了王公们。后来,他又在邀请数学家拉格朗日从意大利来巴黎一事上发挥了决定性作用。和其他王府一样,阿尔图瓦公爵府里也拥有一大批御医。这些御医的头衔是可以花钱买到的,获此职位的人可绕开医生公会在巴黎行医。也许就是因为这点,圣安德鲁斯大学医学博士让-保罗·马拉于1777年购得了阿尔图瓦公爵侍从医生的证书。马拉是否由此机会结识了宝玑不得而知。但不管怎么说,这两位出身相同的人物在大革命前就已私交甚密了。

王室直系的波旁王公喜欢赞助科学,旁系的奥尔良王公也如此。这还要从路易十五的摄政奥尔良公爵说起。他皈依圣热纳维耶芙修道院的儿子路易·德·奥尔良,人称"虔诚者",是一位学者型的王公。他痴迷于物理学、化学和博物学,并曾和其私人的自然藏品阁总管盖塔做过各种实验。路易的儿子,即人称"胖子"的路易-菲利普,虽说不对科学那样着迷,却和其父一样对文学和科学界给予了真诚关照。1774年他接受其首席医生西奥多·特隆钦[a]的推荐,聘用贝托莱侍候他出身低等贵族的妻子蒙台松侯爵夫人。不久路易-菲利普就拨给贝托莱一间实验室,使这位化学家兼医生可在那里开始有关气体化学新课题的科研工作。

路易-菲利普也对佩里叶兄弟非常关注。在诺莱神父的引荐下,公爵聘请两兄弟做了他的机械师。于是他们便定居在其保

---

[a] 西奥多·特隆钦(Théodore Tronchin,1709—1781),瑞士医生、疫苗接种的倡导者及《百科全书》的参与撰写人。

护人府邸附近的绍塞-昂坦路，并开始为公爵的勒兰西别墅和讷伊别墅制作新颖的机械。公爵也资助这两兄弟在他们的夏乐制造场制造瓦特发明的蒸汽机械。路易-菲利普之子沙特尔公爵路易·菲利普二世也请两兄弟在他的蒙梭花园安装空气泵。1783年，两兄弟中的大哥雅克-康斯坦丁·佩里叶成为科学院力学部助理院士。同年，应让利斯夫人的请求，两兄弟在机械师卡拉的帮助下专门为沙特尔公爵的孩子制作了家庭课程所需的各种工艺物件的模型。后来这些模型均陈列于巴黎王家宫殿的第二层展厅中供公众参观。当时的沙特尔公爵对气球航空技术十分着迷。他在两次赴伦敦的间隔时日里全程跟踪了夏尔[a]和罗贝尔[b]的氢气球飞行及着陆。随后，沙特尔公爵亲自在《巴黎日报》上撰文描述了这次壮举。在父亲于1785年去世后，他继任奥尔良公爵，并扩大了对科学的赞助规模，将达尔塞和拉普拉斯等院士也纳入庇护[19]。

总之，上述这几个例子充分说明了大人物的扶助对于科研人员而言有着多么重要的意义。直到大革命爆发之时，名人推荐始终是人才立业并获得职称和平台的必要条件。实际上，有了某位大人物的个人支持，才可进入权力圈子并进而获得一官半职及俸禄赏赐。从这个角度看，科学家的情形与文人共和国其他领域人士的处境是一样的。另外，在科学院圈子里还有某些像达朗贝尔和布封这样的科学家，他们本人既受权贵的庇护又在各自的学术

---

a 即前文提及的物理学家雅克·夏尔。

b 尼古拉·罗贝尔（Nicolas Louis Robert，1761—1828），法国工程师和气球驾驶者，与雅克·夏尔共同制作了第一只航空氢气球，并进行了首次载人氢气球升空旅行。

领域里充当他人的家长。不管怎样，靠近宫廷和政府的上层贵族始终是想建功立业者的最好依傍。

我们可以举出更多这样的例子，譬如科学院选举这件事就很能说明问题。1772年，拉罗什富科公爵在给德马雷斯特的信中抱怨道："保护人插手科学院的事务实在让人气愤。某人偏要把鲁埃尔和达尔塞拒之门外，而代之以萨日先生。真是应该让他不要插手了。您知道有关此事的幕后情况吗？"[20] 信中所说的某位保护人就是国王路易十五。那位萨日先生是一位药剂师，他曾在凡尔赛宫的花园里遇到了国王并借此赢得了他的信任。1770年萨日靠着国王的直接介入当上了科学院的普通合作院士。其实对此事抱怨的拉罗什富科公爵在后来也被人指责按其个人意志给予院士头衔。正如相关指责所说的，国王及权贵的关照是一种滥用权力的表现。它虽然令科学家们难以接受，但在大革命前的社会里若想成名成家，谁也无法绕开。

更有说服力的例子是加斯帕·蒙日。这位几何学家最初是在梅济耶尔的工程学校教书。当时，他就有一位直接的关照人，即波絮神父。神父将蒙日拉进了达朗贝尔的势力范围。1780年蒙日入选科学院，因此只得来巴黎定居。此后的几年里，他尽力兼顾在巴黎的工作和在梅济耶尔的授课。到了1784年蒙日又被任命为海军部主考官，最终离开了阿登省。不过由于波絮也在争取这个职位，此举伤害到了他和蒙日的友情。其实，若无强有力的后台支持，蒙日是不可能得到这个位子的。早在1778年，当卡斯特里侯爵路经梅济耶尔时，蒙日就结识了他，并借此机会与这位大人物儿子的家庭教师让-尼古拉·帕什成了朋友。两年后，卡斯特里侯爵成了海军大臣，随即让追随他的帕什做了自己的秘书长。当担任海军部主考官的裴蜀去世后，他们便让蒙日填补了这个空缺。自此，蒙日便鞍前马后跟随侯爵。1786年，这位新任的主考官来到埃唐普镇附近侯爵名下的布吕耶尔别墅居住，在那里撰写了他的《静力学的基本理论》。

有没有所谓的交际圈科学？

毋庸置疑，在18世纪时，权贵们如扶助文艺界一样资助了科学界，并由此对文化知识的进步和传播做出了贡献。不过从另一个角度看，这种保护人体制是否会对科学文化活动及其内容施加某种影响呢？这确实值得商榷。浮华招摇的上流权贵世界能与严肃深刻的科学研究生活共存吗？科学的严谨细致和求真务实难道不应该与那种哗众取宠、爱慕虚荣的氛围截然对立吗？其实，17世纪也有类似问题，科学史家们就此作过很多分析。美国科学史学者查尔斯·吉利斯皮在对法国旧制度下社会和科学的重要研究中，排除了权贵交际圈存在科学的可能性。他认为，在国立各大科研院所的蓬勃发展下，那些为贵族受众服务的科学活动已沦为仅供消遣的小把戏，1784年巴黎王家科学院对催眠术的轻蔑否决就标志着学者世界和交际圈的分野。

可是，严肃科学，或者更严格来讲，真正的专业科学与那些神仙把戏之间是否真的存在必然的界限呢？近期的一些研究对此提出了质疑，或者说它们从历史的角度进行了新的审视。虽说在旧制度行将崩溃的最后几年，学院精英们已经明显地厌弃那些在他们看来与科学精神不相容的行为，但两者之间是否真的像上面所说的那样完全没有联系，却是值得商榷的。官方科研院所的态度究竟是单纯地想打击各种伪科学并破除各种迷信，还是意在否定一切在其管控之外产生、传播的科学知识的合法地位，特别是那些在权贵社会里走红的科技的合法性？说得明白些，科学家们的批评到底是出自单纯的科学目的还是有政治目的呢？或是两者兼而有之？要想回答这些疑问，首先就需要鉴别和界定有哪些专门出自权贵交际圈的知识探索行为，还要弄清在18世纪里是否存在能称得上交际圈科学的科学实践、科学价值观和科研者。

长期以来，史学家们提到的都是权贵们仅仅对实证科学带给他们的新奇和有趣的体验感兴趣。譬如，在当年的法国，诺莱神父就成了物理学演示的宣讲者，这使他得以进入凡尔赛宫做表演。在路易十五统治末期，电学变得特别时髦，一时间从巴黎到凡尔赛宫，电气演示引得人们大呼小叫，赚足了眼球。但很快它在宫中就沦为一般性的表演节目，王室成员对其也不再有特别的兴趣了。然而在巴黎，人们仍对这种好玩的物理演示着迷。当年，魔术师科穆的物理幻术戏法赚得了最多的人气。1773年，沙特尔公爵提出要跟他学一些简单的招数，于是每星期二上课，然后公爵就在蒙梭花园的新家里练习。另一位幻术师埃德姆-吉尔·居约（Edmé-Gilles Guyot）曾在其写的消遣读物中公开了这些戏法的原理，他还将有关魔术道具卖给了一些想在沙龙中露一手的贵族发烧友。此外，物理学家雅克·夏尔的科学生涯也许就是由此起步的，18世纪70年代他在马政局任闲差时常做物理实验给朋友们取乐[21]。

科穆的声誉存在争议，尽管他从未说过自己有什么超自然的能力，但许多人还是认为他不过是个江湖骗子。在1770年后还有一种治病驱邪的魔术，它留下了糟糕的名声。许多变这种戏法的人都不会把真相告诉那些信以为真的观众。有两位医生做派的人常被指控为江湖骗子，他们就是梅斯梅尔和卡廖斯特罗[a]。两人都是朝秦暮楚的冒险家，他们从一座城市辗转到另一座城市，今天在这个朝廷明天又跑到另一个王宫里兜售他们的才艺。

1778年，颇有名气的梅斯梅尔从维也纳来到巴黎。他在其位于四兄弟路的家中接待患者。四兄弟路就在苏比斯公馆花园附近。梅斯梅尔利用动物磁力进行治疗。除了德龙[b]坚决支持他以外，巴黎大学医学院的大夫和科学家们都对这位来自维也纳的大夫及其宇宙磁流说表示反感。与他们的态度形成对照的是，梅斯梅尔在巴黎城里和宫里很受欢迎。他也趁机积极地寻求靠山，并在其患者主顾里选中了绍讷公爵夫人和弗勒里侯爵夫人。路易十六的王后玛丽-安托瓦内特虽未曾与他谋面，但也对其本领颇感兴趣。1783年，包括诺瓦耶公爵、拉法耶特侯爵和毕塞格兄弟在内的多位贵族参加了由律师贝尔加斯创立的宇宙和谐总会，该会设在鸡鹭街的夸尼公爵府，目的是推广梅斯梅尔的医术，这位大夫还在此开设了"动物磁性说"课程。但在相关理论遭到官方

---

a 卡廖斯特罗（Giuseppe Balsamo，又称comte de Cagliostro，1743—1795），意大利江湖术士。

b 德龙（Charles Nicolas Deslon，1738—1786），巴黎大学医学院教授，阿尔图瓦伯爵的首席医生。

科学院调查委员会的两次谴责后，梅斯梅尔只得离开了巴黎和法国。尽管如此，上流社会对动物磁性说的热情直到大革命时期都没有减退。毕塞格侯爵进一步发现了磁性梦游现象，也即催眠状态。他不仅在沙龙里演示过这种现象，还特别利用这一发现去好友波旁公爵夫人家中为她做催眠暗示治疗。

另一位人称卡廖斯特罗伯爵的人物虽与梅斯梅尔的情况不同，但两人的经历从某些方面来看还是颇为相似的。卡廖斯特罗伯爵又名朱塞佩·巴尔萨莫，他的骗子身份是毋庸置疑的，但他同时也是一个颇有灵气的大夫。此人在神神秘秘地闯荡江湖多年后，于 1780 年抵达了法国的斯特拉斯堡，并在那里凭借自己的医术很快博得了上流社会的信任。当地的罗昂大主教命人在其位于萨韦尔讷的府邸中为这位大夫建立了一个专门的玄学工作室。除此之外，连大主教的私人顾问，即受昂维尔公爵夫人关照的学者拉蒙·德·卡尔博尼埃[a]也来给他打下手，并自称是"实验室的童仆"。1781 年，卡廖斯特罗应大主教之请，首次来到巴黎为苏比斯元帅诊病，由此登上巴黎上流社会的舞台。不过直到 1785 年 1 月他才和其夫人，也就是那位神秘的塞拉菲娜（Séraphina），在法国首都定居下来。但在此之前他早已为人熟知了。

卡廖斯特罗夫妇的住所十分气派，位于玛黑区的圣克洛德路，距离罗昂大主教下榻的斯特拉斯堡公馆仅一步之遥。卡廖斯特罗依旧在拉蒙的辅助下继续他的炼金实验，并一边搞招魂

---

[a] 拉蒙·德·卡尔博尼埃（Ramond de Carbonnières, 1755—1827），法国地质学家、植物学家。

术一边行医。他原想控制"真理之友会"(Philalèthes)[a]，但没有成功。于是他便根据一年前在里昂设立的埃及共济会仪式另创了一个组织，并自称大教主，由毕塞格侯爵的老丈人、金融家博达尔·德·圣雅姆担任该会的大总管。至此卡廖斯特罗似乎已大功告成，他本人成为公众追捧的对象，很多人都在真心实意地领会他的观点。乌东[b]为其塑了胸像，弗拉戈纳尔[c]也为其绘制了肖像。然而好景不长，罗昂主教涉嫌王后项链案，这波及了卡廖斯特罗而使其处境一落千丈。有人指控这位术士是该案的阴谋教唆者，他被投进了巴士底大牢。1786年6月法院宣布其无罪，他便离开法国前往伦敦继续他的冒险经历。最终他在意大利异端裁判所的监狱里悲惨地离世。他的弟子拉蒙·德·卡尔博尼埃则活跃于政界和科学界，并于1802年在法兰西学会里获得了一个博物学的席位。

上述例子有一个共同点：科学同其他任何事业一样，若想在上流社会获得成功，就必须走出奇制胜的路子。说白了，就是要有消遣性而切忌枯燥无味。正因如此，权贵交际圈的科学首先具有鲜明的感官愉悦性，尤其是视觉娱乐性。按此逻辑进行的物理演示和一场戏剧表演或音乐会没什么区别。物理演示的观摩者也与看演出的社会大众无异。对于上流人士来说，若能亲手做个演示那将是最出彩的事，就像在音乐会上亲自拉首曲子或是在戏台上亲自秀段演技一样。这种娱乐性的物理演示自然而然地就成了

---

a　18世纪共济会的一个分支。
b　乌东（Jean-Antoine Houdon，1741—1828），法国新古典主义雕塑家。
c　弗拉戈纳尔（Jean-Honoré Fragonard，1732—1806），法国洛可可美术风格的代表画家。

一种魔术和戏法，和沙龙里流行的各种社交游戏没什么区别。沙特尔公爵既痴迷于各种魔术，又喜好纸牌和赌钱游戏。

娱乐性与求知欲这两件事并不对立。幻术师盖特在他专为社交圈所写的集子《娱乐》中就指出："为了取乐观众而开发各种电学特技的人，同样可以在日复一日的表演中获取某些新的发现和启示，这些正是比他们更专业的物理学家在探索自然奥秘中得到的东西。"[22] 盖特还指明了社交型科技的宗旨：不关心理论和体系，只关心鲜活的现象。要知道，这些权贵可都是爱矫情的、不一般的观众，他们善于捕捉微妙而短瞬的感觉，让他们参与科技演示，或者至少让他们评判这些演示成功与否是再合适不过的。这些特别观众关心的是科学效果的真实存在性，至于背后的科学原理他们不一定在乎。

不过这种科技评判模式存在很多弊端。首先它忽视了表演里的利诱和欺骗成分。正如前文所述，专业科学家曾一再警示这些伪科学者的荒唐性以及大众的轻信心理。再者，这种模式似乎也意味着社交圈的观众们极度缺乏透过表象探究科学缘由的好奇心。须知，那些屡试不爽的绚烂光影在娱人耳目之余，也理应带来科学的启示。正因如此，尽管社交型科技尽可以对理论家们的"教条"嗤之以鼻，但它本身并不满足于作秀取宠。实际上，科技表演收获了百花齐放般的解释说法。在表演所展示的各种"事实"背后掩藏着真实、掩藏着神秘的力量和看不见的流体，这些正是社交科技探求的东西。只不过它认为应该通过更细致的感知体验去发现它们，而不是依靠一种盲目甚至错误的理论。

基于这些，受上流社会赏识的卢梭就认为感受是一切行为的出发点。从生理组织角度来看，感受使我们与外界发生联系，并因此给了我们行为的动机；从伦理角度来说，感受通过感情将我们与其他生命联系在一起，它们对我们而言不再是无关痛痒的东西。所以，感受既是我们好奇心的来源，也是一切社会关系的条件[23]。从这种感知认识论出发，社交科技强调本心对世界和他人的感知，并要求在人与自然之间建立一种和谐的联系：发现各种生灵间的相似性和契合性，掌握并估量导致它们分分合合的各种力量，描述它们之间的各种物质和精神关联。

从这个角度讲，社交科技不仅是物理现象的展示，也是一种社会关系。它不仅给予了巴黎精英界人士某些基本医术知识，普及了若干物理或博物学的手段，还赋予了他们一些政治评议的论据。继卢梭之后，贝尔纳丹·德·圣皮埃尔在18世纪80年代也敏锐地意识到了这样一种主张跟着感觉走的思潮。正如罗伯特·达恩顿所说的那样，就是这种特定的历史背景造就了大革命前十年间梅斯梅尔和卡廖斯特罗在巴黎上流社会的走红[24]。

科学爱好者和收藏家们

普吕什神父曾写了一本名曰《自然的奇观》的书，在上流社会十分畅销。社交圈的科技演示正是自然奇观的体现，消遣是演示的首要目的，而且也适合于各种场合。其实在贵族圈子里，除了聚众的表演和交流外，还有某些比较个人和私密的娱乐活动，相对社交舞台而言，它们可以更好地使人在安静的沉思和独享的探索中感受那份孤芳自赏的快乐。譬如，对于某些天文爱好者来说，天象就是一台无声的表演。不过，定期观察星座毕竟是一个苦差事，实在谈不上是真正的消遣。再如，神奇的化学实验也令某些权贵痴迷。特鲁丹·德·蒙蒂尼和昂维尔公爵夫人之子拉罗什富科公爵便是如此。不过最能激发这些权贵兴趣的还要数博物学，原因至少有二：其一，贵族有到森林及田野郊游的习惯，在不能打猎的情况下，外出采集花草也不失为一种乐趣；其二，权贵们常有收藏的偏好，富有的收藏者有一种将大千世界尽数揽入囊中的满足欲或幻想，在他们的收藏品中不仅包括画作和工艺品，大自然界的各种尤物也占有一席之地。

巴黎城里当然聚集着众多的收藏大家[25]。名列第一的便是国王本人，紧随其后的是诸位宗室王公。奥尔良公爵在王家宫殿的自然收藏品一直由科学院院士盖塔保管至他于1786年去世。阿尔图瓦伯爵在1785年买下了波尔米侯爵在兵工厂的个人书楼，该书楼包括一间精美的自然藏品阁。那些身份显赫的科学爱好者们也有自己的收藏，譬如，拉罗什富科公爵的藏室在塞纳路，绍讷公爵的藏品室在邦迪路，蒙莫朗西公爵的藏品室在圣马可路，卡洛纳的藏品室在渡轮路，杜尔哥的藏品室在圣路易岛，儒贝尔的藏品室在旺多姆广场。这些藏品室多数仅为纯粹的稀奇玩意陈列屋，夹杂着一些贝壳和中国风的物件，金融家博达尔·德·圣雅姆在其位于旺多姆广场豪宅底层的收藏就是如此。另外，贝尔丹在其位于绍塞-昂坦路府邸的藏品也属于此类。范马勒姆在参观王家马厩承建人奥贝尔[a]的收藏室时，就说那里的矿物样品摆放随意，毫无专业分类，最美观的东西总是摆放在前面，"就像摆放瓷花瓶的逻辑一样"。

不过除了这一类面向有文化的公众开放的豪华藏品陈列室之外，雅好科学的富豪们还拥有一些只对科学家开放的工作间。譬如，克洛伊公爵在其位于窖井路的公馆底层接待一般访客，在那里来访者可以看到一间挂满了画作的大厅以及一间桃花心木制成的藏品阁，阁中收藏有一系列矿物学的样品，只有真正的专业行家才会被邀请参观二层的工作间[26]。1770年后植物藏品观摩活动变得热络起来，反映出这些权贵东道主不仅痴迷于大自然的魅力，也希望借此结交真正的知音。他们把干爽的植物样本珍藏在精美的册子里，只有那些他们看中的人士才被允许一睹芳容。马尔泽尔布私人藏书馆便拥有一间品种丰富的植物标本阁，里面藏有五十六个大类的六千种植物样品。他的朋友兼间接税法院推事莱里捷·德·布吕泰勒[b]则在旺多姆广场拥有全欧洲数一数二的植物藏品楼，以及一个藏有近八千种植物标本的陈列室。

一如法官伯沙尔·德·萨龙和迪奥尼·杜·赛儒尔支持和爱好天文学，喜欢植物学的大法官们关照植物学家并与其合作。一时间，莱里捷·德·布吕泰勒的家变为了全巴黎自然爱好者特别是路经巴黎的外国自然爱好者的俱乐部。莱里捷在自费出版了他所著的《新植物》的首卷后，于1786年开始为东贝[c]从秘鲁和智

---

[a] 奥贝尔（Jean Aubert，1680—1741），18世纪上半叶法国建筑师。
[b] 莱里捷·德·布吕泰勒（L'Héritier de Brutelle，1746—1800），法国植物学家、法官。
[c] 东贝（Joseph Dombey，1742—1794），18世纪法国博物学家。

利带回的植物标本作注释。至于相关的插图，莱里捷则请来了当年尚默默无闻的勒杜泰[a]进行绘制，并把他推荐到了凡尔赛宫中，使其成为玛丽-安托瓦内特的专职画师。另一位重要的开明权贵收藏家是省级总征税官吉高·道尔西，其蔚为大观的藏品阁也位于旺多姆广场。吉高资助了《欧洲蝴蝶》一书的出版。此书的注释由昂格拉麦尔神父[b]撰写，插图为让-雅克·恩斯特[c]绘制。另外，吉高还出钱发行了一本《昆虫学》，此书的作者是纪尧姆-安托万·奥利维尔[d]，他是道本顿向吉高推荐的一位年轻的博物学才俊兼医生。最后值得一提的是位于玛黑区茅屋路的藏品阁，它归年金发放人雅克·德·弗朗斯·德·克鲁瓦塞（Jacques de France de Croisset）所有，藏品阁慷慨地对初学晶体学的阿维和博物学家拉马克开放。这使拉马克得以利用贝壳化石藏品进行大量的研究工作[27]。

虽说最精美的藏品阁都归王室贵胄、穿袍贵族和金融大亨等收藏大户所有，但在巴黎仍有相当多的其他私人收藏家。他们中的一些是博学开放的科学爱好者，另一些则为专业领域的商人，还有一些专业人士、画家、医生、药剂师及博物学家。他们的藏品首先是用于工作。收藏大户的物件由此进入了知识交流及商业流通之中，促进了科学爱好者、专家学者和商人之间的交流。罗

---

[a] 勒杜泰（Pierre-Joseph Redouté，1759—1840），比利时画家和植物学家。
[b] 昂格拉麦尔神父（Père Engramelle，1734—1814），法国神职人员，昆虫学家。
[c] 让-雅克·恩斯特（Jean-Jacques Ernst，生卒年不详），18世纪法国插图画家和蝴蝶标本收集爱好者。
[d] 纪尧姆-安托万·奥利维尔（Guillaume-Antoine Olivier，1756—1814），18世纪末法国昆虫学家。

梅·德·里尔的藏品经营就很能说明问题。罗梅致力于矿物学，但他为了生计在萨日的主持下撰写自然藏品的出售目录。著名的勋章收藏家兼埃内里领主米什莱[a]与他成了好友。米什莱在其位于新贫童学校路的府邸内给罗梅安排了工作间和住处。当时罗梅很可能一面帮助米什莱扩大其收藏规模，一面积攒自己的晶体样品。由于罗梅的学生和崇拜者常为其提供各种样品以示敬意，他的晶体藏品量稳步增长以至于达到蔚为大观的规模[28]。正像罗梅一样，其他学者也相继在他们的专业领域里积攒起相当规模的收藏系列。譬如，萨日和福雅·德·圣封在矿物学方面的收藏，以及拉马克在贝壳方面的收藏都是很出色的。值得一提的是，拉马克在担任御前植物学家并负责王家自然藏品馆中的植物陈列室时，曾十分激烈地批评过猎奇的玩意收藏。他说道，收藏这些玩意"某种程度上是为了满足所有者对外作秀或者炫富的欲望"。由此，拉马克将真正的自然藏品收藏与这些行为严格地区分开来[29]。

科学的新主人：公众

其实上流交际圈的科学活动也带有某种炫耀意涵，权贵们对知识、艺术和珍奇物件的玩味，不论是以张扬的面貌示人还是以低调的方式实现，无不直接标示了自己不凡的社会等级。对于那些大贵族而言，拥有渊博自然知识的初衷既非出于实用想法也非

---

[a] 亚伯拉罕·约瑟夫·米什莱（Abraham Joseph Michelet, 1709—1786），法国钱币学家、钱币及勋章收藏家。

源于投机欲望。他们这样做的最大目的是借此及时行乐、消遣猎奇，或寻求心灵的隐遁。不管是出于享乐还是禁欲，这种行为在社会系统中都附带发挥着某种功能，它把权贵们在政治世界中的主宰地位延伸到了日常生活的各种现象和事务中，使万事万物悉数成为权贵的附属。总而言之，这些上流交际圈的科学活动，不论是在实验室或藏品陈列室所开展的专业工作，还是在沙龙和花园里进行的轻松娱乐，都令大自然成为社会等级的附属部分。

不过，除了取悦上流交际圈，表演性质的物理学也带来了其他机遇。起初，它几乎只为清一色的贵族服务，后来则渐渐面向了更为多样化的大众。越来越多的巴黎资产阶级也对博物学活动产生了兴趣，譬如，越来越多的人开始喜欢采集草药，越来越多的人开始收集植物、昆虫、贝壳及矿物标本等。这种走出户外的新风尚从一个侧面体现了那个时代人际和文化交流的蓬勃发展。在此背景下，1750年后，一种新兴的、独立于凡尔赛和宫廷之外的力量——公众舆论——开始在巴黎占据主导地位。这一新现象不但带来了新思想，而且意味着一种新的社会交流圈和讨论架构。这种新的交流形式以言论、演出和书刊为媒介，在私人和国家之间形成了一种新的公众舆论空间。这一新兴空间从地理上看就是城市本身，它在咖啡馆、戏院及无数灯红酒绿之中，充斥着各种躁动和抗争；从经济层面讲，这一新空间代表着一个巨大的市场，在这里流通和交易着各种思想和物质；从社会角度看，它又是各色中介、倒爷、批发商和政论名嘴的荟萃之地；若从思想角度而言，则可总结为简单的一句话：正是这一新空间造就了启蒙运动。如果说这样的公共空间已然在法国全境和欧洲遍地开花的话，那么巴黎就是其中心：巴黎孕育着舆论、巴黎发明着风尚、巴黎打造着新的思维。在1780年后，公共空间得到了加速发展，并深刻地改变了文人共和国。

九姐妹分会正是这一变革的体现。如前文所述，其前身是爱尔维修夫妇举办的沙龙。当时这对夫妇每星期二都会在位于圣安妮路的家中举办"思想餐会"。只有一个特定小圈子的知识精英才可受邀参加。从1766年起，这个聚会增添了科学共济会大会的内容，大会地点很可能仍是在办沙龙之处。这使受邀参加沙龙的人数明显增加，但参会者仅限于男性。在圣安妮路的沙龙关闭后，科学共济会演变为共济会九姐妹分会，集会地点也迁至坡德菲尔路，而且该分会借伏尔泰加盟的东风获得了飞跃性发展。这几个事件意味着该分会进入了一个崭新的阶段，它已然转变为一个有能力将其言行化为大众共鸣之物的俱乐部。到了1780年11月，九姐妹分会的几位会员更进一步成立了阿波罗社，该社在几个月后又更名为巴黎缪斯社。这个由库尔·德·热伯兰担任社长的组织是一个文学和科学界的学术团体。起初它每星期都集会，后改为每月集会。社址仍在九姐妹分会所在地，即坐落于多菲内路的让利斯公馆。不久后巴黎缪斯社因内部分裂而遭到削弱，遂转变为一个教学组织，并于1786年迁至修会路上的科德利埃修道院的一间大厅内。九姐妹分会则于1790年转变为一个国立团体，不再有性别限制，除了每星期例会外还举办对公众开放的活动，并定期发行相关刊物。但自从1792年8月10日国民自卫军攻入杜伊勒里宫逮捕路易十六夫妇之后，分会便渐趋萎缩，直至1793年底关门。

智慧巴黎：启蒙时代的科学之都 171

九姐妹分会的变迁并非特例。在那些年出现了不少类似巴黎缪斯社的组织。它们试图以一种公众社交的模式取代上流社交的模式。上流社交是靠精英沙龙、权贵个人邀请和知己对话等私人化的空间进行的，公众社交则是以公众大会、商业交易和广而告之的方式开展的。早在热伯兰创办阿波罗社之前，有一位名叫马梅·克洛德·帕安（自号"漂白园主"帕安）[a]的年轻旅行家便于1778年创建了一个"通讯沙龙"。这个组织每月都有集会，起初地点在竖琴路，后迁至图尔农路他的报社办公室内，该报是他效仿英国报刊《旁观者》创办的刊物。

"通讯沙龙"成立的宗旨是为上流社会与技艺家及文人创造相互结识的机会，并为文人和技艺家搭建一个国际交流平台。为此帕安自豪地称自己是"科学和技艺界的通讯总代理"。他的工作也得到了巴黎王家科学院、王家医学会的支持，以及包括普罗旺斯伯爵和阿尔图瓦伯爵在内的几位高级贵族的资金赞助。无论是在他每星期的沙龙还是他主办的报纸中，有关技艺和科学的讯息里都会夹带着商业广告，譬如关于艺术品、珍奇玩意，甚至某些物理工具设备展销会的信息。1781年，帕安将其沙龙搬到了位于圣安德烈艺术路的维拉耶公馆，沙龙在那里举办到1787年。后因债务缠身，这位"总代理"只得终止他的沙龙和报纸业务，跑到伦敦躲债了[30]。

---

[a] 马梅·克洛德·帕安（Mammée Claude Pahin，又名 Pahin de la Blancherie，1752—1811），法国文人。他在家乡朗格勒有一个用于漂白布料的花园，故自称"漂白园主"。

从大殿下博物馆到"学园"

同库尔·德·热伯兰一样，帕安的沙龙活动萎缩了。不过，他的失败至少在某种程度上归咎于新成立的大殿下博物馆。该博物馆的建立者让-弗朗索瓦·彼拉特尔·德·罗齐埃是后起之秀。彼拉特尔系梅斯城一位客栈老板的儿子，当他还仅仅是一名药房学徒时，便成功赢得了多洛米厄[a]以及拉罗什富科公爵的庇护，当时他们正驻扎在城里。1775年彼拉特尔来到巴黎继续深造。在药剂师米图阿尔那里做了一年工作后，他放弃了药学转而投向博物学。当时御医弗朗索瓦·维斯凭借自己掌握的几个秘方发了财，他很赏识彼拉特尔的才干，于是把他招揽到自己门下。在维斯于1777年去世后，彼拉特尔又继续得到其遗孀的扶助。维斯夫人不仅将其丈夫坐落于玛黑区圣阿沃伊路的自然博物工作室交给彼拉特尔，还为他买了一个大殿下（王弟普罗旺斯伯爵）夫人侍从的贵族头衔。于是彼拉特尔摇身一变成了德·罗齐埃先生，不久他又把这个侍从头衔改为了大殿下夫人私人秘书这个更为尊贵的称号。

此后，这位曾经的药房学徒便开始在玛黑区的工作室里办学教课了。1780年，彼拉特尔向科学院提交了他的第一篇有关染料商业用途的论文，其后他又把这篇文章发表在《物理报》上。1781年，他提出了创办一所"受大殿下及夫人监护的王家博物馆"的想法。照他的意思，该机构集实验室、自然博物工作室，

---

[a] 多洛米厄（Déodat Gratet de Dolomieu，1750—1801），医院骑士团骑士及指挥官，法国矿物学家、地质学家和火山学家。

以及多种科学专业和语言课程于一体，对男女人士皆开放。此时的彼拉特尔已自诩为大殿下的物理化学及博物学办公室总管，兼林堡亲王的药剂师（他编造的头衔）。他的这个方案一出，即获得了政府及多位高级贵族的关照。不过，尽管他同时也向科学院和王家医学会申报了这个项目，却未能得到批准。

1781年12月，大殿下博物馆在圣阿沃伊路开门营业了。彼拉特尔亲自讲授物理课，由约翰·威廉·瓦罗特[a]讲授数学课，由皮埃尔·弗朗丹[b]讲授马匹解剖课，另外由让-约瑟夫·苏[c]讲授人体解剖学课。还有一些具备公开课讲授经验的学者也受邀来此执教。彼拉特尔靠着报名费和借款购置了一整套教学设备，以便为学员们进行有趣的物理学演示。1783年11月21日，他在达尔朗德侯爵的陪同下，驾驶热气球飞跃巴黎，由此一举成名。彼拉特尔借这一声望的东风，扩大了大殿下博物馆的规模。1784年该博物馆迁到了与圣奥诺雷路相交的瓦卢瓦街，此处临近王家宫殿，是设置时髦机构的宝地。

果然，自从在新址落脚后，博物馆的业务便呈现红火之势，当时拥有学员七百二十六名：一百二十六位男女创始会员，他们每人支付七十二里弗尔的年会费；一百三十三位来自（包括巴黎缪斯社在内的）巴黎各大院所的会员，他们享有免会费的待遇；四百六十七位注册会员及长期订户。博物馆的领导工作由一个从

---

[a] 约翰·威廉·瓦罗特（Jean-Guillaume Wallot，即 Johann Wilhelm Wallot，1743—1794），德法天文学家。

[b] 皮埃尔·弗朗丹（Pierre Flandrin，1752—1796），法国兽医和解剖师。

[c] 让-约瑟夫·苏（Jean-Joseph Sue，1760—1830），法国外科医生和解剖学家。

创始会员中选出的理事会负责。九姐妹分会会员莫罗·德·圣梅里[a]和普罗旺斯伯爵的秘书邦唐（Bontemps）负责博物馆的管理工作。彼拉特尔本人由于忙于气球航空活动，所以仅担任博物馆财务主管一职。此时的他已不再教课，但仍负责教师的遴选工作。尽管博物馆拥有的公众队伍比沙龙要大，但他们仍限于首都巴黎的富裕阶层，特别是贵族阶层。女会员占少数但分量不可忽视。另外，博物馆还吸引了不少想来结识大人物并找门路的普通文人。

坐落于瓦卢瓦街的大殿下博物馆包含一间用于物理和化学课的设备齐全的宽大实验室、两间小实验室、一间讲座大厅、一间会议室、一个行政秘书处、一间书库和一个展览长廊。长廊里摆放着乌东雕塑的艾蒂安·孟格菲和布封的胸像。实验室设有童仆三人，存有超过三百件科学器具，在1785年时估价可达一万七千里弗尔。书库拥有近五百卷藏书，包括不同院所的专业论文，以及十五种订阅的报刊。会议室和教室都采用了当时最先进的"坎凯油灯"来照明，这些屋子里还摆放了几十把有气球图案的精心装饰的椅子。

1785年6月16日，彼拉特尔成为浮空器飞行的第一位遇难者。在他意外去世后，博物馆险些关闭，这位斥巨资追求梦想的物理学家在其身后留下了大笔债务。幸亏普罗旺斯伯爵和阿尔图瓦伯爵出手弥补亏空，许多要人也紧随其后出面资助，博物馆这才渡过难关，但改名为学园（Lycée）。由孟德斯鸠（Montesquiou）

---

[a] 莫罗·德·圣梅里（Moreau de Saint-Méry，1750—1819），以研究圣多明各闻名的法国史学家，奴隶主和大革命参与者。

侯爵为新学园编写的章程强化了教育职能。至少在字面上，新的学园变成了官方科研院所面向上流公众增设的讲堂。学园专门邀马蒙泰尔[a]开设了历史课，并邀拉阿尔普开设了文学课。

巴黎王家科学院的多位院士也受邀成为学园的老师：孔多塞讲授数学课、蒙日讲授物理课、富克鲁瓦讲授化学课。可是在第一堂数学课上，孔多塞仅仅致了一个开课辞，然后就请蒙日关照的年轻数学新秀西尔韦斯特-弗朗索瓦·拉克鲁瓦[b]来代自己教课了。蒙日的课则由（小）德帕西厄[c]代讲。只有富克鲁瓦真正亲临执教，他还要兼顾其他三个地方的教学任务——王家植物园、阿尔福兽医学校和其位于布尔多奈路的个人工作室里的课程。在接下来的几年里，注册人数虽有下降，但基本维持在较高水平：1786年为六百五十人，1787年为六百人，1788年为五百人，1789年为四百人。总之，在大革命爆发的前夕，学园资金充足且业务红火。后来它虽历经严重的财政困境，但仍度过了大革命的岁月，并以雅典学园（Athénée）的名字一直坚持营业到1849年[31]。

---

a 马蒙泰尔（Jean-François Marmontel，1723—1799），法国历史学家、剧作家，《百科全书》的编撰者之一。
b 西尔韦斯特-弗朗索瓦·拉克鲁瓦（Sylvestre-François Lacroix，1765—1843），法国著名数学家。
c 小德帕西厄（Antoine Deparcieux，1753—1799），18世纪法国数学家，为前文提及的数学家德帕西厄的后辈亲属。

《巴黎日报》

新式博物馆之所以能崭露头角，报业的决定性作用是功不可没的。巴黎报界既是信息的传播媒介，也是一方相对自由的天地。它虽历经王权当局的新闻检查和吹毛求疵般的管控，但长期以来仍为公众舆论氛围的培育做出了重要贡献。令人注目的是，当年的巴黎报界对宣传科学知识表现出极大的兴趣，如今的科学则无法再博得媒体的这般荣宠了。当时市面上的多份报纸纷纷登载各种有关物理和医科公开课的报名信息，它们还报道各大科研院所的公开例会以及专家学者所著新书的讯息。此外，它们也刊载针对各种新理论和新发现的讨论。

由潘寇克发行的《法国信使》和《文学年鉴》，以及官方院所掌控的《学者报》都属于严肃的学术性刊物；像格林男爵[a]和（《秘史记》的编写者）巴肖蒙所经营的那些手写形式的"私下兜售的小报"及书信集则专于传播全欧洲市井和宫墙里的闲言碎语。另外，登载实用性信息和各种公告的报刊也具有不可忽视的地位。譬如，每星期发行两次的巴黎刊物《小告示报》，以及1773年停办的周刊《预报》。特别值得一提的是巴黎的第一份日刊——《巴黎日报》，它于1777年在政府的扶持下创立。创刊伊始，不论是在巴黎市还是在宫廷中该报都广受欢迎，连国王一家都是它的忠实读者。因此，《巴黎日报》一问世便立即获得了成功，并使其投资人发了大财。虽然该报严守莫谈国事的原则，但

---

[a] 格林男爵（Baron von Grimm, 1723—1807），以法语写作的德意志文人和报人，《百科全书》编撰者之一。

由于它能提供气象预报、演出信息、新书发行以及科学艺术等多方面的精准资讯，所以仍博得了数千名长期订户的青睐。

实际上，《巴黎日报》和九姐妹分会的关系密切。该报创始人中的两位即是分会的会员，他们是政论记者路易·迪西厄[a]和药学家安托万·卡代·德·沃。另两位创始人是钟表匠让·罗米伊和其女婿纪尧姆·奥利维尔·德·科朗塞[b]。罗米伊曾为《百科全书》撰写了众多钟表方面的词条，他还从事气象观测工作，以便为每早发行的《巴黎日报》提供头版气象预报信息。科朗塞则是一名律师，也是让-雅克·卢梭的朋友。对《巴黎日报》而言，似乎卡代·德·沃的作用是最大的。一方面，他拥有巴黎警察总监勒努瓦和财政主管内克尔的关照。另一方面，卡代·德·沃作为药学家帕门蒂埃的学生，又是科学院院士、化学家卡代·德·伽西科特的弟弟，十分的乐善好施且痴迷于科学。他以在面包制作和公共卫生方面的研究著称于世，因此在《巴黎日报》上常可看到有关内容。这一点儿都不奇怪，正是卡代本人以不署名的方式为该报编写科学专栏。另外，该报还在1778年对伏尔泰回归巴黎以及他加入九姐妹分会一事进行了"全过程"报道。至于天文学方面的专题内容，该报则一般约请拉朗德院士来撰稿，他是九姐妹分会的会首。

尽管《巴黎日报》与科学院院士圈的关系密切，但它仍坚持兼收并蓄的原则：在刊登的选材上既有关于科学院事务的严肃

---

[a] 路易·迪西厄（Louis d'Ussieux, 1744—1805），18世纪末法国作家和记者。
[b] 纪尧姆·奥利维尔·德·科朗塞（Guillaume Olivier de Corancez, 1734—1810），18世纪法国记者和作家。

公告，也有关于公开课的广告以及展销会上的演示讯息。该报根据专题的不同而设有不同的栏目，包括"科学专栏""物理学专栏""化学专栏""博物学专栏""植物学专栏"及"医学专栏"等。受政府关照的该报对其十分忠诚，它常称赞当局的举措，并强调科学和工艺的实用性。不过，《巴黎日报》并未因此而沦为当局的纯粹工具，它积极组织和大力宣传各种专题讨论，为营造巴黎的大众科学氛围做出了贡献。从创刊的头几年开始，《巴黎日报》就为开展全民卫生建设这项科学政策进行宣传造势。因此，诸如厕所阴沟和下水道的排污问题、墓地建设问题、医院问题、巴黎供水问题等有关公共卫生的内容定期地占据着该报的版面。卡代在九姐妹分会的兄弟梅西耶曾在其所著的《巴黎万象》中重新提到了这些专题。《巴黎日报》亦对医疗问题给予了同样的重视，它曾刊登电学在治疗中的应用、产科和分娩，以及动物磁流学说等专题的文章。

当然，《巴黎日报》的经营首先是一种商业行为。为了吸引大众的眼球，它为一切新发现或自称是新发现的内容做宣传，只要这些东西能引发读者的好奇心，譬如，刊登"催眠术"广告就是一个典型的例子。此外，该报还专门用几期连载了有关布雷顿[a]占卜棒的介绍。可以说，《巴黎日报》为捧红梅斯梅尔、图文奈尔[b]、马拉、"漂白园主"帕安和彼拉特尔·德·罗齐埃等人出

---

[a] 布雷顿（Barthélémy Bléton）是一位来自法国多菲内地区的农民，自称会寻水术，可以占卜棒探测出地下水源和矿藏，在当时引起较多舆论关注。图文奈尔是其重要支持者。

[b] 皮埃尔·图文奈尔（Pierre Thouvenel, 1745—1815），18世纪末法国医生，曾被巴黎科学共同体排斥，但得到国王支持，后成为路易十八的私人医生。

了力。另外，在为浮空器试飞行造势上，该报也起到了决定性作用。虽说《巴黎日报》对江湖术士和严肃的创新家几乎不做区分，不过它一直都和科学院院士们保持着紧密的联系。但到了1785年后，人们对科学的关注力度降低了。此时法国公众对科学的热情已让位给了对政治的热衷。作为一份不问政治且具有政府色彩的报纸，《巴黎日报》对革命大潮的来临采取了置身事外的态度[32]。

6

第六章 生动的表演和美妙的享受

SPECTACLES
ET
MERVEILLES

1783年岁末之时，住在距离首都巴黎四百多公里之外的一位钟表匠，匿名在《巴黎日报》上预告了一个标新立异的"表演"。他宣称自己可以在卢浮宫附近的水面上用双脚渡过塞纳河，且过河的速度会比任何驰过新桥的骏马都快。紧接着他开始为这次表演展开预订活动，声称如果表演成功，须得到一百金路易的报酬。表演日期定于1784年1月1日。据称，他渡河的办法是脚穿一双连在一起的"弹性套鞋，像两只球形的桨叶一样划过水面"。消息一出，短短几天之内，预订观看的人数便几近爆满。在《巴黎日报》刊出的报名观众名录中，人们可以看到"凡尔赛方面"的字样，这暗示着国王一家也在观众之列，并为此支付了一千零八十里弗尔。于是大家都憧憬着表演那天节日般的盛况。

政府也行动起来，准备为报名的观众搭建看台，而就在此时真相传来：这一表演讯息不过是里昂造币局荣誉顾问夏尔-让·德·孔布勒[a]这个玩世不恭的家伙所导演的一场恶作剧。这

---

a 夏尔-让·德·孔布勒（Charles-Jean de Combles，1735—1803），18世纪末里昂造币局荣誉顾问，喜好、擅长讥讽。虽然他在雅各宾专政时期被打入死牢，但凭借恶作剧骗过押送人员而逃生。

家伙不像是第一次这么干了。此人一向以"放肆和好玩弄把戏"著称。他还曾用假名发表过一部作品,以粗俗恶搞的方式模仿伏尔泰的悲剧《扎伊尔》。虽说幽默搞怪的做法会被人高看一眼,不过这次的恶作剧未免有些玩过了头,众多大人物都成了被愚弄的对象。孔布勒意识到自己这次玩大了,他吓得赶忙主动向里昂财政区督办官弗莱塞勒[a]坦白,弗莱塞勒当即通知了巴黎当局。此事惊动到了国王本人。听闻真相后,路易十六不禁大声取笑了替他报名的普罗旺斯伯爵。而这场闹剧的始作俑者似乎并未因此遭受任何不幸[1]。

孔布勒的这一恶作剧并非出自偶然,正是巴黎人对浮空器表演的着迷促使他想到"从今往后,可以随心所欲地让人们轻信任何奇迹"。他只需要夸张地模仿一下热气球旅行表演的宣传活动,也就是说,先通过报纸进行公告,然后在公众中展开预订活动。为了假戏真做,孔布勒还找来一些对科学满怀热忱且对骗术浑然不觉的糊涂记者做托。不过,这几位最终也成为恶作剧的第一批受害者:在被孔布勒戏要后,他们不得不偿还预订者的支出。

这场闹剧揭示了巴黎民众的盲目轻信和报纸的巨大影响力,也从另一个侧面凸显了民众对科学知识及科学实践的普遍热情。实际上,它以一种滑稽的方式提出了一些严肃的课题:人们该如何评判那些用于商业投机及广告炒作的发明?对于那些人气盖过真实性的表演来说,我们应给予表演者何种程度的信任呢?当大

---

[a] 雅克·德·弗莱塞勒(Jacques de Flesselles, 1730—1789),18 世纪法国旧制度下的最后一任巴黎市长。此前他曾任里昂财政区督办官。他于 1789 年 7 月 14 日被巴黎民众割下头颅游街示众。

众舆论讲台在老百姓的生活空间里取代了学者和精英的话语权，得到宣传推广的又是怎样一种科学呢？归根结底，科学表演活动的严肃性已遭到质疑。

酒窖咖啡馆里的预售活动

"套鞋渡河"把戏的灵感首先来自几个月前在王家宫殿花园（奥尔良公爵的巴黎私人府邸）里组织的一次活动。1783年7月28日，受布封关照的王家植物园博物学助理巴泰勒米·福雅·德·圣封在位于公爵府博若莱长廊的酒窖咖啡馆里为物理学家雅克·夏尔的科学表演发起了预订活动。当时盛传造纸商孟格菲兄弟已在阿诺奈进行了一次浮空器实验，并在当年6月4日成功地使浮空器升到了距地面一千六百米左右的高度，因此福雅等人想再现这一创举。

其实当时有关浮空器的创意在巴黎已不是什么新鲜事，早在一年之前，机械师让-皮埃尔·布朗夏尔[a]便宣称要进行一次"飞船"升空表演。在阿尔图瓦伯爵和沙特尔公爵的资助下，他宣布该表演在1782年5月5日进行。表演那天，观众们蜂拥至龙街对面塔拉那路上的维叶内神父家中，一睹安放在那里的浮空器的真面目。遗憾的是这次升空彻底砸了锅。尽管如此，布朗夏尔并未气馁，他又声称要在郊外的庞坦再次放飞浮空器，并使其飞至

---

[a] 让-皮埃尔·布朗夏尔（Jean-Pierre François Blanchard，1753—1809），18世纪法国浮空器设计师和航行家。

勒兰西别馆的花园。因此，当维瓦赖议会将孟格菲兄弟实验成功的消息通报给财政总监并即刻知会巴黎王家科学院时，巴黎公众对此类表演已不再陌生。

巴黎的科学家并不了解孟格菲兄弟在阿诺奈使用的升空技术，他们首先想到的是使用（氢气这种他们熟知的）可燃气体实现升空。这一想法源自人们平常玩的吹泡泡游戏，肥皂泡里充满了比空气要轻盈的氢气，正是因为这样它才能在空中升起。于是雅克·夏尔在福雅的支持下，当即决定进行氢气升空的大胆尝试。夏尔在胜利广场有自己的物理实验室，而且伏特还曾在那里做过科学演示。我们会在后文里专门讲述夏尔的这次升空实验经过。这里要说的是，针对夏尔实验的宣传工作迅速在商业效益和广告效应两个层面获得了双丰收：人们通过口耳相传，纷纷前来报名观看，短短几天的工夫预订名额便出售一空。福雅称这得益于"名人的带动效应"。然而《秘史记》的撰写者则认为夏尔只不过是个利用公众好奇心赚钱的"实验作秀专业户。"坦率地讲，即便夏尔的初衷是完全单纯和不图名利的，但表演本身的确是对其物理实验室的绝佳炒作。酒窖咖啡馆的老板迪比松负责收取预订费，本次活动的进账高达一百金路易。八百名预订者每人持入场券一张，凭此在约定日期前往观看表演。一个月过后，福雅在王家宫殿的同一地点又为孟格菲兄弟组织了一场预售阿诺奈浮空器首飞成功纪念章的活动[2]。

夏尔表演的预订正好赶上酒窖咖啡馆再度开张营业不久，店面装潢美轮美奂，所在的王家宫殿也正值人气最旺的时期。在此居住的沙特尔公爵为了扭转财务状况，曾在几年前做了一个大型的房地产项目，即将王家宫殿的部分花园空间改作豪华商铺和娱乐场所。这个点子来自让利斯伯爵夫人的弟弟迪克雷侯爵，此人是沙特尔公爵的管家兼技术、财务项目的大总管。相关的设计任务交由年轻建筑师维克多·路易负责。公爵为此事征得了国王的同意，并顶住了左邻右舍和王家宫殿常客们的强烈反对声。

改造工程从1781年夏天开始，两年后进展成果斐然。花园的三面都营建了统一的立面和装饰精美的独栋小屋，并配有半掩在墙内的立柱和连拱廊以供游人漫步其间。内部装修刚刚开始就已经吸引了一批店铺和餐厅前来承租。虽说一开始公众的反应一般，但很快苗头就大变了。初来漫步者不久就成了回头客，他们被花园的美景深深吸引。1784年夏，整饬一新的王家宫殿终于正式对外营业了：新栽的绿树投下层层碧荫，拱廊之下人头攒动。每当夜幕降临，一梁一柱在一百八十盏路灯的照耀下尽显风雅[3]。

复辟时期，此地仍十分时髦，但光景已完全无法与1784—1794年那十年相比了。在那鼎盛的十年，府邸主人是奥尔良公爵路易-菲利普，即那位在后来的大革命中以"平等"为别号的王公。正如1788年梅西耶所写的那样，当时的王家宫殿俨然成为"巴黎的中心"，是"藏于一座大型豪华都市里的袖珍奢华城"。最令所有观者印象深刻的是，这里是社会各阶层和各种作派人士的大杂烩之处。在此地，公爵夫人、游客、退役军官竟与妓女、用人和假发师擦肩而过。剧作家吉谷-皮卡勒[a]曾在他的剧

---

[a] 吉谷-皮卡勒（Pierre Guigoud-Pigale，1748—1816），18世纪末法国剧作家。

作《磁性小桶》中这样写道:"在这里您会看到,主教邂逅书呆子、王子遇上顽童。没有领略过这种奇妙大杂烩的人就没资格自诩了解巴黎。"[4]

王家宫殿的花园已然成为声色犬马的公众热门场所,各个阶层的红男绿女在此相会,凡此种种都反映出这样一个不争的事实:这里的行业可谓五花八门。王家宫殿改建工程本是为吸引高档店铺而设计。但奥尔良公爵因急需更多的收入,遂于1784年在木制回廊里安置了一批廉价品专卖店。这便是著名的"鞑靼营地"(camp des Tartares),正是这批价格实惠的店铺为整个商业改造计划的成功做出了重要贡献。自开业以来,这些店铺的橱窗前便总是簇拥着好奇而喧闹的人群以及艳羡的闲逛者。设在独栋小楼回廊下的商铺则要比"鞑靼营地"更加贵气和奢华,那里不仅有咖啡馆、酒家和戏院,还有令王家宫殿花园名声大噪的赌场。

花园和大道商圈

灯红酒绿并非王家宫殿独创,该宫殿不过是繁华街市的延续和娱乐展会的集大成之地。自古以来,巴黎便有两大久负盛名的展会集市:一个位于圣日耳曼镇的炉灶街和布奇路之间,展会季从2月持续到3月底或4月上旬;另一个设在圣洛朗镇(即今天的巴黎东站街区),展会季从7月底持续到9月底。时至18世纪初,这两大展会的盛况依然不减当年,光顾者既有平头百姓亦有达官显贵,所展示的东西则是五花八门,既有高档奢侈品也不乏常规物什，既有正式表演又有杂耍卖艺。正是在这种展会上首次出现了喜歌剧，即一个兼有哑剧表演、歌唱、对白和舞蹈的露天演出剧种。

但到了18世纪的后半叶，这两大展会集市开始走下坡路。1762年在圣日耳曼展会发生的火灾加速了这一败落。喜歌剧也与意大利戏剧合流，一开始在勃艮第公爵府上演，后移至王家宫殿附近的法瓦尔厅（salle Favart），风格变得舒缓规整。新的趋势是与展会集市相伴的节日综艺表演迁移到了巴黎城的其他地段，并在新地点固定下来实现了常态化经营。巴黎的大道社区正是这一变迁的主要受益者。稳定下来的展会表演行业依附至私人公司特意创立的各种联合经营团体。

这些新兴的娱乐地点大多坐落在当年巴黎东头和北面的老城限界边缘，且主要有两种形式：一是在集市展厅里的表演，一是游乐园。先说说商展娱乐形式，18世纪60年代，有一位在大道社区经营表演活动的物理焰火师，叫让-巴蒂斯特·托雷，此人按伦敦沃克斯豪尔游乐场的风格营造了一座装潢精美的小楼，其间设有沙龙和花园。他在里面举办的"集市嘉年华"被老百姓们戏称为"托氏沃克斯豪尔娱乐场"或"夏季沃克斯豪尔娱乐场"。活动包括各种灯光表演、音乐会和花车游行，此外也邀请商铺入住经营。几乎在同一时期，圣日耳曼市集里诞生了"冬季沃克斯豪尔嘉年华"，它为前来的顾客提供舞会、音乐会和博彩等娱乐活动。另外，位于香榭丽舍的仿古罗马竞技场和位于圣洛朗的"中国舞场"也纷纷效仿这种模式，并获得了不同程度的成功。

游乐园是和商展大厅并驾齐驱的综艺场所，它将花园情趣和展会表演融为一体，颇受欢迎。诸如杜伊勒里宫、卢森堡宫、王家宫殿和王家植物园这类国王或王公旗下的园子都属于长期对大众开放的游乐园。那里既是全家人漫步休憩的地方，又是各色流动货郎贩售饮料糖果或提供娱乐节目的场所，当然他们的活动是在园方监管下进行的。另外，城东头兵工厂花园、城西头的马尔斯校场和香榭丽舍也算得上这类娱乐园区。1770年后，巴黎人又增添了新的休闲选择，那就是各种英式、中式或中英式花园，它们的设计风格和功能又与前者大相径庭了。这批新型园区位于当年巴黎西郊的集镇，由王公或金融巨头建造，都是付费参观的私家园林。它们的设计初衷是营造视觉观赏性。最著名的例子当属充满古罗马园林风情的蒂沃利花园，该园为当年海军部财务主管西蒙·布丹的私产。布丹特意采用了蒂沃利这个名字以向古罗马风格的花园致敬。该花园所在的小山岗上坡处如今已变为圣拉扎尔站。自1771年开始，蒂沃利花园对大众开放，这块绰号"布丹奇趣园"的宝地面积有五六公顷，各色景致蔚为大观，其间还点缀有仿古风格的残垣断壁和楼阁，并设有多种游戏、转马和秋千设施，以及一座矿石陈列馆。

然而山外有山，蒙梭花园的面积相当于三个蒂沃利花园，由画家兼工程师卡蒙泰勒[a]为其主人沙特尔公爵设计，因此该园又叫"沙特尔奇趣园"，园中也点缀了众多的亭阁，极具装饰特点。此外，宫廷焰火师鲁杰里兄弟于1765年在蒂沃利花园附近的波舍隆营建了一座东方主题花园，他们在那里的夏季焰火表演获得

---

[a] 卡蒙泰勒（Louis Carrogis de Carmontelle，1717—1806），18世纪法国画家和园林建筑师。

了巨大成功。在18世纪80年代，他们的花园还承办过哑剧和巨型气球升空表演。整饬一新的王家宫殿明显不是上述的商展集市和游乐园，但足可与这些已有二十年辉煌业绩的巴黎综艺豪门媲美。更何况，王家宫殿还拥有这些老牌商展及游乐园不具备的优势——它是最靠近大道商圈的豪华娱乐场所。

"夏季沃克斯豪尔娱乐场"正位于大道商圈之中，也正是在此商圈里，源自展会集市上的表演节目又赢得了大批的观众。大道商圈于17世纪末在巴黎城北的查理五世城墙和路易十三城墙的原址上兴建起来。到了18世纪末，大道街区已然发展成为一条长长的林荫漫步大道，两侧迤逦布满了各色花园、私家公馆、精品店、咖啡馆和戏院，而在大道的中央则是用来走车的宽阔马路。步行者可沿着马路两边绿荫遮掩下的沙土道漫步。到了夜间，则有路灯点亮前行的道路。难怪《巴黎旅行家年鉴》曾说："眼花缭乱的声色犬马和戏园美酒几乎令人不得不驻足沉湎于此。"

街边临时搭起的戏台周围总有一片片的人头攒动。演出最红火的地方还要数圣殿大道。各种出身于展会集市演出且擅长哑剧表演的戏班以花车游行的方式在街道和行人主顾之间巡回，他们中有来自尼科莱剧院的大型空中缆索舞蹈演员（该剧院在1792年更名为快乐剧院），有奥迪诺执掌的安比古剧院的演员，也有综艺剧院（Théâtre des Variétés-Amusantes）的演员，以及其他五花八门的街头表演者。那些有身份的人也会屈尊来此，就像他们以前光顾各大展会集市以及后来造访王家宫殿一样，和平头百姓"混迹一处"、打成一片。

商家的宫殿

自1783年开始,王家宫殿便集商展与花园漫步于一体,成为娱乐活动的荟萃之地。但王家宫殿和其他娱乐社区的根本不同之处在于:它位于巴黎启蒙运动的中心,而且还拥有一位王公作它的直接靠山。许多见证者以及后世的史学家都曾为读者描述过改造后的王家宫殿的新气象。消息传播开来,此地迅速享誉全欧洲。我们在此仅用几个多多少少属于科学范畴的事务来描述它的规模,便足以彰显其魅力了。如同展会和游乐园一样,王家宫殿也实现了商业活动、文娱演出与聊天约会的三位一体。但从根本上讲,逐利行为始终是压倒一切和统帅一切活动的,因此有人戏称王家宫殿为"商家的宫殿"。

如前文所述,这座府邸欢迎各色商店入住,它们不仅位于宫殿底层的六十间馆舍内,也分布在木制回廊之中。不论销售的是奢侈品还是仿制品,这些商家的最大共同点是所卖的东西均非生活必需品。譬如,位于瓦卢瓦长廊的玻璃店,这是一家寄卖行,专"以固定价格销售美轮美奂的玻璃制品";再如,帕斯卡·诺兹达经营的物理仪器店,它位于酒窖咖啡馆隔壁,专门出售各种光学器材和气压计;此外,众多独立书商也在木制回廊里安营扎寨,偷偷摸摸地兜售那些文学禁书。实际上,奢侈品商铺的入驻使王家宫殿融入了以时尚新颖精品店著称的圣奥诺雷路商圈。其中,由工艺品贩售商多米尼克·达盖尔执掌的"金冠"商铺便是一个典型的例子。此外,英国人亨利·塞克斯还在位于王家宫殿广场的摄政咖啡馆一层展示了各种从英国进口的光学器材及数学和物理仪器。出售物理仪器的还有隆（Rond）经营的"大阳台"商铺、光学仪器商莫勒泰诺在圣奥诺雷公鸡路经营的店面及位于特拉瓦十字路口的比扬奇遗孀店。

漫步王家宫殿的游人还可观赏剧院演出。宫殿里的主要剧院有两个：一个是博若莱剧院，它原来专门演出木偶戏，后来改演有旁白的儿童剧（又称"童伶剧"）；另一个剧院是1784年从大道商圈搬来的综艺剧院。这些剧院都拥有数百个座位，除此以外，观众还能看到一些小型的童话剧目和说教剧目，譬如，多米尼克·塞拉芬表演的中国皮影戏、卡斯塔尼奥表演的正宗意大利舞台玩偶戏和法国矮人玩偶戏及泰西埃表演的教育剧"儿童百诫"。此外宫殿里还开设了不少新奇玩意店，大受公众欢迎。譬如，解剖师菲利普·库尔提乌斯开设的蜡像馆。该馆就坐落在博若莱剧院隔壁的8号商铺位，且在大道商圈还有分馆。另外在44号商铺位的二层，设有魔术师弗朗索瓦·佩尔蒂埃的机械物理及水力演示屋，不久后改为米歇尔·阿当松[a]的自然博物陈列馆。还有就是木制回廊里的一些小型展示（比如，半裸的蜡像"美人祖利玛"、巨人巴特布罗特）和没那么文雅的机械弹子游戏。

其实人们来王家宫殿不只是为了观赏，也是为了吃喝玩耍、谈天说地，或者猎艳。在宫殿拱廊的底层和地下设有各色饭庄和咖啡馆。较著名的有花园改建前就已开业的富瓦咖啡馆和酒窖咖啡馆，以及后来的科拉扎咖啡馆和机械咖啡馆。路人可以来此喝上一杯烧酒或品上一杯咖啡，老主顾们则习惯来此读报小

---

[a] 米歇尔·阿当松（Michel Adanson，1727—1806），法国博物学家，他在植物学、动物学、地理学、种族学和生物分类法方面多有建树。

憩。某些咖啡馆还有赌场或表演。就拿酒窖咖啡馆来说,马耶尔·德·圣保罗[a]曾有如下的描述:"这里充斥着五花八门的政治谋划、思想火花、道听途说,以及形形色色的活动家、金融交易商、投机家和好高骛远的闲散人等。"这家咖啡馆的前身是一座黑洞洞的旧酒窖,经改造后华丽变身为一间点缀有音乐大师胸像、立面镜子和两幅大型风景画的美丽长廊。摆放着孟格菲兄弟奖章的大理石桌面上用金色字体写着:"这张桌子曾见证了两次预售活动:第一次是1783年7月28日为再现阿诺奈气球升空活动推出的表演预订;第二次是1783年8月29日孟格菲兄弟创举纪念章的预售活动。"在咖啡馆的楼上设有一系列沙龙、俱乐部和棋牌协会,如拱廊沙龙和国际象棋之友俱乐部,还能看到一些上流社交的团体,如由共济会奥林匹克分会成立的同名俱乐部。此外,还有一些文人学者团体,譬如,艺术沙龙就把它的阅览室设在酒窖咖啡馆的楼上。最上面的楼层则是娼妓的世界。[5]

1786年,已成为奥尔良公爵的菲利普组织了一场筹款活动,他准备在宫殿花园中央建造一座大型地下马戏场。据他的期许,马戏场一旦落成,将成为整座"商家宫殿"的焦点。马戏场呈椭圆形,采用顶部照明,用于承接各种舞会、音乐会和马术表演。马戏场四周环绕着饰有爱奥尼亚式列柱的两层回廊,回廊顶上是一个露台,设有若干亭阁。马戏场采用坎凯油灯照明,场内配有小卖部、一间艺术展室、两间台球厅、一间大咖啡馆及一间餐厅。总之,这座马戏场模仿了香榭丽舍古罗马竞技场的风格,也

---

[a] 马耶尔·德·圣保罗(Mayeur de Saint-Paul,1758—1818),18世纪末法国演员、剧作家和剧团老板。

借鉴了巴黎圣殿镇街的阿斯特利（Philip Astley）英式圆形剧场的特色。不过当它于1789年开业时却赶上了最糟糕的时局，生意遂一败涂地。到了1790年，大革命中的真理之友会开始在马戏场集会，意在将各种博爱性质的团体联合到一起。1792年这里又设立了工艺学园。最终，马戏场毁于1798年的一场大火。

其实马戏场的破产仅仅是一个突发的不幸事件，真正令人惊叹的是，多年来王家宫殿的经营取得了持续的巨大成功，于是它很快就变为了一种象征甚至一种神话。游人从四面八方慕名而来，评论家们则把王家宫殿描述成一个集知识、娱乐、丑恶于一炉的地方。在梅西耶看来，该宫殿是整座巴黎城世事百态的缩影，它宛如中国的微缩景观，体现了于方寸之间尽显大千世界的思维。卧底揭秘作家雷蒂夫常在晚间盘桓于花园回廊，尾随那些妓女以探知各种秘闻再将之曝光给自己的读者。实际上，整座巴黎城的生活皆被搬上了王家宫殿的舞台。在这里，纯洁与污浊并存，上流和底层共舞，各个阶层的世间百态尽数得到体现。梅西耶进一步说道："在这里，腥臊之术竟与高深的科学并存。淫荡的遮羞布竟堂而皇之地和外科器械并排挂在一起，后者正是前者排忧遮丑的必需之物。"[6]

总之，这些放肆的交际行为，不论确有其事还是虚构杜撰，都体现出王家宫殿作为不间断的物品及讯息交易地的特质。在这一方得到奥尔良公爵家族庇护的公共社交宝地之中，各色艺术家、政客、投机家、搞笑师和奢侈品生意人济济一堂，成为凡尔赛政府的一个不折不扣的市井讯息桥头堡。这里制造着舆论，催生着一个充满了实干精神、利己主义和追求享乐的现代巴黎。正是这种方寸间尽显大千世界的特质赋予了王家宫殿奇幻无穷的魅力，使它成为从雷蒂夫到巴尔扎克这些著名作家灵感的源泉。

气球升空表演

王家宫殿就是巴黎百态的缩影，也是该城市张扬精彩的体现。通常而言，用各式各样的庆典、笔直的林荫大道和宏伟的建筑将都市打造得异彩纷呈，目的不外乎是歌颂政府和彰显等级的尊卑。巴黎作为王权的践行之地更是遵循着这样的思路。1750年后的各项大型城改项目，譬如，路易十五广场的改扩建工程（广场南端至路易十六桥、西端至香榭丽舍大道、北端至马德莱娜教堂）就充分佐证了王权一向重视在城市里强化其烙印。尽管如此，当巴黎给居民和外来者作展示时，最令人心动的并非那些纪念性质的宏伟建筑，而是巴黎市民生活打造出的那些形形色色的短暂痕迹，它们既是布告、招牌、橱窗、街灯，又是各种气息、喧嚣和车水马龙。在那个年代到过巴黎的人无一例外地会提到大道小巷的嘈杂不堪和人声鼎沸。其实这并不稀奇，因为巴黎自古如此。如今这一切只不过变得更加绚丽了，它的市井积淀愈加深厚，市民也愈加老到、愈喜社交，且愈加关注都市百业的各种资源及其作用。这种升华与公众舆论空间的出现不无关联。与此同时，城市集体开始自发地产生，并逐步自觉地发展起来。城市集体把自身视为一个鲜活存在的实体，它有自己的思想和喜怒哀乐，并渐渐升格为一种自为的政治实体。

科学伴随着这一现象登上了舞台。它常常被当成都市文娱演出的节目，给人古灵精怪甚至偶有掺假的感觉。在王家宫殿里进行的气球升空探险便是一例。1783年7月28日，福雅在酒窖咖啡馆组织了气球升空表演的预订活动，浮空器的制造仅用了不到一个月时间，从而在与刚到达巴黎的雅克-艾蒂安·孟格菲的竞争中抢得了先机。8月27日，氢气球第一次升上了巴黎的天空。该气球直径十二英尺，球体采用塔夫绸制作，表面涂有弹性橡胶。此前为了制作氢气，罗贝尔兄弟按惯例将硫酸倒入铁屑中。该过程十分危险，必须认真小心。整个操作是在夏尔的实验室里进行的，这个实验室就位于王家宫殿附近的胜利广场。四天后，气球升至距地面一百英尺的高度，引得大批好奇的群众前来围观。

鉴于气球赢得了太多的预先关注，组织者决定将升空表演从原定地址（位于佩里叶兄弟在夏乐的私产）移到马尔斯校场。于是气球于8月26日夜间至27日凌晨在警队的护卫下穿过巴黎的大道小巷来到目的地。升空当天，近十万民众人潮汹涌，争相前来见证气球离地那难忘的一刻。预订者及特邀嘉宾位于前排。其他观众则拥挤在塞纳河的码头及对岸夏乐的山岗之上。到了下午五点，随着一声炮响，气球在雨中升空，两分钟后即消失在云中。前来观看的不仅有好奇的群众，更有多位科学院院士。工程师莫尼叶在来自科学院的天文学家达日莱[a]、勒让蒂尔和若拉的协助下，前来观测气球的飞行轨迹，以检验物体在流体阻力下的运

---

a 达日莱（Joseph Lepaute Dagelet，1751—1788），法国天文学家和钟表师。他参加了拉彼鲁兹伯爵的环球航海勘探活动，并因此在南太平洋所罗门群岛附近去世。

动定律。但由于天气不佳，他们的测量未获成功。气球在戈内斯着陆时引发了当地农民的惊慌[7]。

这次升空的宣传者是福雅，操作者为罗贝尔兄弟，气球浮空器的发明者则是雅克·夏尔。夏尔出身上流社会且雅好音乐，据传为卡斯特里公爵的私生子。1780年，夏尔可能是在富兰克林的鼓励下开设了实验物理公共课。当夏尔的丝制气球于1783年8月27日升空，享有政府资助并受科学院监管的艾蒂安·孟格菲还在圣安托万镇的雷韦永制造工场制作他的纸气球。9月19日，他的这套装置终于完成并随即被车运到了凡尔赛。人们将一只公鸡、一只鸭子和一只羊放入了气球，这个浮空器遂在大臣庭院升空并达到了一千五百英尺的高度，随后降落在沃克雷松。

从这一刻起，孟格菲式热气球与夏尔式氢气球的竞赛便开始了。哪个能率先带人类升空呢？从8月30日开始，夏尔的竞争者登场了，这是一位名叫彼拉特尔·德·罗齐埃的来自巴黎科学演示界小圈子的人士。此人自告奋勇地向科学院表示愿意充当首个载人浮空器的试验者。10月15日，他在巴黎大主教和警察总监的见证下，于圣安托万镇登上孟格菲式气球进行了升空表演。其实艾蒂安·孟格菲在此前已低调地进行了一次载人升空试验，在此后的几天里，他又在位于蒂东奇趣园的雷韦永制造工场里进行了几次有绳索固定的升空。接下来就要看放飞载人气球的旅行能否成功了。到了11月21日，阿尔朗德侯爵和彼拉特尔·德·罗齐埃在穆埃特城堡花园乘气球升空。气球带他们飞过了巴黎南部上空。最终两位航空者在鹌鹑丘毫发无损地着陆。

孟格菲团队实现了首次载人升空，夏尔团队也并未无所事事。在穆埃特升空的前两天，罗贝尔兄弟通过《巴黎日报》宣称要制作一个能搭载两人升空的氢气球。该项目的资金通过预订观看筹措，带头支持预订的就是巴黎警察总监勒努瓦。这次氢气球的体积是马尔斯校场那次的十倍。气球依靠阀门和压载物控制飞行高度，并配有用于测量的气压计。12月1日，这次"随风飘荡式"的升空表演在杜伊勒里花园进行。升空的当天，据传几乎半个巴黎城的老百姓都前来围观，气球被人海簇拥，预订者照例坐在第一排。夏尔和罗贝尔兄弟中的弟弟尼古拉·罗贝尔一同进入气球吊篮开始升空。整个飞行持续了近两个小时。沙特尔公爵和好友菲茨-詹姆斯公爵扬鞭策马紧紧跟踪空中的气球，直至其降落在内勒的草坪上。随后小罗贝尔离开气球，夏尔则独自再次升空以完成一些物理和气象观测工作。仅搭载夏尔一人的气球升至近三千米的高度，他的耳边冰风刺骨，眼前景象惊悚壮观。痛苦的经历使这位物理学家对升空探奇之旅失去了兴趣，此后他的脚再也没有迈进过气球吊篮[8]。

更何况，当年不论是正牌的学者还是冒牌的学者，都对空中旅行持反感态度。就拿首位航空人员雅克-艾蒂安·孟格菲来说，他从一开始就对广告宣传采取回避的态度。夏尔把杜伊勒里花园升空表演的前后组织工作交由助手罗贝尔兄弟去做。科学家莫尼叶虽然构思了浮空器的飞行原理，但始终没有迈入气球吊篮一步。当年的人们认为，只有那些半吊子的科研人员、机械师、玩家、冒险者才会去搞升空活动。浮空科技也被归入商演和娱乐类等追求经济效益的产业，成为各游乐园经营的一个特色项目。在有名的物理学家中，只有盖-吕萨克[a]和毕奥[b]于1804年在巴黎进行过一些纯科研性质的升空活动[9]。

巴黎王家科学院浮空器委员会在1783年12月23日提交的相关报告中赞扬了热气球浮空器和氢气球浮空器的各自优势。为此，雅克-艾蒂安·孟格菲荣获科学院通讯院士头衔，还有一枚奖章和一笔奖金，他于1784年6月回到阿诺奈与兄长共享殊荣。雅克也荣获了多项荣誉。1785年，他获得了国王赐予的一套位于卢浮宫的房间。在浮空器科学创始人称号的光环下，夏尔后来的物理学演示课办得红火兴旺。

全民的科学

通过观摩气球升空，老百姓亲身参与到了科技表演之中。从这个角度而言，浮空器的飞行试验翻开了大众认知的新篇章：科技除了让人们领教了氢气的作用外，还在众目注视之下将人类送上了天空，展现了一幅人类可以通过不断超越自我而无止境地完善自身的美好愿景。由此，科学表演及其壮举取代了自然景象在人们心中的分量。与此同时，艺人的戏法表演也让位给发明家和探索家的成果展示。就拿气球升空来说，它一面彰显了科技的巧夺天工，一面又近似传统的街头表演。它带来的节庆气氛吸引

---

[a] 盖-吕萨克（Joseph Louis Gay-Lussac, 1778—1850），法国化学家、物理学家，以对气体属性的研究著称。

[b] 毕奥（Jean-Baptiste Biot, 1774—1862），法国物理学家、天文学家和数学家。

大众置身其中，与科技相知相融，并点燃了一种集体激情。就这样，科学活动完全进入了人民群众的观念。

然而，不管怎么说，在航空领域，围观者的参与是完全被动的，毕竟能升空的幸运者极少，其他人只能满足于翘首欣羡。但是，像夏尔这样的物理演示家能给予观众更多的东西。他们通过寓教于乐的方式汇入了启蒙的时代大潮中。实际上，文化科普教育正是18世纪社会的一大主色调。它一方面折射出那个时代人们内心深处的乐观情绪及对人性的满满自信，另一方面又体现出他们与基督教宣传的人性堕落和悔罪思想的全然决裂。基于这种乐观思想，大家相信人性本善，进而推导出人类可以通过个体教育或集体教育的方式完善自我的结论。科学理应担负起这一启迪大众的教育使命。于是从巴黎到外省，带有启蒙性质的科普活动在各种专职或文娱性质的教育机构里遍地开花，物理演示老师们更是责无旁贷地投入其中。

在18世纪末的巴黎教育环境中，公共课是一大普遍现象。巴黎开课之多、门类之广，足以使其荣膺科学之都的美誉。蒂埃里[a]就曾在他的《巴黎旅行家年鉴》一书中说道："从未见过拥有如此多样化教育资源的城市。"那时候的人们既可以去诸如王家植物园、法兰西公学院这样的官方机构聆听免费课程，也可以预订像学园这样的私营机构课程，还可以购买广告和报纸上刊登的众多私人课程。对于许多外国人来说，来巴黎求学与其说是冲着这里大学的名气，不如说是冲着这里五花八门的讲堂。种种课程

---

[a] 蒂埃里（Luc-Vincent Thiéry，1734—1822），18世纪法国律师兼旅游指南作家。

形成了一个细密的教学网，听众们大可根据个人的需求、喜好和方式，依次去旁听各门各派的课程[10]。

这一科普教育市场与知识的自由传播空间是相辅相成的。公共课程的教授内容是多种多样的，既有作为正式课程补充的职业技能培训课，也有寓教于乐的科技表演课。虽说这些课程的预订费有高有低，但它们走的都是受众多元化的思路。听众里既有学生也有好奇者，既有专业工作者也有业余爱好者，而且老少咸宜，甚至男女不限。在专业培训的公共课中听众最多的当属外科手术课、解剖课和产科课，它们大都开设在拉丁区。譬如，外科医生德索的课程人气就很旺，他的私人大教室位于巴黎的洗衣妇街，去那里听课的学生曾多达一次三百人。听众中也包括一些不惧怕解剖场面的好奇人士。此外，公众对化学的兴趣也催生了各种细分的化学公共课，听众同样既有专业人士也有发烧友。富克鲁瓦执教的课程便是18世纪80年代巴黎名气最大的化学课程之一。讲授地点在他位于圣母院广场的私人实验室。讲课地后来迁至布尔多奈路。1785年后，他在课上对拉瓦锡的新化学理论做了科普[11]。

相比化学而言，物理就更能调动那些猎奇者的胃口了。夏尔那间精美的物理实验室每年都会在《巴黎日报》上刊登两期课程的开班广告，一期在12月初，另一期在3月初。由于夏尔口才甚佳加上他的物理设备精良，所以课程吸引了大批上流社会的听众且多为女士。夏尔利用他的"放大设备"投影图像，还做过数次电学实验。他在大革命期间虽一度中断了课程，但还是安然度过了那段动荡岁月。1792年1月，他将自己的收藏献给了国家。

他的实验室则从胜利广场迁到了卢浮宫，后又在1807年搬至工艺博物馆，我们今天还能在那里看到它。

夏尔虽未发表过任何著述，但却赢得了科学界乃至全世界的赞誉。他的成套物理设备多达三百余件，十分精良。造访过他实验室的范马勒姆曾对其光学仪器大加赞赏。在大革命期间，夏尔被任命为法兰西学会第一学部实验物理科的常驻院士，于是他于1795年在卢浮宫重新开课。1804年，他与比他小三十多岁的年轻姑娘朱莉·布绍·德埃莱特结婚，并搬离了已变为博物馆的卢浮宫。此后他便放弃了教学，仅从事少量与院士有关的工作。离开卢浮宫后，夏尔夫妇把家搬到了小奥思定会街。1815年后，这一家又迁至学会宫拨给他们的一间套房。朱莉在那里办了一个沙龙，诗人拉马丁曾来此拜访。此前朱莉在艾克斯莱班湖边修养时结识了诗人。拉马丁将夏尔夫人称作他的"艾薇拉"（Elvire）。物理学家夏尔于1823年去世，此时他那位与拉马丁相恋的妻子已然离世四年了。临终前的夏尔早已变为一个消失时代的遗民，曾几何时巴黎大众是那样地痴迷于科学，现在这一切都成了久远的记忆。

物理表演家

在大革命前夕，虽说夏尔是巴黎物理表演圈的老大，但他并非唯一从事此类工作的人。当时有数十位自称"物理学家"的人一边做表演一边开课招生，他们彼此间常为吸引顾客而激烈竞争。在当年若想成功靠的是两件法宝：名气和才能。名气来自具有社会公信力和文化影响力的官方机构的抬举。于是各家都追求来自国王、王家科学院、巴黎大学或某个王公及权威学术机构的承认，往往仅靠编造就可瞒天过海。譬如，彼拉特尔·德·罗齐埃就谎称早年曾是林堡亲王的首席药剂师；再如，魔术师约瑟夫·皮内蒂也自称是普鲁士国王的御用魔法师。

须知，在那个年月里，可不光骗子才干假冒头衔的勾当。从道理上讲，声誉好坏应立足于扎实的科学原理，实际上却常常是光鲜的外表说了算。因为老百姓感兴趣的是闪亮的效果、充满包袱的妙语、高大上的身份和精美的道具。就算需要些真本事，观众在乎的也仅仅是表演者出奇逗乐的才能而已，假如能造成瞠目结舌的效果那就再好不过了。虽说物理演示也属于公共课的一种，但与其说它是科学教育，倒不如说是表演。对于演示者来说，难就难在既要给公众展示奇妙的现象，又要向大家解释这背后的原理而不能哄骗观众。这是因为对于大众而言，物理演示和变戏法存在一条分明的界限：前者是在舞台上表现自然现象，后者则是伪造和夸张地歪曲自然现象。但令人气愤的是，江湖把戏常使群众将两者混为一谈。他们不断地把物理演示者错误地指责为可恶的骗子。

其实这些"物理学家们"的演示在内容上大同小异，都离不开机械和光电现象，无非是有时再加一点化学反应，并配以气体燃爆和磷光效果。他们之间的不同主要在于各自的身价、演出地点和所面对的观众群。传统上，这些演示者分为两类：一类是官方演示人，他们定居在拉丁区，并在学校里进行表演；另一类是巡回演示人，专门在展会上进行表演。随着新娱乐区和表演区的蓬勃崛起，出身集市的"物理学家"趋向于定居表演，并在不断拓展顾客群的同时，逐渐消除自己的表演型演示和那些教育型演示之间本就不太明确的界限。

  伴随这种变化的是观众群的逐步趋同。长期以来，演示者一直力图使自己的节目多元化，以适应各类顾客群体的需求。譬如，诺莱神父就既能给凡尔赛宫里的达官贵人进行表演，也能给纳瓦拉学院的听众及各军校的学生们做演示。他的对手、身为巴黎大学物理学演示老师的德罗尔也给军校学生做实验表演，此外他还在自己的私人实验室里给业余爱好者上观摩课。这间实验室起初位于吊刑广场，后迁至奥尔良码头。德罗尔的弟子尼古拉-菲利普·勒德吕就曾化名"科穆"，并借由上流社会的引荐，成功地在王宫里展示了他在集市上表演的各种拿手节目。不过，不同的顾客群之间基本上是没有交集的，长期以来，学院和集市这两种舞台间的鸿沟也是无法逾越的。

  然而，到了18世纪80年代，局面变得融通了许多。随着科技在大众生活中的走红，形形色色的"物理学家"纷纷涌现，大道街区和王家宫殿也成为社会各阶层鱼龙混杂的热络场所。面对这一新形势，一些本来安坐于拉丁区学府讲授演示课的老师们，也姗姗来迟地开始跟风下海了，他们中就有接替诺莱神父在纳瓦拉学院任教的布里松和专职在巴黎大学下属各学院执教演示课的鲁兰。实际上，在巴黎王家科学院对社会上泛滥的伪科学深表担忧的同时，市场从业者间的激烈商战也日益抬高了广告招牌和院所名家的地位。正是在如此背景下，我们一方面要看到气球升空所带动的全民科普热潮，另一方面也要关注官方科学院与所谓的江湖民科之间的争斗。

马拉就是这种争斗的最典型例证。这位未来的"人民之友"革命家早年曾获得（苏格兰的）圣安德鲁斯大学的医学文凭，后来到巴黎的圣日耳曼镇为富人患者看病，因此有了一些名气。当时他曾住在位于勃艮第街的奥贝潘侯爵夫人宅邸。据说，这位贵妇患有不治之症，幸得马拉妙手回春才迈过鬼门关，于是她成了马拉的保护人。1778 年，马拉在她府内建立了一间物理演示室，展开了火与光的各种实验。他的主要工具为一台从亨利·塞克斯店铺购得的光学显微镜。不久以后，马拉即通过马耶布瓦伯爵向巴黎王家科学院提交了他的科研成果，同时他还委托好友让-雅克·菲拉西耶神父[a]在位于圣奥诺雷路的阿利格尔府邸进行宣讲。

《巴黎日报》对这个"马拉讲堂"不吝溢美之词，巴黎王家科学院的评委们对马拉科研的态度却颇为审慎，他们始终回避做出明确的评价。可是马拉执意要其表态，他甚至请富兰克林出马以促使科学院给一个明确的说法。最终在 1780 年 5 月 10 日，由库赞[b]执笔写出了院方的如下评审结论：巴黎王家科学院无法"足够精确地"证实这些"基本上与光学常识背道而驰"的实验成果，且马拉的实验"也无法证明他本人想得到的结论"。因此，院方拒绝认可他的成果。怒不可遏的马拉越过刊物审查把自己的论文发表了出来，并叫道："如果需要经过评审的话，那么应该由开明而不带偏向的公众来做，我只把信任交给这样的评判。只

---

[a] 让-雅克·菲拉西耶（Jean-Jacques Filassier，1745—1799），法国农学家。
[b] 库赞（Louis Cousin-Despréaux，1743—1818），18 世纪法国通才型学者和文人。

有公众的评判才是最高的权威,科学机构也必须服从于公众的裁决。"[12]

不过马拉的声望并未因学院圈的拒绝而受损。他继续用自己的光学显微镜做着实验,并同时开始研究电学。马拉也拥有自己的弟子,譬如,他的好友钟表师宝玑、矿物学家罗梅·德·里尔、物理学家彼拉特尔·德·罗齐埃,以及到处听公共课且胸怀大志的年轻科学爱好者让-皮埃尔·布里索。1782年,富兰克林和伏特也屈尊来观看了他的物理学演示。鲁姆·德·圣洛朗[a]还卖力地为他谋取马德里王家物理实验室主任的位子。[13]

江湖术士还是物理学家?

因此从这一刻起,马拉的对手就不再是那些被他羞辱的院士了,他已不再给他们展示自己的科研成果。现在他要面对的是和他一样的科学表演界同仁。1781年,尼古拉·勒德吕的儿子不点名地控告马拉有剽窃行为。两年后,同为幻灯专家的雅克·夏尔又重提此事,他在自己的课上将马拉的理论与科穆(即勒德吕)的学说相提并论,并强烈抨击了前者。于是马拉又一次怒不可遏,他冲到了位于胜利广场的夏尔的讲堂上非要讨个说法。两人最后动起手来竟至于拔剑相向。我们姑且不谈马拉的人品性格问题,单从这起事件就可以看出当年整个巴黎科学表演界的角逐有

---

[a] 鲁姆·德·圣洛朗(Roume de Saint-Laurent,1743—1804),18世纪末法国殖民地官员。

多么激烈。马拉和夏尔都自称捍卫科学的一方,且强调自己和大道商圈里的那些"江湖术士"绝无相同之处。至于引发打斗的尼古拉·勒德吕事件,其实际情形要复杂得多。

我们在前文已经提到,18 世纪 50 年代末,勒德吕化名科穆并以趣味物理表演者的身份开始在圣殿大道营业。为了吸引观众,他使出了五花八门的技艺,尤其擅长利用磁石演绎出各种令人叫绝的效果。据狄德罗称,科穆最著名的把戏之一是"不借用可感知的任何媒介就能实现两人之间的讯息交流"。此外,他还有一条所谓知晓未来事的"美人鱼"。爱尔维修曾说,假若那个美人鱼机械"有和奇妙性同等的实用性的话",那么科穆真可称得上是一位科技天才。1778 年,数学家蒙蒂克拉也曾回忆道:"整个巴黎万人空巷,大家蜂拥前往他(科穆)进行表演的现场。"说到此,蒙蒂克拉又特别补充道:"不懂科学的观众们对他几乎是敬若巫神,科学家们则试图戳穿他的玄机所在。不过说句实在话,若想不到磁力这个主要因素的话,您根本不可能看出表演的任何破绽。"[14]

名声大噪的科穆终于引起了国王的注意,遂被召进宫专门为患病的太子表演解闷。于是他也结交了不少大人物,这些人无不试图看穿他的诀窍。1769 年,他的诀窍终于被邮政雇员埃德姆-吉尔·居约公之于众,但这并未影响科穆的成功。原因正如格林所写:"成败的关键在于表演手法。其实大家在乎的并不是背后的原理而是形式上的吸引力,形式决定一切。"[15] 后来科穆还带儿子一同在大道商业圈登台表演,有关其演出的消息则定期见诸报刊直至 1783 年。不过在魔法师的面具下,科穆还是一位物理学家，他一直试图在表演中区分科学实验和娱乐消遣。连蒙蒂克拉本人也承认，此前"还没有人能将如此丰富的物理学知识融入近乎魔幻的高超表演"。

18世纪60年代，科穆在旅英期间结识了拉姆斯登[a]与奈恩[b]，并调校了航海家使用的磁罗盘。后来，他还做了多次电学实验，且数次拜访像鲁埃勒和达尔塞这样的名家，同时在儿子的协助下在《物理报》上发表了若干实验成果。此外，因为他对电疗情有独钟，所以于1782年在玛黑区的玫瑰路建立了一所疗养院。他在院里采用电疗的办法给几位癫痫患者和其他神经系统疾病患者施治。到了转年的春天，科穆在一篇概论中阐述了电流对神经流施加影响的理论和实验。他的疗养院得到了政府的大力扶持。巴黎大学医学院的评委们在一审后也认可了这家机构。科穆父子获得了御用医生和巴黎大学医学院医师的称号。两人最终完全关闭了在圣殿大道上的物理学实验及表演室，并于1783年11月20日，在巴黎警察总监勒努瓦、富兰克林及其他众多嘉宾的见证下，郑重其事地将电疗疗养院迁入策肋定会修道院。

马拉与夏尔的争执发生在1783年3月，当时的科穆正在接受巴黎大学医学院的初步调查，这一情景显然并非出于偶然。人们本来就质疑一个变戏法的从业者是如何获得医学权威及政府机构的背书的。马拉与夏尔都否认电学的医疗功能，并一致认为勒德吕（科穆的真名）不过是个骗子。很显然，当夏尔把马拉和这个江湖术士相提并论时，马拉一定觉得受了奇耻大辱。巴黎大学

---

[a] 拉姆斯登（Jesse Ramsden，1735—1800），英国配镜商和精密仪器制造者。
[b] 奈恩（Edward Nairne，1726—1806），英国配镜师和科学仪器制造师。

医学院重新任命的评委班子在观摩策肋定会修道院里的电疗过程时，也基本持否定的态度。根据《秘史记》记载："他们把科穆这位法国医神所做的一切都看作是江湖骗术、魔术或戏法。在他们眼里，在修道院做演示的科穆和原先在商业街上卖艺的科穆没啥不同，不过是下九流而已。"尽管如此，勒德吕靠着宫里和大人物的支持，还是轻松地通过了审核。其实，这不过是由于另一位名气更大的同行——治疗师梅斯梅尔——树大招风，成为所有痛恨幻术的告发者的众矢之的。结果，电疗疗养院畅通无阻地开到了 1810 年[16]。

与勒德吕相比，其他的趣味型演示师就比较平庸了。哪怕是勒德吕的主要竞争对手弗朗索瓦·佩尔蒂埃，都远无法望其项背。其实佩尔蒂埃主要是一位机械师，他以研制自动设备而出名。佩尔蒂埃起家于展会集市，他先是在圣殿大道上开了一家铺子，而后开始到欧洲各国巡演，还曾进入维也纳和马德里的宫廷大放异彩。1769 年，工程师沃尔夫冈·冯·肯佩伦[a]在目睹了佩尔蒂埃为（奥地利女大公）玛丽亚-特蕾西娅表演的戏法后，发明了著名的行棋傀儡"土耳其人"，即一台假冒的自动行棋机。这台机器随后也开始了它的环欧巡演历程。佩尔蒂埃于 1778 年载誉回到法国，此时的他已然成为西班牙王子加夫列尔的御前机械师。佩尔蒂埃自称发明家，并于 1784 年在王家宫殿落脚。然而，一年之后他便卖掉了在那里的机械演示室，又缩回了起家时的圣殿大道。在 19 世纪最初的十年里，他还曾在圣安托万路营

---

a 沃尔夫冈·冯·肯佩伦（Wolfgang von Kempelen, 1734—1804），匈牙利作家和发明家。

业。除了他之外，还有那么几位物理器具制作商，他们主要是出于推销产品的目的而在各自的工坊里或多或少做些趣味表演。大部分物理戏法从业者都是在大道商圈或王家宫殿的剧场舞台上完成表演的。对于很多业内人士来说，巴黎不过是他们四处奔波中的一站。

原名朱塞佩·梅尔奇的意大利人约瑟夫·皮内蒂是在罗马开始他的国际演示生涯的。1783年，皮内蒂结束了他在柏林的表演后来到了巴黎。这位优雅的魔术师在枫丹白露落脚并开始为法国宫廷表演节目。据传，他后来又在位于贝热尔路的"娱乐节目单"剧院为"最上流"的观众表演。皮内蒂也曾演示过一些假冒的自动设备，譬如，一种名曰"小土耳其学者"的能猜出观众所选扑克牌的机器。他最精彩的节目大概是用枪击的方式把扑克牌钉在墙上。但对手们暗示皮内蒂欺骗了粉丝，还使用了占卜术。在科学家拉朗德和蒙蒂克拉的鼓励下，年轻的物理表演师亨利·德克朗[a]在其所著的《白魔法揭秘》一书中揭穿了相关的障眼法。作为回应，皮内蒂也出版了一本小册子，向公众介绍了一些沙龙里用于解闷的小戏法。此后他便离开了巴黎前往伦敦发展。一到英国后，他便自诩受到了整个法国王室的庇护！1785年2月，他又回到巴黎并在综艺剧团的舞台上表演。此后他又开始了巡演之旅，这次他到了西班牙和罗马，后又再次回到巴黎并在王家宫殿的大马戏场里表演。不久，他再次前往柏林，并最终于1800年在俄国了却一生[17]。

---

a 亨利·德克朗（Henri Decremps，1746—1829），18世纪法国魔术师。

7

第七章　发明

INVENTIONS

博马舍的作品《费加罗的婚礼》(又名《狂欢的一天》)是巴黎戏剧界的一大成功。此剧在长期遭禁后终于在1784年4月27日由法兰西喜剧院的演员们搬上了舞台。它明亮欢快的基调赢得了大众的狂热追捧，老百姓尤其乐见该剧对裁决者和特权的耍笑。王室观看后也觉得甚为有趣。其他达官贵人亦争相前来欣赏。这部剧在上演的第一年便创下了七十六场次满座的佳绩。这一成功也让新的法兰西喜剧院一举成名，两年前剧院在圣日耳曼镇开业时曾由王后亲自揭幕。

当年，该剧院位于卢森堡宫附近，由建筑师马里-约瑟夫·佩尔和夏尔·德·瓦伊设计，并由王弟普罗旺斯伯爵资助建造。该剧院将观众空间的便利宜人与向戏剧艺术致敬的庄严肃穆有机地结合在一起。建筑周围则辟为马车经停道。每个拱廊上都标有数字，"便于主仆在散场时可以很容易地在相约的数字标注地点找到对方"，每个拱廊下都设有商铺。另外，还设有一台泵、一些蓄水池和一道可以随时用来隔离舞台的铁幕，以作防火设施。演出大厅预计可容纳近两千名观众，设计舒适并令人赏心悦目。大厅为意大利式的环形剧场风格，设有包厢、装饰华美的舞台口及位于底层前排的观众座席[1]。

剧院的照明也别具匠心：由蜡烛代替了楼梯扶手上的小油灯，并设有一个分枝吊灯以照亮演出大厅（分枝吊灯象征着被黄道十二宫环抱的太阳）。这个吊灯设计独特，它的上方配有一个反射镜，可将光线照到下面或舞台上。那些蜡烛可能被安置在观众看不到的地方，它们的光照射到吊灯上，吊灯则将其化作万道光芒射向大厅。这一设计的灵感直接来自1781年11月拉瓦锡在科学院开放会议上所做的关于演出大厅照明方式的讲座。

化学家拉瓦锡对使用反射镜来改善大型公共空间的照明效果颇有研究。他曾提出，鉴于普通吊灯会遮挡部分观众的视线，可换用"隐蔽在天花板夹层里的椭圆式反射镜"照明。这种设反射镜的天花板还可起到通风的作用。在科学院讲座结束后的几个月里，拉瓦锡在昂吉维莱尔伯爵的支持下做了一系列照明试验。试验在一个"模拟演出厅"进行，该厅由卢浮宫的绘画陈列厅改造而成。尽管试验结果喜人，但拉瓦锡未能在此项科研上再接再厉，而是将成果给予艺术从业者，也将反射镜吊灯的优先发明机会留给了佩尔和德·瓦伊。这两位也声称他们早就有此反射镜的构思了[2]。

拉瓦锡对反射镜的研究充分体现了18世纪的巴黎科学家们对公益问题的关注。巴黎王家科学院就十分重视那些对社会有实际用处的发明创造。自成立伊始，科学院的一项基本任务就是改进各种工艺，并鉴定新机械和新工序。全国的发明者和工艺师都渴望得到它对自己试制成果的审批，因为这意味着官方权威科学机构对自己构思的认可，能有力地说服公众。更重要的是，审批书可以成为他们寻求资金赞助和各种扶持的敲门砖。若成果得不到审批，则难以获得政府的特许证，此证相当于今天的发明专利证。因此，科学院院士还能对政府的产业扶持政策起到决定性的影响。当涉及重大公益或私人商业利益的发明当事人之间出现纠纷或竞争时，也有可能请院士们来仲裁。在这方面，坎凯油灯的发明公案就是一个明明白白的例子。

坎凯油灯

新的法兰西喜剧院在落成之初曾为改善照明效果做过很多徒劳无功的努力。当年演出大厅开业之际，格林就在《文学通讯》中调侃道："大厅的吊灯就算个头再大，厅里也总是不够亮。人们根本分辨不清不同排包厢里的事物。在昏暗光线下的人和物都模糊一团。那些精心打扮来到剧场争辉增艳的女人们只得静下来享受她们本来最不在意的事，那就是认真地看剧听戏。"建筑师们干脆就在大众的眼皮底下继续试验着各种照明办法。最终演员们忍无可忍了，他们要求终止这些没完没了的试验，并叫停了正在现场调试照明的工人。正在一筹莫展之际，坎凯和朗日两位先生向法兰西喜剧院公司提交了他们的新发明，该项发明有望大幅改善照明的效果，因为他们提出了带有中空灯芯的油灯照明方案，亮度可达到烛光的十倍[3]。

1784年3月5日，也即《费加罗的婚礼》上演前的一个月，剧院进行了这种新型油灯的照明试验，效果相当不错。于是，在一个月后《费加罗的婚礼》的首演式上，演出大厅的吊灯安装了四十盏坎凯式油灯。这样一来，大家既可以在大厅里读书又可以相互看见，观众们都很高兴。然而遗憾的是，明亮的光线也给某些人快速抄袭台词以便发表盗版作品提供了良机！此外，新型光源还有其他的不足之处。虽说大家不再抱怨光线暗了，但却开始担心灯油滴下来，还怕万一灯罩破裂，玻璃会落到观众席上。后来的历史证明，这些问题过了若干年才得以解决，直到那时油灯才最终在剧院照明领域取代了蜡烛[4]。

对于发明人坎凯和朗日来说，法兰西喜剧院采用新型油灯是一个重大的"利好消息"。当时这两位刚在科学院展示了此项发明，同时也在《巴黎日报》上发布通知，邀请公众到位于圣奥诺雷路的达盖尔家中观看他们的新产品[5]。一向求新的彼拉特尔·德·罗齐埃则立刻在他的博物馆里使用了这种灯。当王家宫殿的咖啡馆也用它照明后，整个室内笼罩在"柔和的朦胧色调中，它使美丽更显迷人，使丑陋也变得颇具几分风韵"。私人家庭也争相购买。总之，新型油灯迅速获得了巨大的商业成功。连刚到过巴黎的杰斐逊也在他的美国朋友们面前提及这种照明设备的火爆人气[6]。

然而，从1784年11月起，两位发明者却公开闹僵了。那位喜欢人家尊称他"朗朗红日"的朗日先生抱怨说大家把他的大名给忘了。他生气地说："我到处都只听到人们把这种灯叫坎凯灯，怎么没人管它叫朗朗红日灯呢？我觉得这么叫才更顺耳呢！怎么说大家也不该忘记我是发明者之一吧……"[7]可是不久，坎凯便不顾朗日的抗议完全占有了整个发明,他最终将合作者的名字全然抛在了脑后。其实另有一位人士更有资格表示不满,那就是阿米·阿尔冈[a]。阿尔冈早在一年前就向巴黎官方展示了他研制的中空灯芯油灯,坎凯和朗日的灯似乎不过是对其发明的抄袭。

这三位真真假假的发明者还是老相识了。1783年夏末之际,他们三人不是还一起参观了孟格菲在雷韦永制造场制作的气球吗?当大家都围着飞行器兴奋地叽叽喳喳时,坎凯和朗日不动声色地了解到阿尔冈的油灯发明。这两个合伙人并不否认此事,但都发誓绝未越轨。阿尔冈给他们看了自己的灯,但没有透露工作原理。这两位应该是凭自己的能力找到关键之处并改进了发明。在后来谁是真正发明人的争吵中,主要关系到的是商业利益,三个人其实各有道理但也各有理亏之处。在具体分析此事之前,让咱们先介绍一下这三位可能的发明人[8]。

坎凯和阿尔冈

在法国,人们把这种油罐灯称为坎凯灯,它得名于巴黎的药剂师安托万·坎凯。此人生于苏瓦松,其父为食品杂货商。早年的坎凯曾在不同的药房里打了十余年的工,特别是在科学院院士兼巴黎著名药剂师安托万·波美的药房里工作了很长的时间。

---

a 阿米·阿尔冈(Ami Argand, 1750—1803),日内瓦物理学家和化学家。他将传统油灯的灯芯从平铺改为圆筒状,提升了灯油和灯芯的燃烧效能,由此发明了"阿尔冈灯"。

1779年，坎凯终于在小麦交易厅大门拐角处的甜菜市场路买下了一个药店。他还曾去日内瓦的科拉东药房工作过一段时日，与当地的药剂师同仁颇有交情。他曾在那里帮助同乡皮埃尔-弗朗索瓦·廷格里[a]工作。廷格里于1773年搬到了日内瓦，并在那里成为一位著名的药学家和博物学家。因为两人有这层关系，所以两年后，当日内瓦钟表匠之子、年轻的阿米·阿尔冈前往巴黎学习科学时，他随身携带的介绍信既有写给拉瓦锡和富克鲁瓦的，也有写给坎凯的（由廷格里亲笔签署）。

1783年是坎凯人生的转折点，此前他一直在为自己的生意而奔忙，到了这一年，已近不惑的他搞起了科研。坎凯的主攻方向是电学，特别是大气电学，正因如此他对升空技术非常感兴趣，并参与了1783年7月28日福雅为夏尔氢气球组织的预订活动。在同年的9月4日，也即凡尔赛气球升空表演的两周前，坎凯在一次药学公学院的公开讲座上展示了自己的一篇论文，论文声称他利用电制出了人造冰雹和人造雪。如此一来，坎凯觉得自己不但把年轻人阿尔冈的相关理论付诸了实践，还对它做了拓展。与此同时，他拿走了这位年轻人更加实用的一个创意，即阿尔冈的新型油灯原理。

这个发明创意是阿尔冈在远离巴黎的朗格多克想出来的。1775年阿尔冈来到首都巴黎后，逐渐有了名气。他在聆听各种公共课的同时，也向科学院提交了一篇有关电是冰雹成因的论文。此外，他还在罗杰神父的《物理报》上发表一些专题文章，

---

[a] 皮埃尔-弗朗索瓦·廷格里（Pierre-François Tingry，1743—1821），日内瓦化学家、药学家，生于苏瓦松。

并亲自教授化学课。1780年，阿尔冈与兄弟让来到了法国南部的蒙彼利埃附近，在那里他根据自己发明的新工艺建起了一座烧酒蒸馏场，车间就设在朗格多克司库官暨科学发烧友儒贝尔的庄园里。为了车间夜晚照明的需要，阿尔冈专门设计了一种新型油灯，其特别之处在于喷火嘴的设计，我们今天把它称为"阿尔冈喷嘴"。它由两层同心圆状的管子构成烟道，并导入环状灯芯。灯芯的高度由一个小轮轴来调节。该灯虽然简单却大幅提升了照明亮度。1782年，这种新型灯一经问世便在朗格多克地区受到了欢迎。儒贝尔回到巴黎后便把这种灯的样品呈给财政总监。诸位商贸督办官闻讯后也纷纷要求来看新鲜，他们还请化学家马凯来给它做鉴定。

1783年夏天，阿尔冈离开蒙彼利埃北上巴黎，那么他这次到首都是为他发明的蒸馏新工艺洽谈特许权或发明报酬，还是为他的新型油灯寻求投产的可能呢？虽然行色匆匆，但阿尔冈没有忘记在途经阿诺奈时稍作停留，他的朋友孟格菲兄弟不久前刚刚在这里完成了他们的首次气球升空试验。以前在巴黎时阿米·阿尔冈可能就已认识了雅克-艾蒂安·孟格菲。另外，雅克-艾蒂安的哥哥约瑟夫-米歇尔·孟格菲曾在阿维尼翁构思热气球升空的梦想，阿尔冈很可能就是在那段时期里结识了约瑟夫。总之，阿尔冈与孟格菲两兄弟不但性格投缘而且志趣相仿，这使他们走到了一起。况且大家都是搞科研的人，所以他们很可能已经就热力功效及其应用的思路和设想做了充分的交流。

在1783年7月11日，雅克-艾蒂安·孟格菲在名副其实的好友阿尔冈的陪同下乘马车前往巴黎，以便应邀展示有关浮空器的发明。一到巴黎，阿米·阿尔冈便怀揣着由自己发明并请蒙彼利埃马口铁匠制作的油灯样品开始了推介活动。同时，他还积极参与了浮空器的试验，不但协助夏尔和罗贝尔兄弟制造了氢气，更帮助雅克-艾蒂安·孟格菲在雷韦永的工场里制作了气球。阿尔冈自然也没忘记再次联系坎凯，请他一起去梯同奇趣园协助气球的制作。很可能就是在这个场合下阿尔冈向坎凯透露了他的计划，特别是有关蒸馏技术和油灯技术的想法。因为在阿尔冈看来，坎凯有着长达十五年的丰富工作阅历，他既给波美药房打过工，又有自己开店的经验，想必能给自己提供真知灼见。

药剂师坎凯也确实给阿尔冈介绍了一位客户，他就是食品杂货商安布鲁瓦兹·博纳旺蒂尔·朗日。朗日当时住在小桥路，是一位专业的蒸馏酒商，此外他和坎凯一样，也是电学发烧友。阿尔冈和朗日见面的首要话题也许是蒸馏新工艺，但也谈到了油灯。据坎凯称，阿尔冈想把自己的技术诀窍卖给"食品杂货圈子"。在此事上，坎凯很可能故意把两项发明混为一谈。可以肯定的是，作为巴黎的生意人，他和朗日都对新油灯特别感兴趣。总之，满怀好奇心的朗日便随坎凯一起来到了雷韦永的工场。事后，制造场督察阿贝耶指控这两人"对阿尔冈先生的技术诀窍及发明装置表现的态度并非简单的好奇心，他们用尽了心机和最大的耐心把这些东西剽窃到了手中"[9]。阿贝耶还说，福雅、艾蒂安·孟格菲和雷韦永都可以为此作证。

阿尔冈的失败

阿尔冈本人当然也担心科研成果被偷窃，所以他一直很小心地保守着自己的技术诀窍。而且，无论是在与官方洽谈发明报酬时，还是在争取相关的经营特权时，抑或是在和制造商谈判出售技术时，他都表现得小心翼翼。不过作为发明人，他也同时希望能进一步优化自己的油灯。譬如，很长一段时间以来，他大概始终有给油灯添加一个玻璃通风罩的想法。为此他结识了物理器材制造商安托万·阿西耶·佩里卡，可能是经由坎凯介绍的。

需要说明的是，油灯的机械原理非常简单，但其制造却很不容易。金属部分的制作须严丝合缝，而且要求很高水平的焊接工艺，才能保证不漏油。特别是做通风罩的玻璃得十分耐热，须采用在巴黎很难找到的火石玻璃。为此，阿尔冈觉得须到伦敦请专门的工人，甚至需要找一些合伙人才能落实这个他在刚离开蒙彼利埃时就该做成的项目。于是他在1783年11月初，也就是在彼拉特尔的气球升空活动之前，就去了英国。很快就有一些英国人对他的新型油灯产生兴趣，譬如镜子商帕克及制造商博尔顿[a]。其实在英国他的权益最终也被人侵犯，对此本书就不一一赘述了。我们还是关注同一时期在巴黎发生的事吧。

正如人们所看到的，在阿尔冈出国期间，坎凯和朗日在巴黎开始了新型油灯的商业投产。虽然两人必须承认已有阿尔冈的发明在前，但他们借口自己发明了灯上的玻璃通风罩，并借此向巴

---

[a] 博尔顿（Matthew Boulton, 1728—1809），18世纪末英国工业家，瓦特蒸汽机的合作制造人，铸币技术现代化的实践者。

黎王家科学院申请官方的认证。不久他们的第一批灯具就开始装配在公共场所和富家豪宅之中。虽说这批由巴黎白铁场制作的产品性能还有待提高，但大街小巷的人已张口闭口地把它们称作"坎凯油灯"了。此时的阿米·阿尔冈还耽搁在伦敦，正为寻觅制作新油灯的合作者而艰难奔走着。他根本无暇顾及与法国的竞争对手就产权和发明市场的权限等问题争长论短。不过，他的弟弟让在艾蒂安·孟格菲的支持下，走了财政总监卡洛纳的关系为其讨公道。此事发展到1784年底已变得很不明朗：成功注册了专利的阿尔冈已在英国与合伙人一起开始生产新油灯；法国这边，占尽主场之利的坎凯和朗日之间却开始出现裂痕，朗日坚称自己在这项发明中理应拥有一份功劳，但公众好像把整个成就都算到了坎凯的头上。转年后，两人终于公开撕破了脸。

阿尔冈于1785年春回到了巴黎，他信心满满，决定为自己维权。因为他在英国制作的包银黄铜油灯比法国竞争对手做的涂漆白铁油灯在性能上要强得多。更何况，阿尔冈还得到了有影响力的朋友的支持，如福雅和孟格菲这样的"科学界人士"，以及曾与他合伙生产烧酒的朗格多克的富绅。最终，商贸署站在了他一边。在此后的数月里，阿尔冈频繁出没于凡尔赛和巴黎的各种沙龙、政府部门，以便在列位要人面前推销他的新油灯。他这么做是想获得这一产品在法国的独家生产许可，并在法国投产前获得对英制新油灯的进口许可。于是卡洛纳在7月31日为阿尔冈安排了一次向国王路易十六单独展示其发明的觐见。国王看后对他的产品十分满意，立即给予了阿尔冈请求的为期十五年的独家生产许可，不过拒绝给予英国产品进口许可证。1785年8月30

日，御前会议正式做出了这一决定。

阿尔冈获胜了，在法国境内的任何假冒和仿制都将被视为非法行为。他的新工场将建在热克斯。路易十六还为此给予了两万四千里弗尔的补助金，用以发展这一边远地区的经济。阿尔冈也十分乐意去那里建工场，因为他的家乡近在咫尺，而且他还有自己的小算盘：那里靠近边境，他想从英国购置那些无法在法国生产的组件，然后通过走私的办法运入热克斯的工场[10]！

从这一刻起，阿尔冈就以为自己发财是板上钉钉的事了。市场上对新型油灯的需求量极大。在此前的两年，阿尔冈已改进了设计，在遭遇了一些问题后，他和英国合作者掌握了成熟的制造技术。特别令人鼓舞的是，他在英国注册了专利，同时在法国拥有特许权，从而垄断了这两个巨大的消费市场。然而，他忽视了竞争对手的能量，这些人是绝不甘心放掉这么大一块利益的。在伦敦，有人上法庭对他的专利提出质疑。在巴黎，先于阿尔冈投产的坎凯和朗日绝不甘心听之任之。虽说这两人此时已彼此不睦，但原本在这个项目里不过是个配角的朗日对反击之事格外执着，此人不但聪明而且精于谋划。他用了一段时间，对公众宣称他在该发明里的贡献——玻璃通风罩。随后，他一个人于1785年1月29日到巴黎王家科学院展示了他的新油灯模型。

对此，阿尔冈犯了掉以轻心的错误，因为他觉得像屈比埃侯爵和福雅这样有名望的人亲眼见过他的油灯，所以他拥有强大的证人群。此外，化学家马凯还曾亲自测试过他的灯，只可惜当时这位化学家刚刚去世了。再者，据阿贝耶称，阿尔冈自1783年10月起曾和工程师莫尼叶谈论过"带罩油灯"的设计，而且还与莫尼叶交流过有关油灯燃料的讯息。更何况，阿尔冈在回巴黎前曾从英国给福雅寄过一盏他做的新油灯，以便向科学院展示并证明自己的优先发明资格。于是科学院在1784年12月15日召开了相关的听证会，与会者都被这种油灯优异的照明效果吸引。正因如此，当阿尔冈得知科学院评委会竟然在1785年9月6日就竞争对手的论文做了一次专题评审时，他十分震惊！[11]

这篇对手的论文只字不提坎凯的名字，连阿尔冈的作用也仅寥寥数笔且仅限于内部管槽；论文中所称的发明主体则是外部结构部分，即玻璃通风罩。该论文将此罩的发明全部归到了朗日的名下。评委会的结论是，这种油灯"是值得科学院批准的，因为有了这种玻璃通风罩，亮度才变得极佳"。很显然，这样一份评语令阿尔冈刚获得的特许权站不住脚了，而且在伦敦和巴黎重新引发了谁才是真正的发明人及合法的主要受益者的争议。

在结局揭晓之前，让我们重新来看看科学院评委们的审批意见。既然阿尔冈的成就是不容置疑的，那么为何评审报告做出了有利于朗日的结论呢？阿尔冈在私人通信中声称这是一个彻头彻尾的阴谋：他在1784年12月通过福雅提交给科学院的新油灯样品想必是被某些和朗日串通的评委提前交给此人去研究和抄袭了。等到了1785年1月29日那天，朗日送审的油灯不过是一个仿制品。评审报告的研究对象已经成了这个抄袭之作，不再是一年前坎凯和朗日送审的灯具了。阿尔冈还指控院士范德蒙德就是这场骗局的主谋，但他却拿不出证据，也讲不出缘由。实际上，当时范德蒙德早已退出了评委会，也没有签署评审报告。阿尔冈还指出，莫尼叶是了解真相的人，然而评审报告却是在莫尼叶缺席的情况下完成的。可是后来,莫尼叶本人也认定坎凯和朗日为玻璃通风罩的发明人,同时认为有没有这个罩子其实对油灯的影响并不大!鉴于阿尔冈在去英国之前没有做出一个新油灯的模型,所以他难以证明自己才是最初的发明人。

实际上,科学院将油灯视为一种集体发明,基于此,它判定给予阿尔冈独家经营特权的行为是过分的,更何况他是一个日内瓦人。科学院认为这项技术仅仅是对传统油灯的改良,在此之前其他的发明家,早些的如富兰克林,近期则有莫尼叶,都曾思考过相关的改进技术。此外,阿尔冈对其油灯技术的刻意神秘化也令一些人反感。譬如,密伊伯爵就在肯定阿尔冈是空芯思路原创者的同时,将他与朗日对比,突出赞扬了后者对新油灯的工作原理和制作方法采取的开诚布公的态度。科学院决定将玻璃通风罩的发明称号给予朗日,大概意在扶持巴黎的工业。须知,油灯的生产者是首都的白铁工坊,火石玻璃材料的通风罩则由塞夫勒玻璃工场负责制作。

巴黎王家科学院的裁决使形势发生了逆转,尽管财政总监卡洛纳专门命督察阿贝耶积极为受自己关照的阿尔冈辩护,但阿尔冈的处境却越来越糟。这场油灯发明人之战持续了数月,其间各方证人和证据在英法之间流转。在伦敦方面,阿尔冈到法庭上为自己的专利辩护,一位名唤让-亚森特·马热兰的人却到法庭上作伪证使他输掉了官司。马热兰是巴黎王家科学院的通讯院士,也是院士们所用科学仪器的主要供货商,和他们关系不错。心灰意冷的阿尔冈只得将自己在英国的市场全部让给了他原来的合伙人；而在巴黎方面，朗日凭借科学院的报告，把御前会议给予许可令一事告到了巴黎高等法院。高等法院正与财政总监不睦，于是它拒绝给予相关注册。事情闹到最后，在卡洛纳的特别要求下，阿尔冈只得做出让步，于1786年秋接受朗日分享他的特许权。妥协刚一作出，高等法院那边的注册障碍便立刻奇迹般地消失了[12]。

属于所有人的油灯

于是，阿尔冈和朗日这两位新的合伙人进行了如下分工：由朗日负责油灯在巴黎的销售；而阿尔冈则负责在热克斯的制造。从1787年春天起，阿尔冈在韦尔苏瓦兴建了王家制造场，该工场在当年9月投产。身为发明家的阿尔冈始终都在精力充沛地忙碌着，他从未放弃原先在蒙彼利埃经营的烧酒蒸馏工场。在制造油灯的同时，他还与儒贝尔一起掌管着那里的项目。此后，他偶尔才去巴黎，停留时间短暂。作为精明生意人的朗日则成功地推销了这种"带空芯和通风罩的油灯"。不过，他也面临着激烈的竞争：一方面，英国造的油灯通过走私渠道进入法国；另一方面，在巴黎本地也有一些强烈反对特许经营权的法国白铁匠，他们擅自制售了一些新油灯。最终，这种特许连同其他的种种特权一起被大革命一扫而光。旧规定的废除恰恰使朗日重又放开手脚，他立即于1791年以唯一发明人的身份注册了一个新的发明专利，继续他的生意。阿尔冈则继续经营他在韦尔苏瓦的工场，到了1800年他把这个工场卖给了他的远亲波尔蒂埃-马尔塞[a]（Bordier-Marcet）。此时的阿尔冈已穷困潦倒，疾病缠身的他几近疯癫，并于三年后在日内瓦离世[13]。

在那些同朗日和阿尔冈竞争的巴黎对手中，坎凯是比较低调的一员。这位药剂师在遭到朗日抛弃后并未忍气吞声。他找到了一位名唤科莱·德·沃莫雷尔（Caullet de Vaumorel）的医生作为自己的新合伙人，两人共同写了一份关于空芯灯的论文，提交给了科学院。科学院于1784年12月11日审读了这篇论文。此时这两人还在共同经营一项更大的买卖，即电疗和动物磁流治疗技术。坎凯在销售奈恩电疗机器的赝品以及梅斯梅尔宣扬的磁力棒和塔塔粉；而与此同时，科莱医生则出版了两本在药店里售卖的著作：一本是英国仪器制造商著作的法文译本，一本是《梅斯梅尔名言集》的法文译本，这本集子公开揭秘了磁疗师梅斯梅尔的理论诀窍，这些诀窍本是梅斯梅尔卖给初学者用来赚钱的。由于这事，他们竟又和朗日打起了口水战，朗日恰好也是一位物理发烧友，他不但出售电疗设备，还宣称另两个家伙所展示的设备其实是他早在1776年就发明的机型[14]！

最后，坎凯为了推销他的油灯只得另找了一位英国人合作，此人名叫乔治·帕梅（又名吉罗·德·让蒂伊），住在巴黎梅莱街。他是一位染色师及化学家，曾在伦敦出版过一部很有价值的专著，该书很快就被译成了法文。在书中，他提出人眼的视网膜上可能有三种纤维，每种纤维对某种特定的光线敏感。因此，如

---

[a] 波尔蒂埃-马尔塞（Isaac-Ami Bordier-Marcet，1768—1835），瑞士发明家。他对油灯做了重要改进。

果纤维无法正常工作的话，就会造成人眼对颜色的感知缺失。譬如，在烛光和普通的油灯下，人眼是分不清绿色和蓝色的。为了纠正这种混淆，帕梅提出将玻璃罩改为淡蓝色调，这样可带来一种近似日光的照明效果，对于在晚上继续工作的画家和艺术家来说是很有用的。于是，他在1784年12月4日向科学院展示了自己的创意，这比坎凯在科学院宣读他的油灯论文早了一周。坎凯这个人不管怎么说还是有一个长处的，那就是擅于识别他人的好点子。于是，他开始与这位英国专家合作制售带淡蓝色调通风罩的油灯。不过，如此高明的创意很快就被人仿制，两位合伙人似乎不久便放弃了合作。之后，坎凯又找到了新的合伙人达尔朗德侯爵一起制造"带玻璃通风罩的便宜油灯"，但并未取得更大的成功。尽管如此，坎凯从未完全放弃冠以其名的油灯发明，在基本原理不变的基础上，他又于1795年推出了灯炉[15]。

空芯油灯的巨大成功催生了一个新的职业：灯匠。1810年时巴黎的灯匠共有五十余名，十五年后人数就翻了一倍。他们制售各式各样以阿尔冈发明原理为基础的衍生灯具，如无影灯、卡瑟尔灯、格滕灯、迪韦尔热灯、安西安娜（ascienne）无影灯、辛农布雷（sinombre）无影灯及其他专利灯具。虽然在公共场所，坎凯油灯已开始被发灰白光的汽灯取代，但它那柔和的光线仍是居家苦读及男女幽会的首选。著名画家大卫在18世纪80年代末曾绘制了一幅阿方斯·勒罗伊（Alphonse Leroy）医生的肖像画，画家在模特身边就布置了一盏堪称美妙发明的坎凯油灯。在接下来的19世纪里，这种油灯还成为众多文人雅士的灵感源泉，诗人既用它歌颂贫贱不能移的忠贞妻子，如贝朗热[a]的诗句"如此微薄的油水养活着她"；也用它吟唱拂晓的时光，如波德莱尔的诗句"它如同一只在晨曦里摇曳着的布满血丝的眼睛"及"苍晨一点孤灯红"[16]。

巴黎的五行八作与五花八门的发明

阿米·阿尔冈的不幸缘于他得罪的是整个巴黎产业界，这是一个对任何发明专利特许权都抱有敌意的世界。譬如，假冒者坎凯来自药工行会，1777年这个行业已被冠以药剂师的美名了，而另一个竞争者朗日则来自食杂业和烧酒业界。此外，制造普通油灯的巴黎白铁匠也强烈反对阿尔冈的垄断地位。总之，两种技术创新观念的截然对立在油灯事件上凸显了出来。

对于同业人士而言，这样的创新是集体的成果，它理应惠及整个业界：每位发明者都只是使一个共有的知识及经验瑰宝变得更加丰富而已。1776年被杜尔哥取消的行会组织很快又在巴黎和外省得以恢复。行会依赖的是一代接一代共同传承、丰富、享有的传统技艺和实践经验。其实，改进完善对于行会而言并非什么新观念，它只是希望任何技术创新都应该为集体掌控和分享；然而对于阿尔冈这样的发明家而言，发明乃是个人才智和努力的成果，应予保护。王家政府也认同这种观点，因此长期以来，它

---

a 贝朗热（Pierre-Jean de Béranger, 1780—1857），19世纪法国诗人、词曲作家。

一直坚持给予发明者特许权，也即给予他们临时的发明经营垄断权。对于公权力机构而言，这样做不仅是为了保护合法权益，也是为了鼓励技术创新。虽说是否给予特许由国王意愿独自决定，且给人一种高层保护的意味，但基本不能恣意而为。这是因为其决定必须依据专家的技术鉴定，而这一鉴定是交由科学院或者挂靠在商业局的专家来完成的。前文所说的油灯发明审批也遵循这样一个程序。

政界和知识界的精英都承认经济学的一般规律，因此他们通常对行会组织墨守成规的习气非常反感。像杜尔哥这样的经济自由主义人士就认为一切都应听任市场去调节，因此力主完全取消行会；而以内克尔为代表的另一派则希望维持中央政府的管控、调节等重要手段，将行会的职能缩减到只负责监督业内市场的正常运转。总之，两派都坚信有必要给自由贸易、行业竞争和技术进步松绑。尽管1776年政府试图取缔行会的努力付之东流，但自由竞争的方向在巴黎已是大势所趋。

其实，当时许多行业的生产已经越来越以需求为导向了。很多直通国内国际市场的大客户同时向多个工场提出严格的技术和商业要求，令他们相互竞争。这些因素催生出了错综复杂的转包关系链。这是一种完全不同于传统行业共享思维的分工模式。建立在新思维上的巴黎制造业已形成了一个部门配合密切且极具竞争力的体系。指挥这个体系的力量不再是行会的规矩而是市场的要求了。譬如，在奢侈品领域，由成衣商根据达官贵人的刁钻要求调动众多相关联的行业来协调工作，并引导和组织生产。与此同时，在经营、工艺和技术上的不断创新已经成为各行业的共识。

实际上，对于像珠宝、钟表、眼镜、高级细木家具及香水这种须持有颁发的资质才能经营的行业来讲，拥有创新能力已成为常规要求。其实在确保整个行业集体进步和共同受益的条件下，行会方面也是不反对更新技术的。它只是坚持任何改进都必须由正规从业者在遵循规范的框架内进行。这就有可能对某些工艺师形成束缚，特别是对科学仪器的生产形成阻碍。尽管如此，行会对五行八作的管控从来就不是绝对的，其实在巴黎就有很多行会管不了的特殊地段，如卢浮宫、圣殿街区、兵工厂街区、教会和医院管辖区以及整个圣安托万镇街区，在这些地方可自由地经营而基本上不会受到行会规矩的管束。此外，如果政府认定某种活动有利于国家，那么它只须颁发一些特权给有关经营者，便能使其摆脱行会的束缚。政府以此鼓励技术的发明和转让行为[17]。

正如其他发明人一样，阿尔冈在他的油灯项目上享受到了这种特权。1784年，工程师德索德雷（Desaudray）在杜鲁勒镇街区建立了一座从事英式镶贴和包金工艺的王家制造场，该工场享有独家经营该业务的特许，并且可给外来工人提供膳宿等多方面的便利。它的出现直接对金银匠铎米的生意构成竞争，最终未取得成功[18]。另一个例子是和阿尔冈同时期的机械师弗朗索瓦-让·布拉耶（François-Jean Bralle），此人既是阿尔图瓦伯爵的秘书，同时也是钟表匠樊尚的合伙人。1786年布拉耶获得了在巴黎建立一座王家钟表制造场的独家特许权。这座工坊将为巴黎钟表匠提供原本须大批从日内瓦和瑞士其他地方及英国进口的机械部件。此外，工坊将不仅为钟表业培养熟练工人，也培养能够娴熟制作数学、物理和天文仪器的工人。项目上马之前还征求了一些大钟表行的意见,像贝尔杜和宝玑这样的钟表大户,均赞同这个想法。于是制造场于1787年在比松-圣路易路开业,但由于财政困境,不久便彻底停业了[19]。

瓦特与佩里叶的纷争

阿尔冈、布拉耶和德索德雷对巴黎行业圈的深浅一无所知,却能在复杂得多的产业竞争大海里如鱼得水。阿尔冈便是这样一群具有创新思维的国际化从业者的代表,他们不停地为自己的项目寻觅保护和资金。当年在忙于烧酒蒸馏工艺建设的同时,阿尔冈就已找到了几位有钱有势的融资人。而当他在另一位工业家兼发明家孟格菲的陪同下重返巴黎后,他就得到了商业局和财政总监本人对其油灯项目的关键性支持。阿尔冈在伦敦的经历也拓展了他在英国的商务社交圈子,特别是他与博尔顿和瓦特结下了珍贵的友谊。而阿尔冈最终的失败则充分地说明了在巴黎办厂所要应付的诸多难题。阿尔冈的失策之处在于:起先,他未能争取宫廷显贵和巴黎银行家的金融支持(最终还是他勉勉强强的合作者朗日发挥了这样的支持作用);另外,阿尔冈也未能积极地与支持他的专家学者互通有无,要知道他们不会轻易赞赏一个人的。相比阿尔冈,布拉耶和德索德雷虽在巴黎有一些人脉,但他们的业务也未能有更多的斩获。与他们相比,巴黎本地的从业者反倒取得了不错的成就。

事实上，上层贵族和金融家都对工业表现出了极大的热情。1776年，博多神父[a]效法伦敦的王家工艺、制造、商业学会成立了法国的"争先学会"（Société d'émulation）。博多神父是一位与奥尔良公爵关系甚密的重农学派人士，争先学会鼓励那些有助于改良工艺技术的发明创造。在两百多名会员中，既有像绍讷公爵和毕塞格伯爵这样的开明贵族，也有像布尔布隆·德·博纳伊（Bourboulon de Bonneuil）这样的宫廷理财专家。此外，还有工艺界的德索德雷和迪富尔尼[b]，以及孔多塞和拉瓦锡这样的科学院院士。虽说这个学会在1782年由于博多的失势而停止了活动，但在此后的数年里法国工业获得了蓬勃的发展，并做起了国际生意。工业的发展同时也伴随着金融投机和技术革新的兴盛。

政府本身也支持上文讲的这些主意，特别是1783年卡洛纳担任财政总监后，这种支持更加明显：三年间，政府通过贷款或补贴的方式给新兴产业发放了超过五十五万里弗尔的资金，主要是为了鼓励引进外国技术。于是像阿尔冈、德索德雷和布拉耶这样的人才便纷纷成了政策的受益者。卡洛纳还协助来自英国的机械师米尔恩父子在穆埃特城堡安装了英式的走锭细纱机（骡机）。另外，他还听从阿尔冈的提议，力邀瓦特和博尔顿亲来法国给予指教[20]。

1778年，博尔顿和瓦特这两位英国苏豪制造厂的合伙人与执掌巴黎水务公司的佩里叶兄弟签约，以制造用于抽取塞纳河水的

---

a 博多神父（Nicolas Baudeau, 1730—1792），18世纪法国神学家和重农学派经济学家。
b 迪富尔尼（Louis Pierre Dufourny de Villiers, 1739—1796），18世纪法国布料商人、建筑师，大革命时期政治人物。

蒸汽机。按合同规定，新型蒸汽机须由佩里叶兄弟制造，但只能用在夏乐的蒸汽泵站上。此外，瓦特和博尔顿还同时获得了十五年内在全法国独家推广其发明的特许权。然而，巴黎的佩里叶兄弟二人却无视这一独家特许权，自己制造并销售起新型蒸汽机来。为此他俩在奥尔良公爵的资助下于夏乐建了一个工厂，这个厂子距离巴黎水务公司的蓄水池仅几步之遥。1783年，大哥雅克-康斯坦丁·佩里叶向科学院提交了他所造机器的论文。院士库仑为其写了一份评价十分积极的报告，不久这位佩里叶便当选科学院力学部增补助理院士。佩里叶的当选对他的新厂起到了很好的宣传作用，使其大获成功。该厂不但生产管道，还制造包括几十种蒸汽机在内的各种设备，却并未支付瓦特和博尔顿一分钱的特许权使用费[21]。

1785年春，在发现自己受骗后，瓦特和博尔顿立即要求阿尔冈回到巴黎后为他们讨公道。其实当他们看到佩里叶兄弟耍弄自己却未受惩罚后，似乎就已放弃了维护独家特权的打算，而仅坚持两兄弟如约支付夏乐蒸汽泵的技术费。而这次阿尔冈不仅成功地完成了使命，还利用自己出入政府的机会，提议法方邀请瓦特和博尔顿，更新为凡尔赛宫供水的马利水泵机组，并尝试洽谈更多的在法项目。在卡洛纳看来，这一邀请符合当时法国在工商业领域对英亲近的政策。作为这一新国策的标志事件，1786年9月法英双方签订了一项重大的贸易协定。在此协定签署的两个月后，瓦特和博尔顿即抵达巴黎，一来是为了生意，二来也是出于私人目的，因为当时他们的儿子正在法国。两位人士受到了隆重的欢迎，他们参观了马利和夏乐的设备，并就圣母院和新桥泵站机组的改进问题给出了意见。此外，他们还就在卢瓦尔河畔拉沙里泰建设铁厂的问题给卡洛纳提供了建议，那里的铁厂涉及卡洛纳的个人利益。

虽然瓦特这次来巴黎未达成任何实质的协议，但他却带着受宠若惊的喜悦回到了英国。在法国他享受了众星捧月的待遇，用他自己的话说："从早到晚沉浸在勃艮第的琼浆玉液和夸大其词的赞美中。"总之，他在法国获得了在自己的祖国从未享有的认可[22]。令他印象最深的是自己受到了科学院院士们的热情接待，并有幸被视为他们中的一员。他还和拉瓦锡共进晚餐，并与佩里叶、蒙日和贝托莱攀谈探讨。他聊机械、聊化学，但却对刚刚给自家蒸汽机所做的关键性改进守口如瓶，这一新技术指的就是双动活塞、平行传动装置和离心式调速器。然而，瓦特还是枉费心机了。有一位在巴黎的名叫阿古斯丁·德·贝当古[a]的西班牙年轻工程师，他曾参观伦敦的阿尔比恩面粉磨坊，瓦特刚在那里安装了他的新式蒸汽机组。得益于那次参观，贝当古于1788年成功地洞察到了技术诀窍。回到巴黎后，他立刻制作出了一个缩小版的样机，并就此写了一份描述说明拿到巴黎王家科学院做了介绍。佩里叶立刻从中摸出了门道，开始为天鹅岛上的面粉工场批量生产这种蒸汽机，该工场的新机组于1791年冬天开始运转。转年，这位精明的仿冒者又拿到了有关双动活塞蒸汽机组的进口和改良专利证[23]。

---

[a] 阿古斯丁·德·贝当古（Agustin de Betancourt，1758—1824），西班牙工程师，巴黎路桥学院学生。

漂白剂

詹姆斯·瓦特在巴黎期间带着浓厚的兴趣在化学家兼院士贝托莱的实验室里观摩了他用全新方法所做的织物漂白实验。回国后瓦特即在位于格拉斯哥的一家漂白厂里采用了同样的方法。贝托莱方法的关键在于使用了瑞典药剂师舍勒于1774年从氧化镁和盐酸的反应中得到的一种"酸"物质。舍勒认为氧化镁的反应是从盐酸中驱逐燃素的过程，因此他将反应后得到的物质称作脱燃素盐酸。贝托莱就这一新物质进行了一系列实验。

1785年4月6日科学院的公开例会宣读了贝托莱的有关论文，在论文中贝托莱认为，这种反应后的产物实际上源于盐酸与从氧化镁中分离出的生命之气（氧气）的结合。总之，贝托莱放弃了当时世人普遍接受的燃素说，而采用了氧化说的思维。因此，他成了化学界第一位公开站出来支持拉瓦锡的离经叛道理论的人。由此，所谓的脱燃素盐酸便在术语上更名为含氧盐酸。1810年，汉弗莱·戴维[a]终于证实，反应后得到所谓"酸"物质并非贝托莱所以为的含氧化合物，而是一种新的单质，他将其称之为氯。从科学的角度讲，这的确是一个必须弄清的基础化学问题，但从应用科技的角度看却是无伤大体的，因为即便是氧化理论也已认识到了氯的去色作用[24]。

其实舍勒早已提到氯可以漂白织物，而特别关注这一功效的人则是贝托莱。这可能是因为他有意用此法测试颜色附着的牢固

---

[a] 汉弗莱·戴维（Humphrey Davy, 1778—1829），英国化学家。

程度。马凯去世后，贝托莱被任命为商业局的化学督察，负责为政府监查染色的工艺流程。很快他就发现了氯对织物有漂白作用，即可以从天然纤维上去掉其原有的淡黄色。漂白是织物上色环节中耗时最长也最难把握的工序之一。以往的做法主要是使用洗涤剂清洗织物，然后将其放到草地上，在通风和阳光充足的条件下晾晒，随后再拿去清洗，如此这般要重复十到二十次。不过人们还可采用酸浴以及变酸的牛奶来漂白。总之，这些做法既废事又复杂，历时最少也要三到四周。

贝托莱于1785年底使用溶于水中的氯进行了首批小规模的漂白实验，结果好坏参半：溶液浓度过高会毁坏织物；过低的话漂白效果不持久，洗过几次后，纤维的淡黄色就又会出现。不过，贝托莱很早就找到了消除氯那种刺鼻气味的办法：只须加入苛性钾（当时俗称固定碱）便可去除溶液的气味，同时又不影响漂白功效。拉瓦锡认为这项新技术具有充分的实用价值，因而把它推荐给了财政总监下属的农业委员会。

1786年，贝托莱进行了首批大规模漂白实验。他吸取传统浆洗工艺的做法，对新规程做了改进：氯溶液洗涤和碱性洗涤交替进行。贝托莱很快发现氯化作用（他以为是氧化作用）不但能漂白衣物，还能使纤维的淡黄色溶于碱溶液中。不久以后，他又在规程中加入了酸牛奶洗涤和酸浴洗涤。最后，贝托莱工序的效果与传统做法并无二致。唯一的也是关键性的不同在于：贝托莱用氯溶液洗涤代替了草坪上的晾晒，这就大幅缩短了整个漂白作业的时间。

在喜人的成果面前，贝托莱却立即选择放弃商业开发。他既不想要特权也不想要报酬，只希望新技术能被大众知晓。其实他作为商业局督察的这种立场以及作为学者的这一态度，是与工业家思维格格不入的。后来他允许瓦特在英国将这项技术投入商业运营。而在法国，他则特别支持其助手邦茹（Bonjour）开发这项技术。邦茹曾在贝托莱的首批实验中给予他很多的协助，并在瓦朗谢讷开了一家洗衣厂。此外，在鲁昂、里尔及其他地方的实业家也纷纷采用了他的新技术，并都或多或少取得了效益。在拉瓦锡的支持下，巴黎的蒙帕纳斯街区附近也建立了使用氯进行漂白的工坊。最值得一提的是，1787年化学家莱昂纳尔·阿尔邦和马蒂厄·瓦莱针对贝托莱的技术做了重大改进，即用次氯酸钾（也就是所谓的"雅韦尔水"）代替了含氯溶液[25]。

当年的巴黎设有包税关卡，关卡外沿塞纳河畔有一片名叫格勒内勒平原的地段，这里有个小庄子唤作雅韦尔。1778年在这里设立了一座化学品制造场，阿尔邦和瓦莱便是该工场的负责人。这座工场由一家受阿尔图瓦伯爵关照的公司所建立，专门生产硫酸及其他诸如硝酸、硫酸亚铁、矾、盐酸和硫酸钠水溶液这样的化学制品。正是靠了雅韦尔化工场生产的硫酸，夏尔和罗贝尔才得以在1783年为他们的气球制出了所需的氢气。阿尔邦和瓦莱也进行了气球航空实验。他们用自己的气球为升空爱好者提供了航空自由行之旅，这个气球名曰"阿尔图瓦伯爵"号，并配有这位亲王级伯爵的徽章[26]。

阿尔邦和瓦莱这两位雅韦尔工场的大掌柜此时已然成名。他俩不放过任何新事物，贝托莱的发现自然而然地就引起了他们的注意。贝托莱可能在1786年曾两次来到他们的化工场讲解自己的漂白工艺。再后来，阿尔邦和瓦莱宣布他们也发现了一种有漂白织物功效的溶液，只须将织物完全浸入溶液里几个小时即可。他们将自己生产出的含氯洗涤剂命名为"雅韦尔水"。他们是通过在氯化之前往水中加入苛性钾而得到的这种溶剂，这与贝托莱在氯化之后加苛性钾的做法正相反。就是这样看似简单的举动使他们获得了次氯酸钾。这种物质不仅拥有无味、稳定且易于获得的优点，而且它的去色能力还强于稀释的含氯溶液。遗憾的是，苛性钾的成本颇高最终导致制成品的价格昂贵，所幸后来的历史证明可用悬浮白垩代替苛性钾。

于是阿尔邦和瓦莱开始在报纸上为他们的"雅韦尔洗涤剂"大作广告。贝托莱闻讯大怒，他揭发说自己此前曾去化工场传授技术，所以阿尔邦和瓦莱的做法系剽窃行为。况且，贝托莱也不相信这两人所坚持的工艺会有多大的价值，因为他误认为这两人所用的碱性溶液会降低氯的漂白功效。贝托莱的这一错误认知与他在1787年春的一项发现有关：他发现了一种叫氯酸钾的新盐（拉瓦锡把这种盐称作过氧氯化苛性钾）。贝托莱是通过将氯溶解在苛性钾溶液从而获得的氯酸钾。贝托莱观察到，这种盐不但没有任何漂白功效，而且还是易爆品。他一面凭自己的想象声称雅韦尔工场的这两位化学家犯了一个错误，一面立即与拉瓦锡一道在巴黎兵工厂里调配一种以氯酸钾为原料的新型炸药粉末。然而1788年秋，在埃松的火药工场发生了事故并造成两人死亡，相关的实验以悲剧告终。

实际上，正如多年后巴拉尔[a]所指出的那样，只须在溶液中加入足量的苛性钾便可使氯酸钾消失，并得到漂白功效很好且没有危险的次氯酸钾。这说明阿尔邦和瓦莱是对的。1787年3月时，化工厂投资人布尔布隆曾因轰动性的破产事件而在马蒂厄·瓦莱的陪同下逃到英国，在此期间，阿尔邦和瓦莱的"雅韦尔洗涤剂"在英国得到了迅速推广。布尔布隆和瓦莱在利物浦附近建厂生产这种新型洗涤剂，最终瓦莱在英国定居，此后以化学师的身份为兰开夏郡的新式漂白工业发展做出了重大贡献[27]。

戈布兰区的洗染商

作为商业局下设的化学专员，贝托莱受命花了六年时间编写了洗染工艺通典。其实他的前任埃洛和马凯已分别编制了羊毛洗染和丝绸洗染的工艺典章。于1791年发表的贝托莱洗染工艺通典是建立在大量调查的基础上写成的，它不仅拥有大量的原理阐释，也包含了更加全面的生产工序描述。其实正是在生产工序的描述方面，典章虽然内容丰富，但还是远远做不到穷尽一切的。正如贝托莱自己承认的那样："鉴于大多数车间都保守自己工艺的秘密，针对相关工艺的调查和阐释工作受到严重阻碍。"[28] 特别值得一提的是，戈布兰洗染工场当时是全法国乃至整个欧洲的业内翘楚之一，但在现场却找不到任何涉及车间内操作规程的说

---

[a] 巴拉尔（Antoine-Jérôme Balard, 1802—1876），19世纪法国化学家，他发现了溴元素。

明信息。当然，贝托莱当时并不是该工场的洗染督察，这一实情和所有为贝托莱写传的作家的观点相悖，但即便如此，工艺规程方面的信息缺失也匪夷所思，因为在旧制度的最后几十年里，戈布兰洗染工场曾进行过一系列重大的染色革新科研项目。

位于圣马塞尔镇的戈布兰王家工场是一家主要为王室府邸生产高档挂毯的工坊。它下设三个车间，两个为垂直纺织间，一个是水平纺织间，各车间主管由政府按工作量支付报酬。自1749年以来，水平纺织间一直由雅克·奈尔森[a]掌管，他依靠沃康松的帮助对水平纺织工艺做了决定性的改良。兼具发明精神和艺术气质的奈尔森后来还在工场里领导了一所培训学校，专门培养织毯工人。挂毯厂的车间主管们仅负责生产，工场的领导工作名义上归王室负责，实际上由绘画雕塑院的画家院士们说了算，即由他们准备和遴选图样，并监督相关的生产。在他们的影响下，自戈布兰工场建立以来，挂毯的工艺水平有了大幅改进。

该工场起初采用的弗拉芒式技术只能纺织出有限的几种鲜艳亮眼和耐洗耐光的颜色。这些"挂毯专用色调"虽然具有不易褪色的长处，但却常常与画家图样里的用色相去甚远。画家们强调要高度忠实于他们的原色稿，并不断灌输所谓挂毯就应该是一条织出的画卷的理念。而图样上的用色又变得越来越丰富和细腻，尤以肉色系列为甚。这种艺术要求与染织工艺的差距最终导致了画家和生产主管的矛盾。譬如，画家院士乌德里[b]就曾抱怨工人

---

a 雅克·奈尔森（Jacques Neilson, 1714—1788），18世纪法国戈布兰王家挂毯工场的苏格兰裔车间主管。
b 乌德里（Jean-Baptiste Oudry, 1686—1755），法国动物画和静物画画家。

们不听话、没品味。而主管们则强调"客观生产条件的限制"，坚称"绘画的高水平和织毯的高水平完全是两码事"。不过直到18世纪中叶，争吵的结果总是画家的意志占上风。然而这以后，挂毯开始流行画家布歇的那种充满韵味的柔和色调，这可给生产出了一个大难题：色彩的平衡搭配会随着时间推移而退减，细腻的差异会渐渐褪去，并或早或晚地变异。就这样，一条挂毯在短短几年之间不但会脱去它的光鲜，而且会丧失它原有的和谐韵味。为了解决这个难题，织染业的革新便迫在眉睫了[29]。

戈布兰工场自建立的时候起就拥有一个染色车间。该车间在17世纪由一位名叫若斯·范德尔科考夫（Josse van der Kerkove）的染匠兴建，他来自比利时奥德纳尔德。一直以来，车间都是用耐洗的染料为毛织和丝织品染色，如用胭脂虫进行猩红染色，（使用所谓的"锡"工艺或荷兰工艺）以靛青进行蓝色染色，用众香子进行黑色染色。而如今人们对色泽要求的多样化和复杂化令循规蹈矩且见识不多的染色工人无法迎接挑战。正因如此，1769年闯劲十足的雅克·奈尔森自告奋勇地与儿子一起接管了这个染色车间的管理工作。由于他自己也缺乏必要的知识，于是便到处寻找技艺高超的染色师傅。直到1773年，奈尔森终于找到了这样一位稀缺人才，名叫安托万·盖米塞（Antoine Quémizet）。在奈尔森的眼里，此公虽只是一名没有受过教育的普通工人，而且"缺乏教养、性情乖张"，但却是一位卓越的染色人才。奈尔森曾激动地说："我在他身上找到了一种精准观察员的优秀素质。任何特别的细节都逃不过他的眼睛。他实施任何工序都严格依照化学规则办事，并坚信若不如此任何染色作业都是靠不住的。"[30]

盖米塞在从鲁昂来巴黎之前，就已于1769年在当地讲授染色技术公开课了。到了巴黎后，他便开始系统聆听化学知识课程。

与此同时，这位新染色师也满怀热情地投入戈布兰厂的工作。为其提供资金支持的雅克·奈尔森力劝他编写了一本染色知识的普及教科书。该书拥有一个新奇的名字:《彩染通则》，并于1775年5月呈送商业局。当化学家马凯看到这样一部堪称"毛织品染色工艺集大成之作"后，激动地评价说:"作者尽管已经是行内的能工巧匠了，但他仍能如此重视理论，难能可贵啊。"马凯特别对其中列出的"各种色差和混色的总图表"大加称赞。他为此说道:"这真是一部全新和实用的力作。关键是它清晰明了地列出了许多以往似是而非、只可意会不可言传的东西。它使那些过去仅靠工匠的直觉和习惯去碰运气而得到的东西变得一目了然。"[31] 这部通则共包括四卷，其中含有很多色样，从而构成了一套排列有序的原色和混合色的大全集。而且，每种色彩都配有各自的染色工序说明。

尽管有马凯的好评，官方仍久悬不决而迟迟不愿为这个项目拨款。结果只好由奈尔森和盖米塞自掏腰包搞科研。1777年末至1778年初的冬天，这个项目最终进入了鉴定评审阶段。在这段岁月里，盖米塞有可能通过新工艺而大幅提高了染色的稳固度。不过有一点是毋庸置疑的，那就是马凯、蒙蒂克拉和索弗洛这几位评委的测试结果是特别利好的。马凯还在他的鉴定报告里明确写道，戈布兰的染色技术"具备了迄今为止染色工艺的最高水平、最大规模以及最广的应用价值"。马凯还补充道:"这种技术对戈布兰工场的发展至关重要，本该在建工场之初就想到对它进行研发了，结果到现在才这么做，真是令人错愕！基于以上测试结果和结论，我们认为这个科研项目亟须得到应有的支持和关注并继续下去。"

这个报告提出不久，盖米塞便收到了两千四百里弗尔的奖金。随后染坊开始改造，以便采用他的新工艺规程进行染色。但除此以外，疑虑重重的官方不再实施任何跟进措施了，马凯的意见也被搁置一旁。非但如此，官方还叫停了那些它认为开销大的科研，并派了一名化学家专门去戈布兰工场做染坊总督察。这等于去监视奈尔森和盖米塞的工作。不久御前化学家兼科学院院士科尔奈特就去充当了这样一名督察。

此后染色车间的状况便每况愈下。负债累累的盖米塞本已打算离开巴黎和法国了，最后他签下了一纸协议承诺为染色车间尽职尽责，不过交换条件可能是政府给他一笔两千四百里弗尔的钱款。尽管如此，此后他便日渐频繁地缺勤，人也变得天马行空、我行我素，而且花钱开始大手大脚，还动不动就吹胡子瞪眼。1779年12月22日这一天终于出事了：车间助理主管达尼埃尔（雅克·奈尔森的儿子）突然离奇死亡。这到底是事故还是谋杀，人们无从知晓。第二天，即达尼埃尔下葬之日，盖米塞隐姓埋名地离开了巴黎。两天后，人们在日索尔（Gisors）发现了他的尸首。他很可能是自杀的。

实际上，那几个月来，盖米塞和奈尔森父子的关系已闹得很僵了。起因是，他们不顾官方的命令而决定合力重启丝织品染色的科研攻关。于是奈尔森父子便为盖米塞提供了大量的丝织品、胭脂虫及其他配料。然而，盖米塞却把这些原料连同他自己的手稿一起藏到了圣殿街区，并在上司不知情的情况下自顾自做新实验。有一个名叫皮奈尔的染色工曾被奈尔森引为心腹，结果他却成了盖米塞的同伙。据奈尔森讲，盖米塞在死前，曾准备把自己的手稿卖给财政总监。这么做将会严重损害染坊管理层、戈布兰工场乃至其托管方国王事务省的利益，因为国王事务省一直是和财政总监有矛盾的！于是昂吉维莱尔伯爵亲自请警察总监勒努瓦追踪盖米塞手稿的下落，但似乎最终也没有找到[32]。

出了这次恶性事件后，戈布兰的染坊便陷入一团糟。尽管大部头的汇编资料一直保存在工场里，但深受丧子之痛打击的雅克·奈尔森从此对业务心灰意冷。如今他在意的仅仅是收回自己前期的投资而已。更糟的是，盖米塞一死，戈布兰的染色工作便后继无人了。染坊在化学家科尔奈特不痛不痒的管理下日益沉沦。一直挨到1786年，随着奈尔森的最终退出和达尔塞担任第二任督察，染坊的形势才开始好转，同时来了一位名叫雷居罗依（L'Écureuil）的技术新秀掌管染色车间的管理工作。此时，戈布兰工场的领导层仍然希望能将盖米塞的科研项目继续下去。因此，达尔塞试图从工场保存的文件中找到盖米塞研发的工艺，但却一无所获。大部头的染色汇编甚至在后来的大革命或更晚时候也不见了。等1824年谢弗勒尔[a]来到戈布兰工场之时，能找到的仅是一些发了霉的资料碎片。至于被马凯大加赞誉的《彩染通则》，似乎早就没人记得了，贝托莱在他所著的洗染工艺通典中也对其

---

[a] 谢弗勒尔（Michel Eugène Chevreul, 1786—1889），19世纪法国著名化学家。他提纯了多种脂肪酸，并在对染料的研究中提出了色彩的同时对比概念，从而启发了19世纪末的法国印象主义点彩派画风。

只字未提。最后还是一个名叫欧玛塞勒（Homassel）的染色工将盖米塞及其著述从被彻底遗忘的命运边缘救了回来。此人曾于1779年在盖米塞手下工作，后来又在戈布兰的染坊里干了几年。他知晓染色汇编的内容和新工艺的情况。欧玛塞勒于1798年出版了《染色工艺理论与实践课教程》，此书的素材主要来自他在戈布兰工场的经历，一经问世便获得一定的成功。欧玛塞勒在此书的前言里以赞誉的口吻提到了盖米塞，并称自己完成了盖米塞未竟的事业，同时替他教训了那些科学家。欧玛塞勒称，这些科学家写的东西不过是"染色小说"而已。他还特别点名指出，在这些"小说"中最不靠谱的当数贝托莱所著的那部洗染工艺通典。

假如盖米塞还活着的话，他不一定会欣赏这种贬损科学家的口气。这位戈布兰的染匠对业界的墨守成规十分反感，而且鄙视工人和工头们的愚蠢。他更习惯以实验去验证事物，也更喜欢探求成功的工艺和技巧背后所蕴含的化学物理原理。实际上，盖米塞就像那些他所求助的科学家一样，也希望用理论之光去解释和启迪实践活动。盖米塞曾把一位院士奉命所写的技术通则视为参照，并由此毅然令作为普通染匠的自己立于马凯和贝托莱这样的商业局特约化学家的学术境界之上。当然这并不是说他和科学家们毫无嫌隙和矛盾，但至少在他身上没有那种把工匠的技艺与学者的理论对立起来的思维[33]。

从这个角度来讲，欧玛塞勒书中的态度折射出风气与时代的转变：在大革命前夕的几年里，工匠和学者之间的关系已明显恶化了。有发明创造的工匠常常抱怨自己遭到学术界的歧视，以至于有些人直截了当地抨击依靠科学院的评审结果来赢得保护与特权的机制；而学者们则指责匠人们的墨守成规和对科学的无知。各种工艺改进都必须来自对科学理论的实际运用，这一观念开始在科学院里得势。贝托莱继马凯之后担任商业局的化学督察一事便很好地体现了这种大趋势。与出身染坊的工匠型化学家马凯不同，贝托莱是一个纯粹的学者，只对理论感兴趣。为了撰写《洗染工艺通典》，贝托莱也曾到染色车间做调查。由于工匠们一致隐瞒技术诀窍，他很快就碰了钉子。最后，贝托莱只得根据拉瓦锡的氧化理论和化合反应定律去推导染色工艺的基本原理。对于操作工艺部分，他只是满足于对已知的工序进行概括性的描述而已。

不过，对理论的推崇并不意味着学院派无视实用性和发明创造。贝托莱本人不就正是从自己对氯的研究中推导出纺织品漂白的革命性新工艺的吗？当时，他还和蒙日与范德蒙德一起提出了铸铁与炼钢的理论。孔多塞曾在1785年致杜阿梅尔·杜·蒙梭的悼词中针对这些科研成果说道，"这不啻是一场观念的革命，它让科学为大众的实际需求服务"。他又强调说："也许这场革命将是持久的。从此，学者们的科研将以服务于大众的普遍福祉为宗旨。他们将把这个宗旨看得高于其个人的荣誉。而开明之士则会以对自己更有益的方式来分享发明创造带给自己的荣誉。"利用新成果刺激工业发展、启迪相关行业就是这种新观念的体现。除了上文介绍的行业外，科学成果还服务于其他众多领域，相关的例证也更加值得称道，其中就包括在改善巴黎卫生条件和美化市容方面所做的重要贡献[34]，请看下文的描述。

8

第八章 公共卫生

HYGIÈNE
PUBLIQUE

1772年12月29日夜至30日凌晨，一道刺眼的亮光彻照巴黎——主宫医院发生了火灾。火源在医院地下的一处烛台制造室里酝酿了很长时间，并在凌晨一点半左右燃爆，霎时间主楼、护士部、黄色厅和教皇特使厅陷入火海。数小时内，火舌噼噼啪啪地拍打着窗户蹿了出来，顶楼和房梁瞬间轰然垮塌。巨大的火团直冲天空，据当年的一名目击者称："就如同一场盛大壮观的表演。"医院里的病人穿着单衣四散奔逃，在刺骨的冬夜里，他们大都躲进了巴黎圣母院。大火烧了数日，消防水泵一直工作到1月8日才把火浇灭[1]。

这次灾难给巴黎造成了极大的震撼。坊间流传说因大火而亡者高达五百人，经统计才发现实际死亡者为十四人，伤者十九人，多数是消防人员。人们对火灾的经济损失也夸大其词，一开始以为高达两百万里弗尔，但实际损失不超过这个数的三分之一。大家关注的主要是医院重建的问题。而原先搁置的迁院提案又被摆上了台面。早有人发问，为何要将那么多的病人集中在巴黎城中心？把他们分散安置到众多占地较小但卫生条件更好、空位更多的医院不是更合理吗？这个问题在政府和民间争论了近二十年。最终，主宫医院仍一如既往地坐落在巴黎圣母院的脚下。虽说表面一如既往，但此事却标志着公众好恶感的巨大变化。一直以来，穷苦、疾病与死亡就位于市中心，它们每天就蹲守在健康人群的中间。这一现象司空见惯，甚至好像是天经地义的。然而自火灾后，这种病患与健康者毗邻共处的局面便引起了人们的不满。这场大火着实令人胆寒，虽说大家对遇害的病人充满同情，但他们的遗体却让人望而生畏。

其实医院搬不搬迁仅仅是问题的一部分，真正的忧患则是深层次的。在巴黎人口日益稠密的形势下，各种物料的疏散常常遇到阻塞的情况。地下塞满了垃圾，流水受到污染，空气中则弥漫着令人生病的异味。这引起老百姓的不满，他们纷纷要求政府采取措施加以解决。一方面慈善家们受到爱心和利益的驱使执意要关照穷困人群，另一方面城市有产的精英们则渐渐远离市中心而搬到城西那片空气清新的新区。最后，肮脏的巴黎城中心被扔给了最贫苦的人群。现在要做的则是净化整座城市，为此，王家政府咨询了医生和科学院院士们的意见。随后巴黎从18世纪70年代起拉开了城市公共卫生建设的序幕。

城市改造与科学家

作为法国的首都和启蒙思想的大本营，巴黎城在国家的决策中具有十分特殊的地位。它既是法兰西王国的心脏，也是法兰西王国对外展示的窗口。作为全欧第二大城市，巴黎的规模远远不及排名第一的伦敦。不过自18世纪中叶后，它获得了飞快却无序的发展，旧的地标和社会界限遂被打破。处于巴黎社会底层的是从外省甚至外国涌入的大量移民，他们居无定所且难以管控。这些移入人口涌入城中心地带以及北部、东部的城郊结合镇。他们靠给有产者提供没有技术含量的服务谋生，任人驱使。比这些人地位高一些的是巴黎五行八作的工匠，他们一般都是行会成员。他们支撑着巴黎工商业的运转，并构成了巴黎的经济和社会基础。处于巴黎上层的是一个开明且喜欢发泄对政府不满情绪的精英群体，这些人在城市的新区里展示着他们的财富，并对国王和教会的权威发出越来越强烈的质疑。

城市发展的大潮逐渐将巴黎城变为一座经济文化的大都会，城里传统的工商有产阶级则任由大潮的驱使而一点点改变着自己。譬如，为了因应日益挑剔和精致的顾客口味，巴黎的制造业已有能力生产各式各样的消费品，无论是奢华品还是半奢华品，无论是各种服饰、装潢材料还是生活用品，应有尽有。巴黎工业的消费市场则遍布本地和异乡。精明的企业主纷纷在城市边缘建立大型制造场，譬如位于圣安托万镇的雷韦永的制造场、位于雅韦尔的阿尔邦与瓦莱的化工场以及位于夏乐的佩里叶兄弟的制造场。位于工商有产者之上的则是一个蓬勃致富的金融家阶层，他们通过操控政府财税和各种投机行为，实现了政府不动产收益和大宗贸易利润等各种资金的再流转。

更加广阔的新格局飞速改变着巴黎的城市布局。可以说在不到三十年间，巴黎三分之一的街区已然除旧立新了。城市范围也扩展到包税人城墙处，此墙从1785年起即作为新的税收和城区管界。不过，市中心的拥挤依然在加剧，这个趋势要等到19世纪奥斯曼男爵的出场才得以逆转。与此同时，巴黎的外沿还在不断扩张，城市周围的各个附属镇在进一步的城区化，尽管它们直到19世纪中叶都还保有一半的田园风光，但城市化是大势所趋，而且房地产投机业开始蓬勃发展，特别是西北方向的绍塞-昂坦区、杜鲁勒镇以及圣奥诺雷镇、蒙马特尔镇和鱼贩镇都新辟为富豪们的住宅区。

此外，巴黎城里的人员、物资和信息流通速度也得到了惊人的提升。工作、购物和娱乐等需求的增长促进了出行，打破了各个社区的固步自封。而车马交通的暴增则把街道桥梁挤得水泄不通。社会生活也变得更加丰富复杂，不过虽然不同阶层杂处一地，却并不相互融合。各种讯息通过坊间流言、面对面谈话、海报、宣传册及报纸传播得更快更远。所谓的社会舆论圈，虽说貌似看不见摸不着，但却无人能否认它的存在。它还在潜移默化地左右着社会乃至为政者的行为。

面对这样一场无法遏制的浪潮，当局尽力驾驭并尽可能将其引入自己的轨道之中。城市的快速发展让人忧喜参半。忧的是这可能会带来社会混乱、世风日下和民众的不服管束；喜的是城市化也会使社会更加文明，并会促进启蒙主义式的社会进步以及公民意识。的确，在旧制度的末期，巴黎已孕育出了真正意义上的市政观念，以及由地方政府和国家共同承担的治安系统和城市建设机制。另外，城市生活供应是众人关切的日常大事，而道路建设正是为了改善运输、清洁状况。说到清洁问题，公共卫生及大家的身体健康一直是人们讨论的话题,官方也为此进行了许多调查,并采取了许多措施。专家学者们为这一开明的市政管理尝试做出了许多贡献。大革命前的十年里,在有关巴黎市政的各个项目问题上,专家们被频频请教,如此大的咨询力度为史上罕有。从中央各部大臣到巴黎警察总监、巴黎财税总管、巴黎市长、巴黎市政委员会,甚至巴黎高等法院,都竞相寻找专家进行专项评定工作。

负责专项评定工作的单位五花八门,巴黎王家科学院自然责无旁贷。不过就卫生领域而言,巴黎大学医学院和药学公学院以及王家医学会也都是可能担任顾问或评委的单位。王家医学会成立于1776年,并于1778年在法院注册。自成立伊始,它便享有国王的保护以及国王首席御医拉索讷的关照,拉索讷本人便是该会会长。同时,医学会又受到财政总监的监管,并与相关部门关系密切。然而,它和巴黎大学医学院的关系很僵,后者对来自医学会的竞争特别忌惮。医学会的终身秘书维克·达吉尔是其灵魂人物。这位解剖学专家同时也是王家科学院院士,他曾因受杜尔哥之托调查"有角类动物"所患的一种严重流行疾病而出名。

王家医学会的行政管理与王家科学院有许多相似之处。它每星期二和星期五在卢浮宫召开例会,并定期发表《王家医学会论文及报告汇编》。王家医学会的三十名普通院士都是医生出身,而十二名自由合作院士则来自各个不同领域:有政治家韦尔热讷伯爵和阿姆洛,也有行政官员勒努瓦,以及科学院院士道本顿和拉瓦锡,此外还有众多非常住巴黎及外省甚至外国的合作院士。王家医学会的宗旨是促进以实验为基础的具有治疗作用的科学医学的发展。它的一个工作重心就是打击各种有害秘方和江湖庸医。譬如，自那位宣传动物磁流疗法的梅斯梅尔抵达巴黎后，王家医学会便成了他的死对头。此外，医学会还调动它的通讯院士人脉网，促进流行病和地方病的实地调查工作。公共卫生问题亦是它特别关注的课题，而政府也定期地就这个问题寻求王家医学会的帮助。在这方面贡献最多的院士是科隆比耶[a]、图雷[b]和阿莱[c]这三位医生，以及化学家拉瓦锡和富克鲁瓦（富克鲁瓦也是医生）[2]。

主宫医院

主宫医院的火灾再次引发了人们对巴黎医院问题的关注。在18世纪70年代末，巴黎城里共有大大小小四十余家医院，实际上半数是穷苦人的收容所，另外一半才同时接纳病人。主宫医院只接收病人，它既是巴黎最老的医院，同时也具有其他医院远远无法比拟的重要地位。主宫医院位于市中心的巴黎圣母院旁边。它早在1737年和1742年就曾因火灾而两度遭受部分毁损。时至1772年它又成了新一次火灾的受害者。其实每次火灾后，大家

---

[a] 科隆比耶（Jean Colombier，1736—1789），18世纪法国军医、外科医生及卫生学家。在大革命前夕曾积极参加医疗系统改革。

[b] 图雷（Michel-Augustin Thouret，1749—1810），法国医生，曾积极参与巴黎市中心墓地的拆除和搬迁工作。

[c] 阿莱（Jean Noël Hallé，1754—1822），18—19世纪之交的法国医生，他是疫苗接种的倡导者和卫生教育的创始人，曾先后做过拿破仑一世和查理十世的首席医生。

都想到迁院的问题。关于迁往何处，有人建议去圣路易医院，有人提出去帕西镇，还有人主张搬到马尔斯校场附近的天鹅岛上。可是面对主宫医院负责人及修女的坚决抵制，政府只好知难而退了。

然而，这座巴黎乃至欧洲最大的医院已然变得破旧失修且拥挤不堪了。在通常情况下，大约两千五百名病人挤在圣母院旁边沿塞纳河两岸的两栋楼房中，其中一栋在西岱岛上，另一栋则位于河的南岸。两楼靠跨河的桥梁连接在一起。其实医院接收患者的病床仅有一千两百多张，而且它们有大有小，分布在三层共二十二间屋子里。由于铺位紧张，需要两人头脚相接地躺下，有时需要三人、四人甚至更多的人头脚相接地躺下才能解决问题。而且活人常和死人共处一室，手术干脆就在病人堆里进行，产妇们也只得共用一张床。在这种令人发指的住宿和卫生条件下，死亡率出奇的高。1772年火灾后，主宫医院的糟糕状况已令开明的社会人士忍无可忍了[3]。

此前，杜尔哥就曾在搬往天鹅岛的方案上败下阵来。1777年内克尔担任财政主管后也来碰这个老大难问题。他专门任命了一个委员会负责研究改善巴黎医院条件的办法。1778年，他又请自己的太太亲自监督一所试点小医院的运营情况，在这所医院里的每张床铺都只限一名患者。这所医院便是圣叙尔比斯慈济医院[a]，它坐落在塞夫勒路上的一所旧修道院的房子内。内克尔夫妇的想法因应了当年慈善事业大发展的趋势，正是这些义举又为巴黎带

---

a 俗称内克尔医院，即今天的巴黎内克尔儿童疾病医院。

来了数家新的医院，譬如沃日拉尔慈济医院、圣雅克镇街区的科尚慈济医院以及杜鲁勒镇街区的博荣慈济医院。不过内克尔最终放弃了让这所老医院搬迁的一切念头，因为他不想碰主宫医院负责人这颗硬钉子，也可能是因为资金不足。

不过他在1781年辞职之前，还是在部门内建立了一个医院管理局，局长的位子由财政督办官肖蒙·德·拉米利埃担任，他同时也是路桥管理局局长；另外，内克尔还任命了一位"民间医院和管教所总督察"，由让·科隆比耶担任。科隆比耶系巴黎大学医学院医生，同时也是王家医学会院士，他在此前已成功提升了军队医疗服务的水平，并协助创立了沃日拉尔慈济医院。他的助手之一是内克尔夫人监管医院的医生弗朗索瓦·杜布莱[a]。米歇尔-奥古斯丁·图雷也是他的助手。1789年图雷成为科隆比耶的女婿和继承者。与科隆比耶一样，图雷和杜布莱也是王家医学会的院士。由此，内克尔为中央政府统一管理公共慈济事业奠定了基础[4]。

内克尔并未就医院改革一事征询巴黎王家科学院的意见，不过他却把科隆比耶有关在拉丁区建立新监狱的报告转给了科学院。拉瓦锡代表科学院回信表示赞同，但对未来监舍的卫生等问题却提出了明确的保留意见。五年后，科学院终于须对主宫医院的去留问题给出意见，不过这次的委托方不再是领导医院督察工作的财政总监，而是监管整个巴黎地区的国王事务省。发起人是布勒特伊男爵，表面上是为了审批主宫医院搬迁的新方案，实则

---

[a] 弗朗索瓦·杜布莱（François Doublet，1751—1795），18世纪法国巴黎大学医学院医生兼王家医学会院士。

明显是为了向财政总监及医院管理局发难。建筑师科格欧和普瓦叶应布勒特伊的要求制定了这个搬迁方案,财政总监则反对搬迁并对该方案多有指责。

为此科学院立即成立了一个专项委员会,由布勒特伊男爵的知己、天文学家巴伊领导。巴伊作为委员会报告的编写人兼男爵的顾问,负责就搬迁事宜出面与巴黎大主教进行谈判,他的作用相当重要;该委员会在业务方面的主要专家则是雅克-勒内·特农,他是外科公学院附属收容院的创建人及首席外科医生。尽管主宫医院的领导拒绝配合,该委员会的调查还是相当深入并于1786年9月提交了调查报告。报告历数了医院存在的各种严重问题,并认为已到了无药可救的地步。但报告却拒绝了科格欧和普瓦叶的搬迁方案,而代之以在巴黎的东南西北等基准点上新建单独医院的动议。布勒特伊男爵看罢报告后立即请委员会继续细化这个提议。于是委员会在1787年6月提交了第二份有关新医院选址的报告,到了1788年3月委员会参考特农和库仑在英国的调查结果又提交了第三份关于医院内部布局的报告。特农还以个人名义发表了一部有关论著,里面汇总了五篇他就此事专门写出的论文[5]。

布勒特伊男爵将此事委托给巴黎王家科学院的目的有两个:其一是将医疗和慈善领域的问题作为涉及公众利益的事务来处理,并同时揭露主宫医院的糟糕现状;其二是借此从财政总监手里夺取对巴黎医院的行政管辖权。科学院作为引领社会舆论的部门,在慈济事务上的作用自然是十分重要的。它在第一篇报告中对主宫医院现状所作的露骨描述激起了各界的强烈反响。国王路易十六在震惊之余，微服私访了该医院。特农的那本著述也成为医院建设方面的典范文件，就连作家梅西耶也在其所著的《巴黎万象》中引用了特农的若干描述[6]。

布勒特伊男爵借着公众对此的激动情绪开展了募捐活动，以便为委员会拟定的四个新医院兴建项目筹款。募捐活动的宣传广告由巴伊撰写，印发数量达一万份，并同时刊登在所有报刊上。募捐活动获得了极大成功，短短两个月时间，就募得善款两百万里弗尔以上。然而，虽说布勒特伊一方对募款的宣传做得极为成功，可终未如愿夺取巴黎医院的主导权。因此，这笔钱款最后就被投在了对主宫医院的翻新工程上或干脆挪作了他用。

不过主宫医院项目却令巴黎王家科学院大大扬名了。它不仅能给政府充当顾问，还能开启民智。专项委员会的主席巴伊因此获得了很大声望，这使他在1789年被选为第三等级的代表，后又被任命为巴黎市长。然而就在科学院进行调查的同时，财政总监下属的医院管理局已开始在主宫医院的原址展开重建工程。该医院领导在财政总监及其督察科隆比耶的支持下抵制1787年6月22日兴建四个新医院的王令。为了绕过这颗硬钉子，布勒特伊男爵曾想将科学院的那个调查委员会改组为对全国所有民用医院实施监察的常设委员会。然而他还没能如愿就被迫辞职了。继任者洛朗·德·维勒多耶赋予专项委员会两项新任务：一是开展巴黎屠宰场搬迁问题的调查工作；二是研究将城里墓地迁往城外的方案。此时，重返政坛的内克尔巩固了财政部门对医院的行政管理权，并最终撤销了四个新院的建设方案。

这个事件很容易让人认为国王事务省及科学院之所以会和财

政总监及其下属的医院管理局产生纷争，是因为双方在公共卫生和医院组织的问题上持完全相反的观念。其实并非如此。分属两个阵营的王家医学会院士让·科隆比耶和外科医生特农都是具有革新精神的开明人士。两人都坚信清洁和卫生原则。科隆比耶也坚持医院要实行一人一床和医务室通风的措施。此外他还坚定地支持将旧式医院由慈济所转为专门医疗机构的改革。科隆比耶通过与特农的老对手，即主宫医院的首席外科医师皮埃尔·德索的合作，撰写了医务室规章，从而确立了内外科医师负责制。此外，科隆比耶还在1788年命人建造了一间用于临床外科教学的大阶梯教室。

科隆比耶之所以要与德索和主宫医院的领导班子一起反对兴建四大环城新医院，是因为他觉得位于巴黎中心的主宫医院临近穷人，维持这所医院的继续运转应是上策，而且这样做的开支也比建新院低。不过，他同时也对奥古斯丁修女会把持该医院的传统提出质疑，此事最后一直闹到了巴黎高等法院，成为大革命前夕的一场不小的风波。具有讽刺意味的是，以保守著称的修女们此时反而以科学院的调查结论为由要求建立四大新院，借此加大对科隆比耶和德索的反击力度[7]。

无辜者墓园

科隆比耶在和奥古斯丁修女会的斗争中去世了，据称是心力交瘁所致。他的女婿和继承者米歇尔-奥古斯丁·图雷接过了他的未竟事业，与此同时大革命爆发了。图雷已远非无名之辈，作为巴黎大学医学院的医生兼王家医学会的创始成员，图雷曾以批判的态度关注磁石的医疗功效及梅斯梅尔宣扬的动物磁性理论。不过他的成名还要归于其在搬迁无辜者墓园一事上所发挥的重要作用。无辜者墓园当年位于巴黎城中心的中央市场地段，虽然长期以来周边的居民对墓园散发出的异味屡有怨言，但它还是被保存了下来。历史发展到了1776年，出了一位名叫卡代·德·沃的"好事之徒"（前文已提到过他），此公既是一位药学家，也是一位走在时代前沿的卫生专家和慈善家，他很可能是在巴黎警察总监勒努瓦的要求下，用气体分析器在这个墓园做了测试。结果令人堪忧："无辜者墓园的空气是人们呼吸到的最不干净的空气，其污染程度堪比最脏的医院里的空气。"[8]

为了不引起老百姓的恐慌，勒努瓦下令，有关测试报告只能提供给王家医学会，而绝不允许对外公开。尽管如此，无辜者墓园的搬迁计划还是列上了日程。开明人士都担心空气会携带传染性疾病。1778年维克·达吉尔提出禁止在教堂内设置墓地[9]。到了1780年3月一个严重的事故最终导致了无辜者墓园的关闭：几个月前打开的一条公共墓道散发出各种有害气体，污染了被单街（rue de la Lingerie）上的多个地窖。此时仍在过问墓园一事的卡代已被勒努瓦提升为"卫生事务总督察"，他坚称"腐尸的气体"会损害人的神经。在巴黎警察总监征询了卡代和巴黎大学医学院的意见后，巴黎高等法院根据这些专业人士的报告决定停止墓园的下葬活动，并宣布自1780年11月1日起彻底关闭无辜者墓园。然而在其后的五年里，该墓园竟然还在运转。问题拖到了蒂鲁·德·科罗纳（Thiroux de Crosne）接替勒努瓦成为警察总监后才算真正了结：科罗纳关闭了墓园，拆除了墓穴、藏尸间和教堂，并代之以一个农产品市场。死者的遗骸都被送往采石场。领导这次饱受争议行动的人正是图雷，其助手为外科医生马尔凯（Marquais）。

法国政府十分害怕此举会引发巴黎老百姓的抵制。这是因为无辜者墓园曾是古城墙的一部分且被视为圣地。它是一个接受礼拜和致敬的场所，可如今却要拆除和搬迁，可以预见，这恐将招致比搬迁主宫医院更大的舆论反弹。不过，谢天谢地，医疗主管部门这次得到了教会方面的同意和支持。另外，人们还担心拆除墓地会对空气造成污染，因为这个举动意味着要打开数十个墓穴和公共墓道。还好，这项持续了半年多的行动在教士们的监督下终于平安完成而未出任何乱子。在此期间，挖掘人员每天夜以继日地连续工作，挖出了一千五百具到两千具遗骸及担架，并将藏尸间全部清空。当年的每个晚上，在火把的照耀下，笨重的丧葬马车驮着这些遗骸前往包税人墙外的通布伊苏瓦尔。采石场督察纪尧姆已为此准备好了一个"地下公墓室"。

公众对这项拆迁工作的浩大惊叹不已。对于图雷而言，这项工程首先意味着科学家可从中获得诸个有关物理学的"特别有意义的结果"。他为此写道："许多工作都一定能给我们提供诸多涉及科学的结果。也只有本报告提及的这些工作的效用，才能为我们劳累和悲凉的付出带来一点点安慰。"于是图雷便利用这个机遇，对尸体的自然分解进行了系统研究，并构建了他的医疗木乃伊、骨骼以及不同腐败程度的内脏收藏系列。他的最大发现是：在特殊的环境下，脂肪通过转化为尸蜡可达到保存某些尸骨的功效。图雷的同事、化学家富克鲁瓦很快证实这是一种皂类物质。图雷将这种明亮的尸蜡与鲸蜡相比。在他看来，这种珍贵的物质不会来自死物，而应属于"活着的机体"。图雷相信尸蜡可以从人脑物质中找到，他认为这一"成分对动物生命至关重要，它构成了机体自我销毁的基本模式，对身体各部分施加分解作用"[10]。

处理完死人的事情后，督察图雷又于1790年参加了国民制宪议会下属的行乞问题委员会的工作，该委员会由拉米利埃主持，而特农则被冷落在一边。图雷对该委员会的多项提案都做出了贡献。本着慈善的理念，委员会承认了穷人的乞讨权利并确认了社会对他们应尽的义务，而且提出了建立一个国家救济部门的理念。委员会建议由地方行政部门建立一套合理而高效的救助机制，还提出了家庭救护构思、区分病人和穷人的观念以及改组医院的想法。虽然这些没有立即实施，但它们却影响了热月政变后历届政府的社会救助政策。直至1810年临终之际，图雷都在积极地投身这项事业，他为上述理念的最终贯彻，也为巴黎公共医疗体制的建设做出了决定性的贡献。

垃圾与污水

之所以要实行病人隔离和遗体搬迁措施，是由于公众普遍担忧有机物质的分解现象会导致传染病。基于此，被改革的对象不仅是医院和墓地。科学家、官员、记者及开明人士对各种生活垃圾、阴沟和屠宰场散发出的臭气也忍无可忍了。正如梅西耶在其所著的《巴黎万象》一书中所说的那样："狭窄的街区缺乏通道，高高的楼宇阻断通风，肉铺鱼摊鳞次栉比，阴沟墓地错杂其间，只搞得空气肮脏败坏。这种不流通的空气日渐浑浊，对人体有害无益。"[11]

民众脑海里出现的是一种令人惊悚的景象：爬满苍蝇的各种动物骨头、沟里腐烂的死尸乃至解剖课学生扔在茅房里的人畜残骸等都混作了一团。人们仿佛感到整座城市都在腐烂变质。图雷在关于蒙福孔（Montfaucon）粪场的报告中曾写道："不亲自去这些传染源区，就想象不到残留污物的猖獗程度，就没法体会什么是人们常说的一个大城市的粪便，也就更无法切身地感受到在这种大都市里，由人口拥挤而产生的肮脏、异味和腐浊，可以恶化到何种难以估量的程度。"因为当时知识上的局限，这样一幅满是狼藉的景象根本没有将砷、铅、硝酸汞等有毒物质对水土造成的污染考虑在内[12]。

污染问题的主要症结在于不流通。在剧院、学校，特别是监狱和医院这样的封闭场所里，人们呼吸到的是一种污浊难闻、缺乏流通的空气。迟滞的污水危害更大，譬如位于圣母廊桥和兑换廊桥之间的热福尔码头回廊已沦为了一片垃圾污水的世界，令人唏嘘不已，另外，流经巴黎的比耶夫尔河曾是各种生活和动物垃圾的倾倒处，由此导致的水流凝滞也令人忧心忡忡，还有人反映屠宰场周边常有宰后动物的血液大量淤积，破坏了周边环境。这还不算完，巴黎地下更是处于有机垃圾爆满的状态。1780年，人们在一个古代卸货场旧址上面开挖街道，结果挖出了大量的马骨头、马粪、杏仁核，以及一系列虽然已朽但却无法降解的东西。在多菲内路的发现更令人大开眼界：红酒商帕凯在自家地窖里凿墙时挖出一副巨大的骨头，一开始他以为是树干，后来经博物学家拉马农鉴定为鲸鱼骨。据拉马农报告称，工人们在巴黎城边的蒙马特尔石膏采石场里也挖掘出了各种奇怪的骨骼化石[13]。

人们都认为，为了清洁城市就必须使其摆脱包括死者遗骸、病源物质、生活垃圾、淤泥以及粪便在内的废弃物的困扰，并导通各种水道、风道、电场甚至磁力场。当年的巴黎不是还未安设疏导空中电流的避雷针设施吗？《法国信使》的一位撰稿人甚至开玩笑说应该请水务公司在给居民供水的同时也供应动物磁流，即在每家每户都"建一间健康室，里面配有接头（以便接收动物磁流），并设有传导链等器具以备疾病发作时治疗之用。这就像洗澡间里配有水管和水龙头一样"。当时许多药剂师、医生和化学家都在就磁力流的问题展开科研和斗争。于是报社记者们便不断报道他们的最新调查成果及对真相的曝光[14]。

当然，在所有需要导通的流质中，水流的疏通是最根本的工作。巴黎可以从地下获取塞纳河水，它的地下含水层得到该河主干道及来自北岸丘陵脚下多条支流的水源补充。此外，巴黎南面还有一座引水桥，负责将塞纳河水从阿尔克伊镇引入城里。在巴黎城里，有百余座公共喷泉、数千口水井以及一支送水工队伍，以保证巴黎市民的用水之需。不过，当年的水质却令人不敢恭维。那时的井水几乎总是被污染，比耶夫尔河的水质更是令人发指，至于药学家帕门蒂埃称赞的塞纳河水，因其贯穿巴黎城，所以也受到了各种城市污水的影响。

路桥学校的工程师们研究了从伊韦特河调水的方案。该方案自1762年起由德帕西厄提出并得到了财政总监的支持。调水意图是基于这样的测算结果：未来城市的用水量会达到当前的四倍。1775年科学院在被问及意见时也表示赞同此方案。可惜，方案评估的造价高达两千万里弗尔，这令政府大惊失色并急忙去寻求其他解决办法了。所有其他的方案都基于直接抽取塞纳河水，只不过有的主张使用液压机械，就像当时的圣母院水泵和撒马利亚水泵一样，但规模会更大，而另一些则主张使用火力蒸汽泵，即佩里叶兄弟在1775年给科学院的报告中提到的办法。

水务公司

雅克-康斯坦丁·佩里叶和他的小弟奥古斯特-夏尔·佩里叶都是奥尔良公爵府上的机械师，换句话说，他俩都是有靠山的。他们的想法是在处于巴黎下游的夏乐抽取塞纳河水，然后通过一套管网系统将水输送到城市各处。尽管科学院更偏爱从伊韦特河调水的方案，但仍建议给兄弟俩十五年的项目开发特许权。巴黎市政府也表示赞同。在其他竞争对手都被排除的情况下，佩里叶兄弟于1777年2月获得了该项目的开发执照。

执照一到，两兄弟立即开始施展拳脚。他俩依仗自己的人脉，召集了一批赞助人，并成立了一个合伙公司，即巴黎水务公司。兄弟两人即为公司管理者。同时，他们开始筹备在夏乐区建工场，该工场毗邻包税人关卡，就设在布夫莱尔伯爵夫人的花园中。他们在塞纳河边设置了两组泵机，将河水抽至夏乐山岗上的四个蓄水池内，并由蓄水池给管网供水。大哥雅克-康斯坦丁·佩里叶前往英国购买机器并与瓦特及博尔顿洽谈相关业务。此时这两位英国人已开始销售他们的蒸汽机了。火力蒸汽泵站将按英国人的图纸建造，而且由英国人供应那些只能在英国制造的部件。作为报酬，瓦特和博尔顿将得到一笔两万四千里弗尔的钱款。若公司资本有所增加，给两位英国人的报酬将加倍。到了1781年，公司资本果然实现了增加。这笔两万四千里弗尔的钱款相当于新式蒸汽机投入运营后每年节省下来的煤炭费的三分之一。夏乐泵站的首次试运行于1781年8月开始，巴黎警察总监和巴黎市长均出席试运行典礼，《巴黎日报》也做了记述[15]。

佩里叶的泵站在技术上取得了巨大成功，并标志着蒸汽机进入法国。然而，巴黎水务公司的经营绩效却令人失望。供水管网迟迟没有铺设到位。1782年7月时，水才通到了圣奥诺雷镇街区和绍塞-昂坦街区，后来又通到了圣德尼路和圣殿路。在塞纳河南岸，水务公司于1786年在大石子街区安设了两组火力蒸汽泵，以便给圣日耳曼镇街区供水。可惜的是，订水的用户远远少于佩里叶兄弟的预期。他俩在1777年获得的相关特许经营权也备受质疑。

在此背景下，伊韦特河调水方案于1781年再次摆上台面，这次是由路桥学校的工程师德费[a]提出，并得到了普罗旺斯伯爵

---

a 德费（Nicolas Defer de la Nouere，1740—1794），18世纪法国水文地理学家和经济学家。

殿下的支持。新调水方案的造价仅为老方案的七分之一，并得到了科学院的批准。该方案的拥护者不断攻击佩里叶兄弟的水务公司，称它供应的水质有问题，直逼得王家医学会出面声明该公司的水很清洁才做罢。双方还打起了金融战，就在水务公司亟需资金之时，支持调水方案的银行家艾蒂安·克拉维埃[a]开始沽空水务公司的资产，未来大革命的政治家米拉波及后来的布里索也被人收买撰写小册子抨击水务公司，而水务公司一边则有博马舍负责回击。

当时官方也被卷入了这场触动巨大利益的角逐中。许多贵族老爷、金融家，甚至国王自己都在水务公司中有所投入。于是财政部在总监卡洛纳的指挥下干预股市，力图保住水务公司的市值。此举终于使该公司股票得以回稳，并在1786年夏天达到了最高市值。此时政府已成为水务公司的主要股东，其持股比例远超其他投资方。不过调水方案阵营的靠山也来头不小，尽管普罗旺斯伯爵于1784年撤资，但仍有巴黎财政区督办官贝尔提埃·德·索维尼相挺。国务秘书布勒特伊男爵还亲自促成了调水沿途的土地购置一事。最终，两派的矛盾摆到了国王御前会议上，财政总监和国务秘书两人在会上各不相让。事情闹到了1788年，水务公司的股票再次崩盘，它最终被巴黎市政府买下并转为巴黎王家水务管理局，佩里叶兄弟由此被排除到局外了。至于那个调水方案，它在经历了新一次审查后，由国王御前会议于1787年批准实施，为此成立了一个专项公司，并完成了

---

[a] 艾蒂安·克拉维埃（Étienne Clavière, 1735—1793），法国大革命时期的银行家和金融投机家，大革命指券的发起人。

对调水流经地区的土地征购工作。怎料大革命的爆发中断了一切筹备。

总之直到革命爆发，巴黎的供水问题始终悬而未决。只有几百户住在富裕城区的订户可以在家中享受到从夏乐和大石子街区抽取的干净水。而其他市民只能像过去一样继续靠井水、喷泉和送水工的服务过活。同时，巴黎也依旧缺乏用于清洁街道和下水道及用于消防和牲畜养殖的大股水流。

污水处理

水流环路起自清水供应，终于污水排出。除了自然蒸发和渗透之外，剩余的水全部直接或通过下水道的途径回到塞纳河：这里既包括已使用过的家庭和工业废水，也包括雨水和喷泉水流。当年在塞纳河北岸设有一条大的下水道，它起自玛黑区，在横穿巴黎北部和西部的社区后于夏乐高地的下方通达塞纳河。这条下水道在所经之处收集了北面多个街区污水管排出的脏水。它在18世纪30年代末曾完全翻新，重铺了石块并砌了砖石，而且基本上全程都加盖了拱券。此外，在市中心还有几条暗沟直通塞纳河，排污效果较差，另有两条明沟穿过圣安托万镇街区。塞纳河南岸的排污系统则更匮乏。比耶夫尔河本身就已变成了一条下水道，负责排放圣马塞尔镇街区的生活污水和工业废水。这些藏污纳垢之处通常很少清洗，淤塞在那里的污水散发出各种难闻的气味。除了西城的几个公寓区外，巴黎的街道在河道之外基本上没有更多的排污沟。尽管有规定明令沿途居民分摊保洁费用，但大街小巷仍充斥着黑泥。

一般来说，当年即便有排污沟，也不是用来接收茅厕粪便的。当时的粪便都是存在每幢建筑的大便池里。坑满后，有粪便清理工在夜间用车将粪运到城外三百米处、位于蒙福孔山岗脚下的粪场甚至干脆就倒在郊外道旁。虽然这么做可以避免弄脏下水道并能回收粪便，但粪便清理作业和粪场的存在都会给周边带来恶臭之气。巴黎城的一半地区都受北风影响，那里常年能嗅到难闻的气味。加之各家的大便池缺乏密封措施，以致严重污染到了地下水和井水。这个问题引起了政府关注，它赶忙征询专家的意见，看是否要建设一个当年还无人敢言明的消毒净化系统。这个系统的关键在卫生二字，为此政府专门请教了数位医生和药学家的意见。大便池散发的气体不仅影响群众生活而且会引发事故，所以是政府和专家优先关注的课题，本文将在后面举例说明。此外，官方对水污染也展开了调查。

这就又回到了先前所说的塞纳河整治问题：所有的城市污水最后都是注入这条河的，难道它自身不就是最大的下水道吗？不过一直以来，塞纳河的水质都得到了很高评价。正因如此，1762年科学院院士埃洛和马凯在对伊韦特河和塞纳河进行化学比较分析时，都是论证伊韦特河的水质是否达到了塞纳河的水平，而非相反的情况。另外，塞纳河的良好水质也得到了巴黎大学医学院专项委员会的证实，而后又得到了药学家帕门蒂埃的确认。然而，由于夏乐泵站建在了一条大下水道的排放口附近，所以有人质疑这里的水质。为此，王家医学会的院士富克鲁瓦和阿莱再次确认从塞纳河采水是卫生的[16]。可是政府仍不能完全放心，因为附近的下水道里垃圾实在太多了。1790年，革命后成立的巴黎市政府对塞纳河码头沿岸堆积的垃圾也深表忧虑。阿莱走访了新桥上游的河岸，随后又深入调查了直接向塞纳河排放黑色污水的比耶夫尔河。他所写的报告详尽描述了塞纳河水道及其沿岸的情况。不出所料，该报告着重谈到了来自各大制造工场的滞留废水、淤泥和垃圾问题，并提出了改造和后期维护的方案[17]。

在医生眼里，最大的隐患是有机垃圾的堆积，特别是肉铺下脚料的倾倒问题。另外，动物的血液渗入土壤后也会汇入下水道。因此长期以来，官方的想法是将屠宰场搬迁到远离市中心的地方。1788年，布勒特伊男爵试图利用《巴黎日报》动员舆论支持搬迁的想法。他的继任者洛朗·德·维勒多耶也向科学院递交了数份提议将屠宰场建在巴黎城外的论文。于是科学院成立了一个由拉瓦锡主导的专案委员会，该委员会提出在军校附近的天鹅岛建立屠宰场，但在1800年之前此事一直没能落实。直到第一帝国建立后，才得以在部分城门附近建立了五个大的屠宰场[18]。

另一个受关注的议题是蒙福孔地区的垃圾场问题。应巴黎警察总监的要求，王家医学会于1788年做了相关调查，因为经营者和附近居民存在冲突。医学会审查了蒙福孔的化粪系统及将粪便转化为施肥用的"人粪粉"等措施。蒙福孔坡道沿途建有若干个露天化粪池。负责撰写调查报告的图雷在整体上认可了这些化粪池的状况，同时也提出了一些改进建议。譬如，与其让污水污染地下水层，不如使其在阳光的照射下蒸发掉。

不过，蒙福孔地区的最大污染源不是粪水，而是化粪池附近的动物肢解厂和充斥动物杂碎的地沟。扔在那里的马内脏在阳光下腐烂，滋生出的蛆虫被用作钓鱼的诱饵。丢在那里的杂碎来自巴黎的各个屠宰场和肉铺，它们散发出一股呛人的气味。图雷的报告还提到了位于圣马丁镇街区的两个肠衣加工厂，厂里的污水流溢到了附近的街道。巴黎市民对这些买卖造成的污染问题早有怨言。警察总监勒努瓦本想对这些行业加以限制，但未能成功。1780年，他将动物肢解厂的独家经营权给予了卡代·德·沃。这位药学家在雅韦尔修了一条"兽医沟"，计划在沟里用生石灰处理动物残骸。然而在动物屠宰肢解行业的共同抵制下，这个方案很快泡汤。勒努瓦所能做的仅剩下要求业界只可在蒙福孔周边建立新的动物肢解厂[19]。

呼吸与气体化学

空气污染比水污染更令人忧心。18世纪80年代市民对各种城市异味的抱怨成倍增加，主要是针对蒙福孔地区、无辜者墓园一带、沙特莱监狱对面的巴黎食品集市（Apport-Paris），以及城里各处茅厕的臭味。对此，当代史学家阿兰·科尔班使用了"嗅觉容忍度下降"的提法。这个问题令一些医生、学者和主管官员忧心忡忡，并得到了《巴黎日报》撰稿人和像梅西耶这样的评论家的进一步关注。他们介意的倒不是臭气如何难闻，而是臭气对巴黎市民身体的潜在危害。在他们看来，这些异味意味着气流的堵塞，而这是十分危险的。正如水需要流动一样，只有流动的空气才能保持纯净和卫生；反之，若空气滞留就会带来腐坏。因此，任何受到包围的空间都必须具备通风措施。其实这种看法本是一种传统医学观念，18世纪末的新希波克拉底医派只不过使它再次时髦了起来。18世纪60年代蓬勃兴起的气体化学似乎也印证了这个传统看法的正确性[20]。

1774年末，拉瓦锡第一个当众提出了空气并非单一元素而是各种气体的混合，这一观念实属前沿。此后他通过一系列实验强化了这一理论。譬如，英国化学家普利斯特里在实验中发现了氧气，拉瓦锡在听闻普利斯特里的实验后，立即开展了一系列关于脱燃素金属生成和还原的实验，从而确认了空气中元素的多样化。普利斯特里的实验是这样的：当烛火被置于氧气罩中时出现了剧烈燃烧的现象，他由此认定烛火周边存在一种脱燃素气体，这就是他的所谓燃烧理论，也正因如此他给氧气冠以了脱燃素空气的名称（氧气这个名字直等到1787年才被采纳）。

根据当年化学界普遍接受的施塔尔[a]的理论，当物质在空气中燃烧时就会失去本身的燃素。当空气吸收的燃素饱和后，燃烧便终止了；反之，完全不带燃素的空气则会助燃。英国化学家普利斯特里认为，空气在一般情况下含有一定量的燃素。它可以由完全脱燃素的状态（即我们今天所称的氧气），也即特别助燃的状态，转变为燃素饱和的状态（即我们今天所称的氮气），也就是完全抑制燃烧的状态。拉瓦锡摒弃了燃素说，采用一种全新的方法去解读普利斯特里的实验。拉瓦锡认为，所谓的脱燃素空气

---

[a] 施塔尔（Georg Ernst Stahl, 1659—1734），德意志化学家和燃素说的集大成者。

实际上是空气里含有的一种特定的气体。这种气体可通过燃烧与金属结合，它在各种酸的形成中也发挥了关键作用。

1776年，拉瓦锡在中断了一年后重又开始了脱燃素气体的研究工作。普利斯特里在此前不久已证实在这种气体下动物存活的时间会长于在一般空气下的存活时间。于是拉瓦锡请了几位科学院的同事到场，观看自己重复普利斯特里做过的实验。在把家搬到兵工厂后，拉瓦锡在那里设立了一间设施完善的实验室，借此拓展了相关的科研工作。随后他证实了空气由五分之一的"活气"或"卫生气体"（这是当时他给所谓脱燃素气起的替代名称，即今天我们所说的氧气）和五分之四不能用于呼吸的"窒息气"——普利斯特里所称的燃素气体（也就是氮气）——共同构成。由此，拉瓦锡的兴趣转向了跨化学和生理学两科的呼吸问题。

很久以前，人们就注意到在空气中有生物呼出的所谓"固定气体"（即二氧化碳）。从1773年开始，拉瓦锡便同时开展了两种与此相关的实验，一种是蜡烛燃烧的实验，另一种是鸟在封闭空间里的呼吸实验。通过一系列新实验，他很快发现生物在呼吸过程中不但吸入"活气"，同时也呼出等量的"固定气体"。因此，仅须进行一个与呼吸过程逆向的操作便可复原通常的空气，也就是采用苛性钠除去这种"固定气体"并补入等量的"活气"即可。对于这种通过呼吸作用吸入的"活气"，拉瓦锡有两种假设：一种假设是这种"活气"进入了血液，在他看来这是血液变得鲜红的原因；另一种假设是"活气"到了肺里，在那里转化为"固定气体"。为此，拉瓦锡在秋天和他的朋友兼同事特鲁丹于蒙蒂尼府邸开始了新一轮实验,这次他把夜莺放进了钟罩里,并写就了第一篇关于呼吸原理的专题论文。该论文最后收录在他的文稿中。

1777年对于拉瓦锡而言是意义非凡的一年。在这一年里,他就呼吸、燃烧、酸类物质的组成、蒸汽以及火质(1781年更名为热质)等几个密切关联的专题进行了多项实验,并由此撰写了数份重要的学术论文。拉瓦锡在科研中与比凯(Bucquet)医生和数学家拉普拉斯形成了定期的合作关系,这两位也来到兵工厂为他提供帮助。拉瓦锡凭借1777年里他所做的众多实验及取得的丰硕成果,首次当众对燃素说发起抨击。其实他本人也是经历了一个很长的过程,才逐渐地抛弃了这一学说。此时他的许多同事还对燃素理论深信不疑。拉瓦锡的抨击随即引起了轰动[21]。

拉瓦锡的鸟

研究这一段化学史的学者大多对在兵工厂里所做的实验尤感兴趣。不错,拉瓦锡正是在那里进行了一系列精准的测试,这些定量测试对化学现象的定性而言是必不可少的。不过,拉瓦锡也十分看重实地经验;此外,他还积极开展一些实验"演示"活动,这些活动并非为了证明什么,而是为了说服同事和公众。譬如,1777年5月3日,拉瓦锡在科学院的对外公开会议上宣读了他的一篇论文,该论文对比了他在实验室所做的汞燃烧结果与几个月前他曾做过的呼吸实验结果。一个星期后,拉瓦锡又用完全不同的方式就同一主题做了介绍。玛丽-安托瓦内特王后的哥哥、奥地利大公约瑟夫二世（化名法尔肯施泰因伯爵）正巧路过巴黎，他也列席了介绍会。这次是为了揭示空气在呼吸作用下的变质情况、相关的测试办法和复原空气质量的方法。为了引起公众的兴趣，这次介绍还特意配有一些生动形象的"演示"[22]。

拉瓦锡在开场白中就根据他和拉普拉斯共同完成的实验说道：空气由若干种"遇到地球热量"就会蒸发的不同流质组成；仅有一种流质（即活气或氧气）参与了燃烧和动物呼吸的活动。其他流质都是"有毒的"，也就是说它们在纯净状态下是不能用来呼吸。拉瓦锡在复制绍讷公爵的实验时，将比一般空气密度更大的固定气体倒入了一支开口的小瓶，然后当着观众的面将一支燃烧的蜡烛伸入小瓶，蜡烛很快熄灭了；他又将一只小鸟放入这种小瓶，过了一会儿小鸟就仿佛溺水一般挣扎了几下死去了。小鸟实验后来造成了一场风波，这个是后话了。随后，拉瓦锡又将烛火放入撤去活气的空气中，烛火同样也熄灭了；而当拉瓦锡将其放入纯活气环境中，烛火立即剧烈燃烧起来；当拉瓦锡将无活气的空气与活气按三比一的比例混合后再加入烛火，蜡烛的燃烧状态就像在普通空气中一样。完成了这些演示后，拉瓦锡巩固了他起初的观察结果，确信空气的组成可根据实地情况的不同而变化。特别是在一个封闭的空间内呼吸，将会显著减少空间内的活气，同时释放出固定气体。拉瓦锡尤其相信，正如他在不同地点所做的公开实验展示的那样，封闭空间内的各种气体的密度是不一样的，它们的混合是不充分的。

为此，拉瓦锡解释说他曾在清晨时分造访主宫医院，采集集体病房里最污浊的空气。他特意在那里的下层空间和上层空间分别收集了空气样本。第一个样本的空气"有些变质";而第二个样本却含有很高比例的有害气体和固定气体。拉瓦锡又在杜伊勒里宫的法兰西喜剧院演出厅里进行了第二次空气采样,他挑了人流最多的一天,在被戏称为"天堂"的演出大厅顶层隔间里采集了若干空气样本,又于演出结束之际,悄悄潜入底层正厅的后排采集了一些样本。事后分析再次证实,顶部的空气缺乏氧气,而下部的空气与一般环境的空气无异。不过,拉瓦锡认为,下部空气样本之所以和一般空气一样,是因为取样地点过于靠近门口。

在科学院的专题会上,拉瓦锡十分肯定地认为,会议室里的变质空气不外乎分为三层:密度比普通空气大的固定气体集中在下部;而密度较小的有害气体则如采样所示,集中在上部;只有中间这一层的变质程度较小。拉瓦锡因此认为,必须在屋子的上部和下部设置通风口,始终保持厅室的空气流通。化学定量分析由此证实了传统卫生观念的正确性:只有流通的空气才是卫生的空气。拉瓦锡还指出,圣路易医院的各个厅室就是依照这些卫生标准而建造的。他同时对毁于1772年火灾的主宫医院大厅的重建工作表示担忧,他称:"公众要是知道(重建工作)并未征求过科学院的意见,他们大概会感到不可思议。人们根据那么多实验的确实结果已得出了有关空气成分的科学理论,而重建工作却无视这些,竟然在18世纪的建设中还要犯下从16世纪起就能预见和避免的错误。这对于国家来说恐怕是很丢人的吧。"

可惜拉瓦锡再也没有时机给公众介绍他的空气清洁度测试及他根据现代化学成果构思的消毒规程了。他在化学演示中遭遇的一次意外使其永远地失去了这样的机会。事情是这样的：拉瓦锡放在密闭钟罩里的小鸟渐渐萎靡几近死亡，就在这时，一向讨厌拉瓦锡的院士萨日忽然要求把鸟交给他，令众人惊奇的是，萨日仅用氨水涂在鸟喙之上，就轻而易举地让它苏醒了过来。活过来的小鸟开始在屋子里飞来飞去，窗子一开，它就拍拍翅膀飞出去了。拉瓦锡的这次出丑很快传遍了巴黎城。得胜的萨日断言，氨水恰恰可以抵消恶臭气体的作用，因此氨水才是治愈窒息的最有效药方。有一个生意人随即在市面上推出了一种名曰"萨日"的小瓶装氨水，竟大获成功。

拉瓦锡的合作伙伴及好友比凯医生感到自尊心受到了极大伤害，于是他在接下来的几个月里对窒息问题及其解药开展了系统的研究。他使用各种气体对大约两百只鸟和哺乳动物做了窒息实验。在实验中，他记录了令这些动物窒息所需的必要时间，比较了各种解药，并解剖了所有窒息而死的动物。最后他的结论是，氨水根本就不是什么万灵药，它的疗效还不如醋或者硫蒸气呢。特别是，虽然这些酸物质能刺激呼吸，但却并不像萨日所鼓吹的那样可以起到抵消恶臭气体毒害的作用。拉瓦锡一面鼓励比凯，一面亲自在巴士底监狱的壕沟里为比凯的实验搜集各种"沼气"的样品。1778年3月，拉瓦锡以十分赞许的态度向科学院汇报了同仁比凯的科研工作[23]。

卡代、彼拉特尔和茅厕

正是这样的遭遇使拉瓦锡开始对卡代·德·沃的茅厕问题研究产生兴趣。正如前文所述，从1775年起，卡代这位有着很高声望的药学家便开始投身墓地整治的工作。他的好友、巴黎警察总监勒努瓦不久后即任命他与拉布里克[a]、帕门蒂埃一道调查茅厕的危险性，特别是它对粪便清理工身体的威胁。作为被人瞧不起的下九流行业，巴黎及其近郊各镇的粪便清理工、水井和阴沟的清洁工从事的是遭人嫌弃而且有危险的工作。工人不但容易出事故，而且会被"尿粪气"灼伤眼睛或者中毒窒息。从1755年起，一家排风扇行业的公司称可以在不影响临近居民生活的情况下确保粪便清理工作的安全。因为这家公司获得了科学院认可并享有排风设备的特许经营权。随着1776年粪便清理工行会的取缔，政府得以强制使用这种排风设备进行作业。

正是出于这个目的，勒努瓦首先请上文提到的三位药学家调查茅厕异味，他们兢兢业业地完成了这项工作。三人都强调了传统工作办法对工人的伤害及使用排风扇的优点，不过他们提出同时要添加一个火炉以烧掉茅厕散发的气体并改善空气流动，还要使用生石灰。为此他们到加朗德路的一间工作条件高危的茅厕做了成功的实验。这间茅厕所在的房子长期归一位解剖演示人员所有，所以总是填满了尸体残骸。实验完成后，拉瓦锡会同密伊和福日鲁代表科学院审看了三位药学家的有关报告。报告通过各种

---

[a] 拉布里克（Louis-Guillaume Laborie，1726—1797），法国药学公学院院士和化学教授。

实验证实，茅厕的危害来自"硫肝"（即多硫化钾）的分解，不过它还没能指出我们今天知道的茅厕作业事故的真正元凶——硫化氢。科学院的专题委员会同意三位药学家的结论，并确认了在清理粪便过程中采用配有火炉的排风扇系统的重要性[24]。

政府随即出资将药学家及科学院的相关报告印发给相关部门，并在1779年4月10日给那家排风扇公司颁发了特许执照，授予其为期十五年的粪便清洁独家经营权，这使得原来的粪便清理工们丢了工作。在这件事上，政府又一次独断地给予一家商业公司如此的垄断权，就像两年前它在供水领域给予的独家经营权一样。在这样的公司里，政府、王室及学者圈子的各种公私利益都搅和在了一起。卡代·德·沃本人就趁机加入了这家公司。在接下来的几年里，他又当上了公共卫生事务督察，得以进一步推进他所倡导的公共卫生建设，并定期在《巴黎日报》上通报各种疏忽大意造成的茅厕事故。譬如，维阿姆街的一个织毯工因想将掉入大便池里的银币捞出来而不幸身亡[25]！

排风扇公司的垄断地位很快就遭遇了挑战。1781年，被引荐进宫的里昂眼外科医生雅南自称发明了一种强力"抗臭剂"。其实他所谓的发明不过就是醋而已。有关方面遂在里昂及后来巴黎的多处便池进行了测试，在巴黎警察总监勒努瓦府邸的便池测试结束后，政府在还未得到王家医学会有关意见的情况下，便急匆匆地出资印发了测试结果。王家医学会在凡尔赛得到的测试结果不尽如人意。1782年3月2日，卡代·德·沃的哥哥、化学家卡代·德·伽西科特在还未得知测试结果的情况下便在科学院里批评了雅南的技术。于是拉瓦锡、拉罗什富科公爵、马凯和勒华被要求就此事展开调查。王家医学会对在凡尔赛得到的首批测试结果也并不满意,于是它立即任命了一个包括马凯、富克鲁瓦、泰谢"神父"和阿莱在内的新委员会。就这样,两家委员会同时开展了调查工作。

委员会在佩尔蒂埃码头进行的首个测试进展顺利。3月23日,委员会专员们又来到了坐落于拉丁区中心羊皮纸厂街上的格林纳达公馆,进行第二次测试。粪便清理工们一致认为,这次测试的便池条件十分恶劣,也即十分危险。在该公馆居住的是外科专业的学生,他们有可能向便池里丢弃了尸体残骸。参加测试的雅南信心满满地在现场泼洒了他的醋剂,然后粪便清理工们开始清洁工作。然而在工作到一半时悲剧发生了,一个桶突然落入便池,一名工人便想顺着梯子下去捡,可他刚把头探入粪池工作口,就一下栽了进去。另外两个系着安全绳索的同事忙下去救他,可也昏厥了过去。第三个同事总算成功把绳子系到了掉落者身上,但那名工人已经死去了[26]。

格林纳达公馆的悲剧事故证明雅南的技术是无效的。可他本人却并不承认失败,仍在不停地与阿莱和卡代·德·伽西科特争吵。对于科学家们来说,这次调查促使他们更精准地研究"尿粪气"和中毒窒息的成因。拉瓦锡研究了粪便散发的气体,发现这是一种固定气体(即二氧化碳)和可燃气体(即甲烷)的混合气体。拉瓦锡觉得可以认定固定气体是便池窒息的主要诱因。基于此,他认为不能用醋而需要用石灰来处理粪便。

然而,阿莱对格林纳达公馆悲剧的分析则显示固定气体根本不是元凶。他认为,有害气体来自对粪水的搅动,并会快速挥发。这不符合固定气体的特性，因为它比一般空气要重。工人从粪池工作口一探头即晕厥，这说明发生事故时，有害气体已充满粪池并蔓延到了工作口。阿莱也排除了任何所谓"腐烂气体"或甲烷的可能性，因为有害气体没有任何可燃特征。他甚至排除了散发恶臭味的硫化氢的可能性。因为危险的便池通常是不会出现某种特别的气味的。尽管如此，阿莱和拉瓦锡至少在一点上达成了一致，那就是他们都强调粪池的恶臭气味与其危险性没有必然联系，这与大家的传统看法是完全不同的[27]。

大殿下博物馆的创办人彼拉特尔·德·罗齐埃也为解决粪池事故问题做出了自己的一份贡献。在1783年1月14日《巴黎日报》刊登的一封公开信中，他向发明了焚烧炉的卡代·德·沃表达了敬意，同时他也称有一个简便得多的解决有害气体的方法，但却没有透露任何关于此法的细节。王家医学会立即成立了一个委员会去调查他的方法。专员们首先拜访了彼拉特尔设在圣阿沃伊路的工作室，在那里他们看到彼拉特尔先是吸入可燃的氢气，然后又把它吹入一根细细的玻璃管中，并在管子的另一端点燃了一支蜡烛。随后，他咽下固定气体（即二氧化碳）而未出现任何危险（二氧化碳进入胃部）。通过这个过程他想说明这两种气体是没有毒的，从而反驳了许多物理学家的看法。彼拉特尔因此得出如下结论，造成窒息的原因是缺乏可呼吸的气体。因此在粪池或其他"有毒"环境中工作时，只须携带管子将可呼吸的气体送入肺中即可保证安全。

4月8日委员会前往穆浮达路的龙尚啤酒馆观摩此方法。那天彼拉特尔下到了二氧化碳气体含量达三分之二的啤酒槽里。

他先是屏住了呼吸，然后又戴上了呼吸设备。这套设备带有一条丝绸制的管子，管子固定在一个铁制螺线圈上，外端通达外界的空气，内端则与一个戴在鼻子上的呼吸罩相衔接。此外，设备还配有一副眼镜和一身防护服。身着这套装备的彼拉特尔在酒槽里待了半个小时而未感到不适。他只需要用鼻子吸气再用嘴呼气即可。事后富克鲁瓦以委员会的名义写了一份过程描述报告。他在报告里建议巴黎所有的保卫救援机构都要配有这种呼吸设备，"以便在有人因毒气出现窒息时能立即进入出事地点实施救援"。勒努瓦决定，今后每次在危险粪池作业时，都要提前通知彼拉特尔。科学院也批准了彼拉特尔的发明[28]。

彼拉特尔的装备适用于对窒息者的施救工作，它并无意代替粪便清理时所用的排风扇系统。由维奥·德·丰特奈（Viot de Fontenay）发明的异味抽送泵则直接对排风扇构成竞争。这种泵仿效了机械师迪赖（Thillaye）所制的消防泵。人们在凡尔赛测试了这一新设备，结果看来是行之有效的。1785年12月，维奥在布勒特伊男爵的支持下成功地通过法院判决打破了排风扇公司的独家经营特权。这使他得以成立一家异味抽送泵公司，以便与排风扇公司展开竞争。对此排风扇公司当然不会听之任之。在转年的8月，它不但重新赢得了经营特许权，还通过卡代·德·沃之口质疑维奥的抽送泵发明权。结果科学院又一次被问及意见。于是院里又成立了一个以拉瓦锡为骨干的专题委员会。委员会提出应该取消垄断经营的做法，因为"行政部门应当避免以给予特权的方式进行管理，特别是应避免颁发那些期限长、阻碍产业进步的经营特权"。最后，两家公司还是决定以和为贵，鉴于此时维奥已去世，其合伙人迪赖在1787年以异味抽送泵的发明技术入股到排风扇公司，使这家公司在巴黎的垄断经营权维持到了1794年[29]。

总而言之，在大革命之前，除了关闭无辜者墓园之外，巴黎的卫生事业很少有什么实际成就。特别是在主宫医院这个事情上，凸显了内部极度分裂的君主政权的无能。大部分项目都因各种抵制、财力不足或革命事件而被叫停。那些有关医院、监狱和屠宰场改造的项目全都悬而未决。直至18世纪末，巴黎仍然是既无整体的供水网络，也无完善的排污系统。不过，18世纪80年代社会的风起云涌确实给现代化学的蓬勃发展提供了一个巨大的实验场。幸而这场卫生改革运动后继有人，因为在执政府建立后，像卡代、阿莱、图雷和富克鲁瓦这样一批公共卫生专家终于有机会重启他们的事业，那些被搁置的建设项目也如雨后春笋般得以执行。只可惜"遍插茱萸少一人"：无论是在科研天赋还是在实际建树上都力压群雄的拉瓦锡再也不可能和大家一道工作了。

CHAPITRE 9

*

第九章 严肃科学

LA
SCIENCE
SÉVÈRE

1785年2月27日星期日，在位于兵工厂的拉瓦锡实验室里，开始了一项具有历史意义的水分解与合成实验。在两年前，化学家们已取得了现代气体化学领域里的一项杰出成就，他们发现一直被人们视为简单物质的水，实际上是由一种可燃气体（即氢气）和一种脱燃素气体（即氧气）构成的。1781年，普利斯特里在一个密封的瓶子里混合了可燃气体和可呼吸的空气（即室外的普通空气），然后燃爆了这种混合气体。这一反应结束后，普利斯特里观察到除了其他物质外，在瓶壁上还出现了许多小水滴。两年后，卡文迪许第一个证实了这种露状水滴便是可燃气体燃烧后的产物，他还得出结论——脱燃素气就是水脱去了燃素的产物。

　　拉瓦锡在得知这些科研结果后，便开始在他自己位于兵工厂的实验室里重做英国人的实验。1783年6月24日，他在拉普拉斯的协助下，通过这个实验得到了相当体量的纯净水。当时到现场观看拉瓦锡实验的有他的同事富克鲁瓦、迪奥尼·杜·赛儒尔、范德蒙德、勒让德[a]，以及科学院通讯院士莫尼叶和伦敦王家学会的英国学者布拉格登。尽管此次实验不够精准，但拉瓦锡立刻得出结论——水不是一种简单的元素，而是一种化合物质，其中脱燃素气体占三分之一，可燃气体占三分之二。转天，拉瓦锡和拉普拉斯便到科学院公布了这一发现。此后不久，蒙日在梅济耶尔做了一次更为精准的同类实验，从而确认水确实是按这个气体比例构成的。

水是两种气体的化合物，这一点有力地确证了几年来拉瓦锡提出的燃烧理论。然而仍有许多人，包括化学界的一些同行对此表示怀疑，因此有必要采用分解分析的办法确认水的合成物属性。从1783年秋天起，拉瓦锡开始了分解水的实验。他通过将烧红的铁或炭浸入水中得出了他所称的"水燃烧原理"。1783年11月12日，他在科学院恢复的年度公开例会上公布了实验的首批结果。由于当时达朗贝尔刚刚去世，在孔多塞即兴发表了对逝者的悼词后，会场沉浸在一片悲哀的肃静之中。随后，与会者耐心听取了四篇论文的宣读。根据《秘史记》的描述，拉瓦锡的论文没有获得多大的成功。该刊物对此仅淡淡地评述道："喜欢搞理论体系的拉瓦锡先生宣称水不像人们一贯认为的那样是一种元素，而是可以按人的意愿进行分解和再合成。"《秘史记》认为那篇排在拉瓦锡文章之后宣读的论文，即《论今年夏天的大雾》"在题目上更吸引人一些"。会议结束前还朗诵了对沃康松、博尔德纳夫[b]和潘格雷（Pinglé）这三位已故科学家的悼词。《秘史记》

---

[a] 勒让德（Adrien-Marie Legendre, 1752—1833），18世纪末至19世纪初的法国数学家。
[b] 博尔德纳夫（Toussaint Bordenave, 1728—1782），18世纪法国外科医生和解剖学家。

觉得这三篇悼词"要比那四篇论文让人感兴趣得多"。很显然，拉瓦锡的严肃科学并不适合世俗的口味[1]。

关于水和浮空器的大型实验

其实老百姓中没什么人关心水的成分，他们真正热衷的倒是时下的另一项新发明：孟格菲兄弟的热气球，即"孟氏气球"。这种气球于1783年6月4日在阿诺奈首次试飞。物理学家夏尔则很快提出了采用可燃气（即氢气）来助推飞行气球的方案。为了生成氢气，夏尔将浓硫酸与铁砂放在一起进行反应。他的"夏氏"氢气球于8月27日在马尔斯校场的万众瞩目中升空。当时有关浮空器的发明文件已提交给了科学院，于是院里就此事成立了评审会，并叫艾蒂安·孟格菲来巴黎做专题介绍。到了1783年底，人类实现了首次升空：一方面，彼拉特尔和达尔朗德侯爵乘坐孟格菲式热气球于11月21日从穆埃特城堡开始了空中旅行；另一方面，夏尔和罗贝尔则于同年的12月1日在杜伊勒里宫广场乘坐夏式氢气球上天。科学院评审委员会在12月13日拿出了评审报告，孟格菲兄弟赢得了六百里弗尔的奖金。

同日，在拉瓦锡的动议下，科学院成立了浮空器常设委员会以便开展进一步的专项科研工作。该委员会也请莫尼叶加盟。科学院院士们早就知晓此公的名气了，1776年刚从梅济耶尔工程学校毕业的莫尼叶便向科学院提交了一篇关于几何问题的优秀论文。不久他就当选为科学院院士范德蒙德的通讯员。莫尼叶本人在瑟堡继续他的军用工程科研工作，同时他为巴黎王家科学院编撰了《机器大全》，此书由科学院出版。为了写就这部著作，莫尼叶一年中有六个月是在巴黎度过的。1783年他把大部分精力都放在浮空器的课题上：他不仅跟踪了气球在巴黎的首次试飞，而且与夏尔共同研究了气球的稳定性问题。同时他也同拉瓦锡一道关注水的科研工作。莫尼叶在观看了拉瓦锡于1783年6月24日所做的水生成实验后，大约在9月发明了一种新设备，即气体体积测量计，用以测量实验中的气体体积。莫尼叶进入浮空器委员会意味着他和拉瓦锡正式展开合作。几个星期后，莫尼叶当选科学院几何学部助理院士，并获得其上司允许可全年住在巴黎了。

浮空器委员会给自己定的任务如下：制作气球球体；生产大批量专用气体；研发控制气球升空高度和漂浮方向的技术。这些任务主要落在莫尼叶肩上。在1784年全年，他进行了一系列关于浮空器制作、驱动和操作的科研工作，而且还提出了建造巨型跨洋飞艇的方案，不过最终仅流于纸面想法。而拉瓦锡最重视的问题当然是如何批量制造氢气。这种关注一方面是出于简便而且大量生产氢气的实用目的，另一方面则是出于化学家本人心心念念的一个学术目标，即通过大量精准的实验确认水的组成成分，以便给燃素说致命的一击。拉瓦锡和莫尼叶在贝托莱的协助下，于1784年3—4月进行了数次利用铁分解水蒸气的实验。他们让水流通过微微倾斜且加热到发红的枪筒状管子，或者通过装有铁片或铁屑的铜管，生成了大批量的氢气。不过这些实验仍是在特定状况下完成的。现在拉瓦锡需要的是通过大批量成功的水分解和合成实验，彻底打消一切有关水成分的怀疑。这样的实验将既是一种测试，也是一种现身说法[2]。

1783年12月底，由仪器制造商小梅涅（机械师皮埃尔·梅涅之弟）制作的气体体积测量计到货了，它首先被拉瓦锡和拉普拉斯用于1784年5月、6月的炭燃烧实验。到了同年年底他们才开始筹备有关水成分的大型演示项目。当时还未有一项化学或物理实验的构思、筹备和实施能像该演示一样精细和谨慎。梅涅在9月时细心拆卸和清扫了演示要用的气体体积测量计。在不同温度和压力下校准设备的尺寸是一项枯燥繁琐的操作，该工作在12月底才开始。拉瓦锡和莫尼叶测量了各种气体的流出速度，并称重了两种用于水蒸气分解的枪筒状管子。梅涅负责安装整套设备。到了1785年2月底，实验终于可以开始了。

应拉瓦锡的请求，科学院任命了一个十三人的特别委员会，委员会成员除了囊括化学部的所有院士之外，还邀请了伯沙尔（巴黎高等法院庭长）、布里松、巴伊、拉普拉斯、蒙日和拉罗什富科公爵。2月21日星期一，在科学院例会结束后，拉瓦锡邀请特别委员会的成员们来兵工厂共进晚餐，并查验有关设备。包括（首席御医）拉索讷在内的另一些院士也来参加了餐会。演示于接下来的星期日开始并持续了三天。除了特别委员会外，拉瓦锡还邀请了若干同事列席作证，包括数位荣誉院士，如马尔泽尔布、绍讷公爵以及未来的国王事务省国务秘书洛朗·德·维勒多耶。观看演示的有"三十多位学者、物理学家、几何学家和博物学家，既包括科学院特别委员会的众多委员，也有多名院外科学家"。

演示分为水分解和水合成两个步骤。水分解部分所用的设备与一年前大批量制作氢气时所用的设备完全相同，即先将水倒入一支漏斗中，使水一滴一滴地进入 1 号或 2 号铁制枪筒状管子。这两根管子都用炉火加热。水由铜管导入枪筒状管子，后者装有薄薄的铁皮。为了确保密闭，管内加了黏土内衬。水蒸气在与烧红的铁接触后，生成氢气，氢气与剩余的水蒸气一起从管子的另一端排出，进入一条蛇形管，蛇形管浸在冷却剂中以保证将剩余的水蒸气冷凝下来。另设一个浸在水银气压池里的钟罩，由它收集生成的氢气。

设备内部处于真空状态。使用 1 号枪筒状管子的水分解实验从 2 月 27 日中午十二点前开始，一直持续到了当晚六点半。该实验共生成了超过十个钟罩的氢气，这些氢气立即被导入标有 2 号字样的气体体积测量计。1 号气体体积测量计内已盛满了氧气。现在可以进行下一步的水合成实验了。合成水的燃烧反应在一个设有三个调节阀门的球状容器中进行：第一个阀门通过气动泵提前制造真空环境，第二个阀门负责输入氧气，第三个阀门则负责注入氢气。在将氧气装入球状容器后，再把该容器接到两个气体体积测量计上。六点五十五分时，由拉姆斯登静电机产生的电火花点燃了氢气，燃烧开始并一直持续到当晚的十点。

第二天凌晨，在为 1 号气体体积测量计重新盛入氧气后，氢燃烧最终完成。在此期间，又使用 2 号枪筒状管子进行了第二轮水分解实验。第二轮分解实验在四点四十三分四十秒结束，生成了超过七个钟罩的氢气。这些氢气随即投入燃烧实验直至十点三十五分。在十一点十五分时，蒙日封上了球状容器及各个进气阀门。助手们随即撤离。到了第三天，科学家把球状容器里装的剩余气体导入一个钟罩中，然后对燃烧产生的水进行检测。此时主体实验部分已结束。3月7日，特别委员会分析了主要由氢气、氧气和二氧化碳组成的剩余气体，并很仔细地称量了枪筒状管子、冷凝管和球状容器。3月12日，委员会签署了实验报告。

其实上面的描述过于简单，不足以展现拉瓦锡在莫尼叶的协助下前前后后为这次大型实验所做的细致工作。为了尽可能减少泄露，他们采取了一切措施。水和氧气的纯度得到了检测，气体及液体的流动得到了精准的管控，气体的体积和重量得到了精确的称量和计算。特别委员会的专员们监督了每个细节，做了测试记录，并核实了计算结果，最后他们均在所有的实验记录上进行了草签。然而尽管采取了各种防范和修正措施，这次大型实验还是没能成功。专员们发现氢气泄露了。在第二天的实验中，一个操作失误造成蒸汽意外喷发。在分解实验中收集的氢气并未能全部用于逆向的合成反应，因此合成水的重量明显低于原来的水。

最后测算得知，有15%的氢气未能用于水合成实验，在计入这个损失后算出的氢气总量就与分解反应后得到的氢气量一致了。这本可被视为这次实验的最大收获，然而由于分解实验的误差量限定在6%左右，所以结果难以服人。也许就是出于这个原因，特别委员会未发表实验报告。更何况，委员会所有的成员都不太信服这次演示，萨日和波美等几位化学家干脆就挑明了他们的这个态度。面对这样的结果，拉瓦锡和莫尼叶还是选择于一年后，在书商弗朗索瓦·霍夫曼创办的《科学工艺纵谈报》上发表了一篇关于这次演示的简要叙述。毕竟他们为这次实验付出了那么多的财力和努力[3]。

兵工厂里的化学研究

当年，三十多人在兵工厂见证了这次有关水成分的大型实验。其实，如此多的精英造访兵工厂早已是司空见惯的事。正因如此，此地遂发展成为巴黎科学界的主要聚会场所之一。拉瓦锡在 1775 年被任命为火药局局长，于是他便偕夫人离开了位于新贫童学校路的住所及那里的实验室，搬到了位于小兵工厂的火药局办公楼里。现在的拉瓦锡不仅有钱而且有了大房子，这使他可以随心所欲地待客聚会。拉瓦锡的夫人玛丽-安娜·波尔兹不但是丈夫的科研助手，还成了他的沙龙女主人。受邀嘉宾不但可品尝咖啡茶点、享用晚餐，还可欣赏音乐、玩玩棋牌，并尽情地谈笑风生。在有的晚宴上，大家还用幻灯机将拉瓦锡夫人绘制的图画投影出来观看。1781 年，也许就是在这样的场合里，玛丽-安娜与皮埃尔-萨缪尔-杜邦·德·内穆尔[a]产生了单纯的爱慕之情。

拉瓦锡夫妇十分富有并过着阔绰的生活，与他们交往的也都是同样身份的人，言谈举止自成一圈。不过，他们的圈子并非巴黎的贵族社会。虽说夫人的举止有些轻浮，但拉瓦锡本人却有着金融家及政府官员般的认真严谨，他想到的首先是学问，并始终利用在上流社会的人脉为自己的科研工作铺路。他最常邀请的客人正是他的同事和路经巴黎的外国学者，譬如普利斯特里、布拉格登、瓦特、富兰克林、范马勒姆等人。大家谈论的主题也都是

---

[a] 皮埃尔-萨缪尔-杜邦·德·内穆尔（Pierre Samuel Dupont de Nemours, 1739—1817），18 世纪末法国哲学家、经济学家、大企业家及重农学派学者。他出身法国新教家庭，后移民美国，其家族成为美国政经豪门之一。

科学界的最新讯息。拉瓦锡常向客人展示自己那间有着两千五百卷藏书的书斋，尤其喜欢展示自己的实验室[4]。

说到拉瓦锡在兵工厂的实验室，其实大家对这个化学史上的传奇之地知之甚少。亚瑟·杨格曾于1787年10月16日受邀前往拉瓦锡在兵工厂的家享用"英式午餐和咖啡茶点"。他惊叹于拉瓦锡"这位哲人能有如此舒适的居住条件，俨然一位富豪的样子"。杨格参观了拉瓦锡的实验室，和他为进行水成分大型实验而组建的"强大仪器阵容"，不过杨格表示自己对这些设备基本一窍不通[5]。依据拉瓦锡夫人绘制的图片，可以看出这个实验室的房顶是孟莎式的折面屋顶。实验室的一侧面向院子，另一侧朝向花园。不过它的具体位置却无从知晓。也许它是设在硝石大院和护城河边花园之间的某幢楼房中吧。实验室的条件谈不上有多舒适。实验设备都放置在石板地上，玻璃和陶瓷器皿都存放在靠墙的架子上。实验室里的家具仅限于几张桌子和几把椅子，另有一个取暖用的火炉。在进行水成分实验的那几天，每日傍晚的气温不超过10℃。

每天早上六点，拉瓦锡都会先去自己的实验室工作。九点后，他开始处理总包税所和火药局的事务。晚上他又回到实验室从七点工作到十点。拉瓦锡很少一个人单独在实验室工作。也许他雇了几个帮工，我们对此一无所知，不过他肯定有几位合作者，譬如，他夫人就经常帮他做记录。此外，一些年轻科学家和他的同事有时也来相助。兵工厂实验室的重要性及其高质量的仪器一直激发着科学发烧友的好奇心和化学家们的浓厚兴趣。拉瓦锡一开始的合作者是医生兼化学家让-巴蒂斯特·比凯，此人也是他在科学院的同事，但他不幸患癌英年早逝了。1778年，拉瓦锡与另一位年轻的科学院同事皮埃尔-西蒙·拉普拉斯开始了成果丰富的合作。拉普拉斯当时以天体力学和概率论方面的成就著称。继拉普拉斯之后的合作者为我们上文讲到的莫尼叶[6]。

从那时起，拉瓦锡开始开宗立说了。1783年，蒙日被拉瓦锡的氧化说打败，但真正的转折点是他所做的大型水成分实验。1785年4月，对拉瓦锡实验表示信服的化学家贝托莱站到了他一边。贝托莱为此重新解释了所谓脱燃素盐酸（氯）的形成，宣称它是氧和盐酸的化合产物。不久后，拉瓦锡在科学院的几次例会上连续展示了他的论文《对燃素的思考》。在论文里，他直截了当地抨击了大多数化学家接受的施塔尔学说。富克鲁瓦也随即在自己的讲堂上抨击了燃素学说。到了1787年初，吉东-莫沃[a]也加入了反燃素说的阵营。拉瓦锡的新理论遂占领了学术阵地，1787年按他的理论发表的化学新术语表立即获得了成功，这足以证明新局面的到来。尽管如此，反对人士并未甘心失败。在科学院内部，院士萨日、波美和达尔塞继续抵制新理论。而在社会上，《物理报》就专门为燃素说的捍卫者开辟了专栏，萨日、马利维茨男爵[b]、拉马克、德吕克[c]、普利斯特里等数位极其敌视现代化学理论的人士都在上面发文反击。该报的主编德拉美特利也亲自参与论战，并经常不点名地指责他所讨厌的拉瓦锡。

---

a 吉东-莫沃（Guyton-Morveau, 1737—1816），法国化学家、大革命时期政治家和拉瓦锡的助手。
b 马利维茨男爵（Étienne-Claude Marivetz, 1731—1794），18世纪末法国富有的业余物理学家。
c 德吕克（Jean André Deluc, 1727—1817），瑞士物理学家和高山地质学家。

兵工厂因此成为"化学革命"人士的据点和大本营。他们每个星期六都聚在拉瓦锡这里。拉瓦锡夫人后来曾就此写道："聚会这天就是他幸福的一天。来客要么是思想开明的人士，要么是因有机会协助他的实验而倍感自豪的年轻人。大家一早就聚在他的实验室中，在那里共同用餐、共同探讨，也在那里孕育出令其作者不朽的理论。大家聚集到那里耳闻目睹这位思维精准、才能高超且天赋极强的人士的风采。在言谈话语中，大家能感受到他高尚的做人原则。"[7]来访者中有三位年轻化学家曾协助过拉瓦锡的实验工作，并和前辈学兄一起参与了化学术语表的编纂研讨会。他们是让-亨利·阿森弗拉茨、皮埃尔-奥古斯特·阿代和阿尔芒·塞甘。拉瓦锡夫人则翻译了柯万[a]关于燃素说的著述并绘制了相关图片。1788年，拉瓦锡撰写了《化学基础论》。转年，兵工厂科研团队根据阿代在1787年的构思创办了一份名叫《化学年鉴》的新刊物。起初他们只是想将克雷勒[b]发行的《化学年鉴》译成法语，但很快大家便决定在这份刊物上刊登一些新颖的化学论文，因为它们无法在敌视现代化学理论的《物理报》上发表，也无法在《科学工艺纵谈报》上发表（创刊一年即停刊）。

由于兵工厂实验室毗邻拉瓦锡的住房，它也成为其私人空间的一部分。但是，实验室也是火药局局长的工作场所。其实拉瓦锡的实验场所遍布兵工厂的各个角落，有时甚至还包括花园。

---

[a] 柯万（Richard Kirwan，1733—1812），18世纪爱尔兰科学家。他曾写过表达燃素论旧观念的著述，后来被拉瓦锡夫人译成法语，并附有拉瓦锡等人的批评。不久后，他接受了拉瓦锡的现代化学新理念。

[b] 克雷勒（Lorenz Crell，1744—1816），18世纪末德意志化学家。

1781年和1782年拉瓦锡和拉普拉斯就在花园做了金属热胀冷缩的实验。拉瓦锡的数千个曲颈甑、坩埚、球状容器和罐子都存放在火药局的一栋配楼里。那么，兵工厂职工会造访拉瓦锡的实验室吗？我们仅知道，火药局雇员让热布雷曾来此和拉瓦锡一起工作过。也许让热布雷也曾利用这个实验室开展过自己的实验观摩课吧。拉瓦锡大概也让兵工厂职工给他做一些搬运、大型泥瓦及木工之类的活计。除了这些劳务来往外，拉瓦锡应该早已把自己在火药局的本职工作和他个人的化学科研密切地联系在一起了。这体现在他对硝石与炭、硫反应所产生的爆轰现象的研究上，和他对这个爆轰过程中所释放热量的研究上。火药研制也好，浮空器研究也罢，他在兵工厂里操心的事已远远超出了实用层面。对于拉瓦锡而言，做实验是为了验证理论。他关于水成分的大型实验便是一个明证。

总之，现代化学就是在这样一个远离科学院和上流社会，与巴士底监狱仅有一步之遥的地方飞速发展起来的。把科研工作安排在如此偏远的场所部分是形势使然。起先拉瓦锡是在卢浮宫街区工作，后来因为当了火药局局长，才来到兵工厂。即便如此，他的家也不是非搬到兵工厂不可。若还能在王家宫殿附近居住，对于他打理包税人业务、到科学院开会及过上流社会的生活都会很方便。拉瓦锡夫妇在小田园十字架路还是留有一处住所的。两人之所以情愿搬到远离社交中心的地方主要是因为在兵工厂可以随心所欲地使用一间宽大的实验室。这样看来，化学革命能有这样大的一个制造场所作为舞台并非完全偶然之事。这场变革的地点刻意与科学家及科技发烧友经常光顾的巴黎闹市保持一定的距离也似乎别有意味。其实，拉瓦锡和同伴们的著述标志着一种决裂，这种决裂已超出了单纯的化学范畴。18世纪科学和博物学曾以公众和上流社会的功利需求为导向，这种决裂标志着科研从此与功利性的行为分道扬镳了。这一由科学的严苛要求所导致的决裂，不仅表现为思维方式上的分离，也体现为社交圈子及地理布局上的分野。从此，专业科学家的工作和发烧友们的活动完全变为两码事了。这意味着科学和公众形成了新型的关系。同时，严肃科学也要求更加专业和不受干扰的独立工作空间。兵工厂实验室从某种意义上说正是因应这种要求而诞生的样板。尽管这一新风尚刚刚开始，但已势不可挡[8]。

拉普拉斯的天体力学

虽说有关水成分的大型实验在成效上大打折扣，公众反应也寥寥，但它对于兵工厂的科研团队来说却具有里程碑式的意义。这次实验不但确认了拉瓦锡的气体反应说，而且因其采用了传统无法比拟的精密仪器和精准测试，所以提供了新型实验科学的绝佳范例。为了保证大型实验的良好运作，拉瓦锡并未请化学家或物理学家来帮忙，而是请了拉普拉斯这样一位工程师兼几何测量师来相助。这个选择并非偶然。此前两人便有过合作：首先是关于液体蒸发的实验，而后是1781—1782年关于物质热容量的实验。此外，两人在兵工厂还联手开展了著名的量热法实验。数学家拉普拉斯为这个项目做出了关键的贡献：他发明了有关的实验设备，进行了测算，并建议用机械因果关系解释热学问题。

拉瓦锡请莫尼叶帮忙是想借助后者作为工程师的才能，他请拉普拉斯来帮忙，则将天文学的思维带入了物理研究中。在科学门类中，行星天文学向来以观察的高精确度和理论的数学化著称。牛顿的万有引力定律便堪称一个可预知的量化科学分析典范。拉普拉斯从一开始就想完成这样一个数学建构。实际上，当时的"天体物理"（即时人口中的天体力学）虽然成就斐然，但还远未掌握所有天体的运行特点。连牛顿自己都在计算中忽略了行星的干扰，以致在关于月球的论述上犯了错误。这最终导致理论预测值和实际观察结果严重不符。这一错误不仅发生在月球问题上，还出现在有关彗星及木星、土星这两颗太阳系质量最大的行星预测上。在关于木星和土星的运行差异问题上，两千年的观测结果都显示木星的公转平均角速度是在增加的，而土星则是在减少。对此牛顿自己都无法解释。要弄清这些问题就必须依靠数学分析。

18世纪40年代，先是欧拉，随后又有克莱罗和达朗贝尔陆续就此问题给出了第一批答案。克莱罗在早先时候仅通过引力这一个因素解释历代观测者熟知的月球近地点和远地点的运动规律。十年后的一次著名争议使克莱罗认识到哈雷彗星因受木星干扰而呈现的不规则运动。尽管取得了这些令人赞叹的成就，但大部分天体在实际运行与理论预测上的差异仍无法解释。以欧拉为首的许多人都想象着在引力因素之外还存在另一个因素。为了解答月球经度方向上的加速问题，拉普拉斯在1773年提出假设——引力作用可导致极快但却受限的速度。这个假想虽说很有意思但却缺乏根据且无从验证。在同一篇假设论文里，拉普拉斯花费大量笔墨驳斥了拉格朗日关于木星和土星存在"巨大运行差异"的理论解释，同时他提出可用彗星干扰来解释这种差异。

在接下来的近十年里，拉普拉斯没有再涉足这个挑战牛顿理论的问题。他在孔多塞的督促下，研究出了概率理论及把它应用到人口学问题上的方法。此外，他还受到拉瓦锡的影响转而投身物理学课题。在天文学领域，拉普拉斯又对确定彗星的轨道产生兴趣。他在1783年宣布，赫歇尔在两年前发现的天体不是彗星而是一颗真真切切的行星（即天王星）。他仍关注天体运行差异，并延伸、简化、澄清了欧拉的研究成果，从而在1776年提出了摄动函数的基本概念。不过拉格朗日还是未能找出木星和土星存在巨大运行差异的原因。

1785年11月23日，即大型水成分实验的九个月后，戏剧性的一幕发生了：拉普拉斯向科学院宣布他找到了土木二星存在巨大运行差异的原因。应该说，在这个课题上，拉普拉斯借用了拉格朗日的研究方法，但答案的揭晓完完全全是他自己的劳动成果。拉普拉斯以拉格朗日的假说，描述了木星和土星的轨道共振现象如何最终导致了它们的运行差异。具体而言，两行星公转平均角速度的通约性给它们的经度计算造成了极大干扰。由于这种巨大的运行差异取决于两行星各自的位置，所以它并不会无限期持续，但会有较长的周期。拉普拉斯认为这个存在剧烈差异的周期大约为八百七十七年。紧接着，拉普拉斯又以同样的原因解释了木星的各个卫星的运行差异。由此，他也解开了月球运行的长期加速谜团。拉普拉斯最后表明，至少从一阶近似值角度看，太阳系是稳定的。当时拉普拉斯仅仅给大家介绍了其理论的大框架。六个月后的1786年5月10日，他提交了细化分析材料及相关的数值计算。这一成果令人热血沸腾，人们把公元前228年巴比伦人对土星的观测结果与拉普拉斯理论推导的土星位置相比较，误差竟不到一分[9]！

就在同一天，拉普拉斯结识了即将成为他主要合作伙伴的让-巴蒂斯特·德朗布尔[a]。这位受拉朗德关照的年轻人当时刚刚趁天空放晴观测了水星掠过太阳的现象。拉朗德在科学院例会上通报了他的这次观测。参加例会的德朗布尔首先走到拉普拉斯跟前祝贺他的重大发现，同时向他提出，为了验证这一木星和土星的新理论，他愿意复核计算相关的实际观测数据。作为财税高官若弗鲁瓦·达西（Geoffroy d'Assy）儿子的家庭教师，德朗布尔有幸在其雇主位于玛黑区的家里拥有一间私人观测台，他对计算工作也并不厌烦。虽说如此，相关的任务十分繁重：计算者需要减少并修正在木星和土星观测中出现的冲突数据，要排除那些过于不可信的观测结果，并要通过计算推知各项轨道参数，最后还要列出相关表格。最终，德朗布尔用了九个月时间完成了所有计算，并于1789年发表了《木星和土星运行表》，由此开启了天文计算历史的新时代。过去天文学家关注的是数据的精确性，但这份运行表的编制以单一理论做基础，观测数据只用于确定积分常数。德朗布尔本人成为在巴黎王家科学院被取缔之前最后入选的院士，他于1792年2月15日被选为几何学部合作院士[10]。

---

[a] 让-巴蒂斯特·德朗布尔（Jean-Baptiste Delambre，1749—1822），法国数学家、天文学家。

拉普拉斯的科研成果是行星天文学史上的一项重大进步。它不仅为编制更加精确和可靠的天文表开辟了道路，而且强化了理论的巨大威力。这些成果不仅意味着牛顿的胜利，也标志着拉普拉斯个人的成功。正如他本人在就木星卫星的问题写信给意大利天文学家奥利亚尼时的自豪倾诉，"观测活动让天文学家们依稀看到了行星轨道的各种变化，可是却无法确知它们的规律。当人们发现万有引力定律可以解释所有这些行星轨道的变化时，心中是充满了赞叹啊"。更大的升华还在后面，拉普拉斯以哲人的视角审视太阳系的稳定性，他从中认识到这一点："万有引力定律是宇宙中最重要的真相之一，它不仅造就了地球上大自然的规则，也在天上维系着宇宙秩序的稳定。它就是这样使无数个体得以存在，使万般物种得以绵延。"[11]

算学帝国

拉普拉斯是不是想通过上面的哲学式评论暗示他所做的有关新生儿男女概率的研究呢？一些人将两性平均的出生比例视为上帝的保佑。莫朗曾收集了1709—1770年巴黎及其毗邻各镇出生人口的统计数据，这些数据显示男婴出生率略高一些。拉普拉斯曾在天体力学领域证明，彗星轨道与黄道面的交角并不出于任何特别原因。如今他套用了天体力学的论证办法，证明在未来男婴的出生数量有可能一直略微高于女婴。在这个问题上他运用了许多属于概率计算范畴的数学新技术。在一篇1785年11月30日宣读的论文中（也即他向科学家展示有关行星运行差异论文的一个星期后），他通过概率计算确认，只要倍数的计算是以足够多的样本为基础，那么有关出生的统计就提供了评估全法国人口的可靠办法（拉普拉斯建议搜集的样本数量至少要达到一百万人）[12]。

拉普拉斯谈到宇宙的秩序和大自然的规则对于地球上个体存活和万物繁衍的重要性，看来这位科学家的思考不仅限于人口层面，还包含了物理学和博物学方面。拉普拉斯参与了拉瓦锡有关热量、水和呼吸专题的科研工作。或许他的思想里还包括库仑关于电和磁性的科学成果吧。夏尔·库仑同莫尼叶一样都是土木工程师，并曾在梅济耶尔军事工程学校学习。库仑因自己设计的磁力罗盘获得了科学院颁发的科研奖金，一举成名。这也成为他后来投身物理和机械科研工作的起点。1781年，库仑在首都巴黎得到一个工程师的职位，这使他可随心所欲地投身科学实验。也正是在这一年，库仑作为力学部助理院士进入了巴黎王家科学院。

库仑根据自己做的首个磁性罗盘又研发出了一种扭秤。在巴黎，他就是凭借这种扭秤开展了一项长期的物理科研计划。卡西尼在天文台也安装了同类扭秤以测量磁偏角的变化。不过它使用起来很不容易，以至于库仑刚到巴黎，卡西尼就请他相助。大概就是通过与卡西尼的合作，库仑开始了有关悬丝扭矩定律的科研工作。1784年9月某日，他向科学院介绍了该定律。科学院在同一天通过了谴责动物磁流说的报告。正是在这种场合下，库仑宣布了他的电学和磁学实验项目。在此后的1785—1790年，库仑陆续向科学院提交了一系列论文，汇报了实验的细节和结果。

电学是18世纪备受青睐的热门领域，库仑的论文则标志着电学的冲破式发展。他的扭秤使人们第一次有办法测量静电吸引力，从而使电学由定性观察阶段迈向了定量评估阶段。此时的电学已远离科穆及马拉的猎奇表演。尽管如此，库仑所使用的仪器因为易受外界环境干扰，所以无法达到精确的层次；加之，他的实验都是在不够明确的条件下进行的，譬如有可能就是在他自己家中进行的，所以难以复制。然而至少在巴黎，没有人质疑他的实验结果。况且，此时的改变已不仅限于实验层面，很有可能触及了理论。库仑揭示了物体间的相互吸引力与万有引力原理之间的相通之处，从而将电学和磁学纳入了牛顿力学的范畴。换言之，库仑实现了电学研究的数学化。拉普拉斯高度赞扬了库仑在电学领域发现的定量规律[13]。

阿维神父将库仑的科研成果介绍给了电学发烧友。他曾改写德意志物理学家埃皮努斯关于电学和磁学问题的一部著作。该书于1787年发表，介绍了库仑的成果。乍一看，像阿维这样来自植物园的专家与新物理的信徒们没有任何关系。他曾先后担任纳瓦拉学院和勒莫万枢机主教公学院的拉丁语老师。阿维仅仅是出于好奇才进入了科学领域，他的业余爱好是音乐和植物采集。起初，他对植物学感兴趣，直到很晚他才在道本顿的建议下，将自己的专业方向改为矿物学。1781年，阿维向科学院提交了首批有关石榴石和某些方解石的结晶形状的论文。在道本顿和裴蜀的鼓励下，阿维继续他的矿物学研究，并于1783年当选科学院院士。他的当选是物理学界和数学界众多专家鼎力相挺的结果，最主要的支持就来自拉普拉斯。

阿维在1784年发表了《晶体结构理论的评述》。他在文中称可以将晶体结构归结为"一群'组成分子'",并宣布了这种构造的定律。他认为组成结晶体的分子就像一种多面体的"初始状态"的核。人们在某些条件下只须通过简单的机械分割便可得到这样的形制。与科学院的物理学家与数学家同事相比,阿维的科研手段实在有限,他的工具只有实用测角仪,这还是从罗梅·德·里尔和卡朗若[a]那里借来的。另外,他只做了结晶体的解理实验和初级的几何计算。然而,他的理论却清晰美妙,所有的结论都是从几个简单的定律推导出来的。这为新物理学树立了典范,阿维正是推动这股科学新风的一员。

在接下来的几年里,阿维神父继续专注于结晶体的研究。他描述了更多的结晶构造,同时将它们可能的初始状态都简化归结为三类"构成分子"。这三类分子又可简化为一种平行六面体,不过生成的方式要更复杂一些。阿维还致力于根据结构给晶体分类,也就是说根据构成晶体的分子形状而非晶体的化学成分进行分类。阿维住在勒莫万枢机主教公学院里,深居简出,平时在该院讲授矿物学课程,同事们都喜欢来听他的课[14]。

在阿维的启发下,将计算引入对事物的研究悄然延伸至博物学领域。曾在这方面鼓励过阿维的道本顿为布封在动物学研究方面的合作者,他也希望将比较解剖学发展为一门有关形态学与动物组织学的系统化、严格化的学问。道本顿的弟子及侄女婿维克·达吉尔系王家医学会的终身秘书,他于18世纪80年代在王家植物园的比较解剖公开课上及后来在阿尔福兽医学校的课上,

---

a 卡朗若(Arnould Carangeot, 1742—1806),法国博物学家和矿物学家,测角仪的发明者。

开始践行这一理念,他的教学以精准的比较解剖研究成果为前提。他的比较解剖成果涉及鸟类的翅膀及听觉系统、四足动物的运动器官,也涉及发声器官特别是大脑组织。

实际上一直到当时,比较解剖学都是处于人体解剖学和博物学之间的一个附属门类。维克·达吉尔有志于以它为基点,发起一场有关整个生命科学领域的改革。这场改革将既涉及人类医学、动物医学、物种分类,也涉及生理学法则。可以看出,维克·达吉尔意在强调新医学的方法论。他的解剖学既致力于比较同一物种的不同器官,也重视比较不同物种的同一器官。从他的分析中衍生出两个重要课题:一个是被解剖组织的功能统一性,即不同器官或同一器官的不同组成部分为了实现统一的功能,各自形成的不同形态;另一个是被解剖组织的形态统一性,即不同器官在同一方面的构造重复性。维克·达吉尔对比了生物体与像水晶这样的无生命物质,发现生物体的各组成部分一般都是不同的,它们的形态主要由其功能决定,而诸如水晶这样的无生命物质,其组成部分都是均质的,其形态主要是由引力定律决定。维克·达吉尔试图借此将方法论引入比较解剖学,这一方法论与阿维的晶体学理论及拉瓦锡的化学理论有共通之处。不过维克·达吉尔的构想基本上仅流于个人愿望。虽然如此,它对若弗鲁瓦·圣伊莱尔特别是居维叶这样的后继者产生了巨大的影响[15]。

当时,业余爱好者感兴趣的不过是博物学表面上的那些花哨玩意,维克·达吉尔则试图带来一种属于科学家的严谨的解剖学。他这样做主要是为了不点名地批驳布封的作风。布封把形式上的吸引力看得比科学本身更重要。他在1770年时曾拒绝在

《鸟类史》中加入道本顿撰写的解剖学内容。布封主导博物学达四十年之久，他在王家植物院一直大权独揽。可在科学院里，他却日益变成了孤家寡人。达朗贝尔及其继承者们都痛恨他，并对其去世表现得无动于衷。连为布封致悼词的孔多塞也是如此。孔多塞曾向苏亚尔夫人坦承他对布封的反感："我现在又得为一个庸才劳神了，就是这位布封大人。我越看他的东西，越觉得此人唠唠叨叨、空泛不实。"[16]

物理学家的征伐

18世纪80年代，在拉瓦锡身边逐渐结成了一个非正式的学者团体，其中有化学家贝托莱和富克鲁瓦、数学家蒙日和拉普拉斯、物理学家库仑和阿维、机械师范德蒙德和莫尼叶，以及解剖学家维克·达吉尔。此外，向拉瓦锡靠拢的还有科学院终身秘书孔多塞、与布封渐行渐远的博物学家道本顿以及1787年从柏林来到巴黎的数学家拉格朗日。在大革命前夜，这个团体主导了巴黎王家科学院和王家医学会。即使像巴伊、拉朗德和卡西尼这样迎合上流社会喜好的学者也站到了拉瓦锡的旗帜下。虽然这几位未必认同拉瓦锡的主张或好恶，但他们却能团结在一起共同捍卫科研的价值观和科学家的职责。大家都反对凭空想象的教条，强调实验和计算的重要性。牛顿就是他们的偶像。他们认为，牛顿的严谨方法不仅应贯彻到"无生命物质"科学，也应运用到生命科学甚至运用到关于人的社会形态的研究。正如在同时期的绘画领域，出现了以大卫为代表的希腊古典主义严谨画风一样，拉瓦锡的科学家团队也通过践行实验科研，倡导一种基于精细测量和计算的科学，它在某种意义上也可被称为"严肃科学"。

对于这些科学家来说，追求真相是神圣的天职。其实这种追求也是一种战斗。正如孔多塞在评论马拉的实验时所说的，科学界的第一个作用就体现在"永远抵制各式各样的江湖骗术，这当然会令很多人不快"。科学院长期以来一直对那些自称可以化圆为方的人、那些走火入魔的伪发明家，以及那些所谓的大师们采取容忍的态度。1782年，天文学家拉朗德写信给《巴黎日报》，对它专门报道所谓会飞的船和会转的棍子之类的奇谈表示抗议。拉朗德说道，一般来说，面对这些奇谈，"如果科学家们保持沉默，这只能说明他们根本不屑于与之理论"[17]。正因如此，科学院对新笛卡尔主义者马利维茨男爵的科研成果采取了一种沉默的否定态度。前不久科学院对反牛顿的马拉的科研成果也采取了漠然置之的态度。马利维茨男爵是位富有的科学发烧友，他醉心于搞项目和创学说。马利维茨男爵与《百科全书》的插图画家古谢合作，编写了一部名曰《世界物理》的作品，这本百科全书式的巨著面向所有公众，在书中马利维茨男爵阐释了漩涡理论。不过这部巨著也令其倾家荡产。此书的首卷于1783年问世并送交科学院评审。与布封的主张相反，马利维茨男爵在书中坚称地球在变暖。作为布封派的巴伊尽管心中赞同马利维茨男爵的观点，但还是采取了息事宁人的做法。拉朗德则对此默不作声。至于整个科学院，它对送审的作品采取了完全忽视的态度。遭受轻视的马利维茨男爵为了不失身份，表面故作大度，却让自己的好友罗梅·德·里尔和让-路易·卡拉[a]站出来揭露科学院的成见[18]。

1784年的梅斯梅尔事件成为一个转折点。这一次，科学界不再仅仅以沉默态度来表达自己的拒绝立场了，而是当众谴责这一赢得了不少上流社会信徒的动物磁液流疗法，判定它为诈骗或至少是疑似诈骗行为。梅斯梅尔则坚称确实存在一种普遍磁流，它是以流体形式运作的，所有的生命体都受到这种磁流的作用。磁流本身还可转移、扩散和增长。磁流治疗旨在恢复被干扰或阻断的磁力流的自然运行。从1778年抵达巴黎开始，这位维也纳大夫就一直在面对科学院沉默的敌视，但这并未妨碍他的疗法取得成功。在医界同仁中，他的疗法也有若干支持者。譬如，巴黎的御医夏尔·德龙就曾为了促使巴黎大学医学院承认动物磁流说而激烈抗争。政府也在王后亲信的压力下，提议发给梅斯梅尔两万里弗尔年金以帮助他推广其疗法。然而，该提议却被梅斯梅尔高傲地拒绝了。

直到1783年，动物磁流说都只是被视为一种秘方。它在医疗界造成了分歧，却吸引着患者的兴趣。不过除了令人关注蓬勃发展的电疗之外，它再也引不起公众的其他兴趣了。在宇宙和谐总会创立后，情形发生了质的变化。这个带有共济会色彩的组织在1783年底获得了飞速的发展。该会由梅斯梅尔和其好友创立，旨在推广动物磁流说的秘籍和具体操作。报名入会的人士中既有医生，也有宫廷权贵，还有军界、外交界和金融财政界的要员。这些狂热人士开始向外省乃至海外殖民地推广动物磁流

---

a 让-路易·卡拉（Jean-Louis Carra, 1742—1793），法国记者，大革命时期激进人士。

疗法。德龙在与梅斯梅尔闹僵后，自行在蒙马特尔街开了一家动物磁流疗法诊所，吸引了大批上流社会的患者及医疗界同仁上门拜访。他们都迫不及待地想领教一下动物磁流疗法的奇特功效[19]。

不过，出于一些我们不得而知的原因，政府开始警觉。于是梅斯梅尔突然失去了来自宫廷的庇护。国务秘书布勒特伊男爵下令调查他的学说和疗法。1783年3月12日，巴黎大学医学院的四位医生，即菲利贝尔·博里（后为马若代替）、萨兰、达尔塞和吉约坦被任命为调查委员会成员。应这四位医生的请求，科学院的巴伊、勒华、富兰克林、德·博里[a]和拉瓦锡五位院士也加入了该委员会。院士们声称自己的工作仅限于查证动物磁流到底是不是一种真实的物质。至于磁流的疗效问题，则留给医生们。王家医学会也单独对动物磁流说展开了调查，它命图雷搜集从古到今所有关于这个专题的著作，还促使布勒特伊男爵就此事组建第二个调查委员会，成员有普瓦索尼耶[b]、朱西厄、卡耶（Claude-Antoine Caille）、莫迪·德·拉瓦雷纳[c]和安德里[d20]。

---

a 德·博里（Gabriel de Bory, 1720—1801），法国海军军官、科学家和殖民地官员。
b 普瓦索尼耶（Pierre-Isaac Poissonnier, 1720—1798），18世纪法国医生。
c 莫迪·德·拉瓦雷纳（Mauduyt de la Varenne, 1732—1792），18世纪法国医生和博物学家。
d 安德里（Charles-Louis-François Andry, 1741—1829），法国皇帝拿破仑的御医、慈善家、牛痘接种的推广者。他虽然强烈反对梅斯梅尔的动物磁流说，但却对磁疗颇有研究。

对动物磁流说的挞伐

梅斯梅尔高傲地拒绝配合委员会。德龙则欣然接受调查，并很乐意给调查人员介绍他所知道的东西，还同意和他们一起就磁流是否存在及磁流疗法是否有效开展实验。两个调查委员会决定合并开展调查工作。5月9日起，调查自德龙家正式开始。德龙宣读了关于动物磁流说理论的论文，并在调查人员面前展示催眠术诱导动作和手法。在场的巴黎警察总监勒努瓦询问动物磁流疗法师有没有奸污女性患者的可能，德龙做了肯定的回答。而后调查人员又观摩了针对公众的实地诊疗，并亲眼看到了患者被激发出的抽搐和发作行为。德龙认为，这些惊人的效果确凿无疑地证实了动物磁流的客观存在。调查人员则要他提供看得见摸得着的实物证据，对此德龙便无能为力了。调查人员估计，患者出现强烈反应和抽搐另有原因。据此，他们认为有必要在公共治疗之外，进行管控更加严格的单个实验。

由巴黎大学医学院成员和科学院院士共同组成的调查委员会决定亲自充当治疗的对象。除富兰克林外，其余所有成员均每周造访蒙马特尔街诊所两次，并进入一间专门布置的屋子接受德龙的通磁治疗。结论是否定的，他们中无一人感受到动物磁流的效果。紧接着调查人员又针对病人进行了单人隔绝测试。总之，这个委员会在精心准备的基础上做了一系列实验。相形之下，王家医学会的那个委员会只满足于审查几个治疗案例而已。

我们有理由相信，拉瓦锡在这些实验的开展过程中起到了顶梁柱的作用。巴伊在给科学院的调查结果中写道："我们像做化学实验那样开展了调查工作,首先将实物抽丝剥茧地分解开来,并找到组合的原理,而后再利用组合原理重新合成这些物质以验证分析的准确性。"对此,拉瓦锡在其手稿中阐述得更精准:首先,他注明"只有在确认没有任何其他因素可以导致那些强烈反应的时候",才能承认动物磁流的作用;然后,拉瓦锡提议人们审视一下"在没有磁力参与时,单纯的心理想象是否也能引发同样的效果"。基于此,他提出"进行一组没有想象诱导的纯磁力实验,再进行一组没有磁力参与的纯想象诱导实验"。简单来说,就是"甄别和区分磁流疗法中的纯物理因素和纯心理因素"。[21]

许多这样的实验都是在位于帕西街区的富兰克林家中进行的。有位年轻姑娘被蒙上双眼后误认为已接受通磁,便自发地抽搐起来;另有一个小伙子听人谎称某棵树已被通磁,于是当他靠近这棵树时竟然晕了过去。同类实验也在拉瓦锡位于兵工厂的家中开展。人们选了一位对磁力流极为敏感的妇女,然后准备了十二个瓷杯逐一给她看。当看到第四个杯子时她就发作了,可实际上只有最后那个杯子被通磁。等缓过来后她要求喝水,人们便把水倒在那个通了磁的杯子里,她正常地把水喝下而未感到任何异样!拉瓦锡在事后的记述中强调:"杯子和磁力流完全没起任何作用。因为没有磁力流时她却自行发作起来。可当她接近真正被通磁的杯子时,她没有冲动,反而很平静。"调查人员做的另一次实验更具说服力,它可能也是在拉瓦锡家里进行的。人们将连通两个房间的门拆下来换成了一个覆盖双层纸的框子,并在中间的过道里摆了一把椅子。然后相关人员借口有一个裁缝活,把一位女织工请进实验室,这位妇女已事先在帕西接受过三分钟的通磁治疗。她被要求坐在那把椅子上,旁边房间里的调查人员在该女工不知情的情况下,按规程透过纸框对她进行通磁。这名女工谈笑风生地聊了半小时而没有丝毫异样感觉。随后磁力流疗法师来到她坐的地方,公开告知要开始治疗。这次是在没有遮掩但违规的条件下进行通磁,没过几分钟,女工竟然就发作了。由此拉瓦锡得出结论:"所有被视为由磁流造成的效应其实全都是心理想象的结果。没有心理效果的参与,磁力本身不会带来任何效应。"[22]

总之,两个委员会通过各自的调查得出了相同的结论,即磁流根本不存在,它的所谓效应只不过是想象的结果。巴黎大学医学院和科学院的联合调查委员会给出的相关报告最为全面。巴伊是报告的正式编写人,其中的论证和结论部分好像均出自拉瓦锡的手笔。1784年9月4日,巴伊在科学院宣读了这些论证和结论。作为这份公开报告的补充,科学家们又编写了一份专门呈送给国王的秘密报告,他们在其中揭发了磁流疗法对社会道德的危害[23]。王家医学会也发表了一篇由图雷编写的相关课题的长篇历史研究兼评论文章,并外加了一篇该学院调查委员会的报告。不过,兼任科学院院士的医生和植物学家朱西厄因不赞同有关结论而拒绝在报告上签字。晚些时候,他自己发表了一篇个人报告,在其中他虽未否认想象力的作用,但却坚称单凭这种作用还是无法解释某些现象。他认为,这些现象说明在空气中弥漫着一种普遍存在的元素,它既与有机物的生命力相连,也与动物体内的热量相关,还与有机物之外的电流相通[24]。

显然，所有的官方报告均鲜明地抨击动物磁流说。在此情况下，巴黎大学医学院随即开始了院内人员的清洗。它正式开除了德龙，并责令所有赞同动物磁流说的御医都立下正式的法律字据以示放弃该理论[25]。政府这边也开始大量印发巴伊的报告。就连《巴黎日报》也在其专栏上刊登了该报告的摘要。然而，科学院的挞伐却激起了动物磁流说支持者的抗争。德龙首先起来反对。至于梅斯梅尔，他淡定地宣布科学院的挞伐完全失算了。因为他采用的疗法和那位老学生德龙的做法风马牛不相及。就这样，动物磁流说拥护者与反对者的论战在舆论界持续了数月，直至1785年初政府禁止《巴黎日报》再刊登宣传动物磁流说的言论[26]。于是梅斯梅尔便离开了巴黎，并很快离开了法国。德龙则在转年突然离世。尽管该流派的拥护者依然活跃，但其内部已四分五裂。从那以后，动物磁流说便淡出了舆论界。

不过该流派在医疗界与科学院还是有一些信徒的。王家医学会里就有数位院士相信磁力的疗效，甚至还有人相信磁力流是真实存在的。不过面对挞伐，这些人都只得闭嘴了事。在科学院里则是另一番景象，朱西厄特别孤立，全院几乎一边倒地痛批动物磁流说。贝托莱作为科学院中唯一一位听过梅斯梅尔讲课的院士，甚至先于调查人员公开宣布动物磁流说及其疗法是"十足的想入非非"。科学院在强调所谓磁流效应不过是一种心理效果的同时，将所有的江湖术士都视为自己挞伐的靶子。调查报告的主要构思人拉瓦锡认为，斗争的对象显然不仅仅是那些伪科学偏执狂、巫医、变戏法者以及通灵神汉，还包括某些为歪理邪说进行辩护的科学界同行甚至科学院同仁。

沦为笑柄的燃素

在否定动物磁流说的报告问世仅一年后，拉瓦锡就在科学院例会上正式驳斥燃素理论。此时科学院内外的大多数化学家还都是相信这个学说的。燃素说由施塔尔于18世纪初期创立。该学说认为，在大自然中，存在一种属于土类元素的可燃要素，也称作燃素。燃素在燃烧及金属煅烧时被释放出来。如上文所述，从1777年起拉瓦锡便建议摒弃这一理论。他将燃烧或煅烧现象解释为物质氧化的过程。这一新理论被称为气体反应说，优点在于可精确地计算物质反应后的重量变化，也可被用来解释呼吸现象。

尽管拉瓦锡的论证很有说服力，但赞同者却寥寥无几。他的同事们仍继续抱着燃素说不放，况且氢的发现似乎更加确定了燃素的存在——这种由罩子里的金属遇酸而释放出的轻盈气体难道不正代表着一种几乎纯粹形态下的燃素吗？为了否定普利斯特里等人持有的这一观念，拉瓦锡证实在酸作用下产生的氢并非来自金属，而是源自放置钟罩的槽里的水。因此，必须证明水本身是一种含氢元素的化合物。这正是拉瓦锡在1785年大型实验里展示的内容。

实验结束后不久，对燃素说的抨击便应运而生。1785年6月28日和7月13日，拉瓦锡先后两次向科学院展示了他对燃素说的反思。他指出了施塔尔理论的矛盾之处，并列举了诸多证据驳斥这个理论，使得那些试图为燃素说辩护的同事最终徒劳无功。拉瓦锡说道："化学家们已经把燃素说当做了一种没有严谨定义的模糊原则。正因如此,它可以被人们任意套用来解释一切东西[……]。这个学说就像个随时可以使用的万金油。所以,当务之急是将化学研究引导到严谨论证的轨道上来,通过去伪存真,把那些夹带在科学里的偏见剔除。换言之,就是要区分出哪些来自事实和观察,哪些出自成见和假设。最后,我们还要确立化学知识的真正基础,以便后继者能以这个基础为出发点,准确无误地一步步推进化学的发展。"由此,拉瓦锡得出结论:"施塔尔所称的燃素是一个想象出来的东西。所谓在金属、硫、磷甚至所有可燃物质中都存在燃素的观点完全是施塔尔毫无根据的假想。"施塔尔的燃素理论"对于继续构建化学科学大厦而言不是帮助而是累赘"[27]。

要知道,在一年前拉瓦锡已经用这样的语调揭发过动物磁流说了。当时他说,磁流理论"完全建在主观想象之上,甚至蒙蔽了一些开明的医生"。拉瓦锡还写道:"如果一个客观现象可以用已知的某个原因进行解释,那么人们就理应不再接受任何其他的新原因。因此,只有在动物磁流说所展示的现象不能用任何其他原因来解释时,我们才会接受这个学说。"当调查委员会的成员们听完巴伊根据拉瓦锡的思路所写的报告结论后,一致承认:"这种动物磁液流是无法通过人的感官察觉到的,而且无论是对调查人员还是对参与实验的患者都没有产生任何效应。"调查人员们"依据有说服力的实验结果证实,当事人出现抽搐均系心理暗示所致而非磁流所致。没有心理暗示的通磁术不会产生任何效应"。因此,"这种不存在的磁流没有任何功能"[28]。

于是,动物磁流说和燃素说这两种臆想出来的无用之物被视为了一路货色！尽管这种侮辱性的相提并论并未被挑明，但还是刺痛了众多化学家。拉瓦锡及调查委员会成员的抨击态度在科学院内部可谓一石激起千层浪。列席1785年7月13日例会的范马勒姆就曾在日记里提到会议期间屡次出现讲话遭到打断和强烈反对的场面。当时，大家的争论声混作一团。明确支持拉瓦锡立场的只有刚刚加盟的贝托莱及数学家拉普拉斯、库赞和范德蒙德。化学界的大佬波美、萨日及其院外盟友、《物理报》的主编德拉美特利则愤然反对拉瓦锡的立场。在兵工厂圈子的聚会里，大家公开嘲讽磁流说和燃素说的卫道士。很久以后萨日曾语带讽刺地讲述了一个他从伏特那里听到的故事。此事大概发生在1782年，当时伏特在巴黎逗留。他观看了在拉瓦锡家沙龙里上演的一出喜剧剧目，由幻灯机呈现。

当时，拉瓦锡向来宾宣布："下面幻灯机里展示的画片是我自编的讽刺施塔尔信徒们的搞笑段子。"他继续兴奋地说："唉！第一幅画是一个代表燃素的小人，大家都看到了吗？这个人头戴荆冠，屁股后面有一团神火，他双手合十，面带祈求，身后跟着的是给他戴孝的徒子徒孙。再看另一幅画，这是位燃素论的顽固分子，人们把他的头放在铁砧上打算重新改造他。无奈这家伙的脑袋硬得连铁锤都没招儿。唉，再看第三幅，你们看到活埋燃素的坑了吗？燃素身后跟着它的信徒们，他们手里都拎着哭丧用的泪壶。"萨日还讲到了最后一幅画，这一幅大概是他自己杜撰的："唉，你们看到第四幅了吗？它画的是气体反应说在一片莺歌燕舞中举办的得胜封神会。所有亲氧（或亲酸）分子都大声叫道：卢迪乌斯（Ludius），这是您的发明创造（萨日特别注明'卢迪乌斯'这个词被古罗马执政官西塞罗用来称呼小丑、滑稽演员、流浪诗人)。它必将发扬光大!"严肃科学竟也能如此搞笑[29]!

科学院院士与巴黎的仪器制造商

在诸如天文学这样的现代实验物理领域里,测量和计算相辅相成、缺一不可。这就要求所用仪器须十分精准。在这方面,科学院院士们可以求助于巴黎的钟表匠、光学仪器商、金银匠、工艺品作坊主、马口铁匠和机械师等。某些水平高的工匠还能为物理实验室提供精美的器具,尤其是能做出一些趣味物理所用的小巧工具。不过,如果说到高水平的天文和物理学仪器,那么全欧洲的市场几乎全被伦敦的产品垄断。英国仪器一般通过像葡萄牙物理学家马热兰和亨利·塞克斯这样的中间商进口到巴黎市场。很长一段时间,只有钟表匠贝尔杜及得到巴黎王家科学院承认的数学仪器制作师朗格鲁瓦和其继任者卡尼维等极少数巴黎制作商才能在这个小众市场上和英国人竞争。到了18世纪70年代末,在政府的扶持下,巴黎新一代制造商成长了起来。《巴黎日报》为此写道:"与物理科学上取得的进步相比,更有意义的是,取得这些成就的科学家使用的器具正是由本国的工匠制造的。"

1777年,巴黎王家科学院发起了一次象限仪制造有奖评比活动。中奖者将可获得两千四百里弗尔的奖金,同时荣膺科学院工程师。该职位自三年前卡尼维去世后便一直空缺。1779年,皮埃尔·梅涅获得了一半的奖金,却未获科学院工程师头衔。这位来自第戎的机械师家住干枝路，专门从事天文仪器的制造。他曾拜在巴黎最好的工艺师门下学艺。著名的《旋工工艺》的作者于洛（Hulot）就曾是他的老师。梅涅制作的象限仪配有一个他自己发明的千分尺，这种千分尺也配备到了其他精密仪器上。协助皮埃尔·梅涅工作的是他的弟弟皮埃尔-贝尔纳·梅涅，这位人称小梅涅的机械师精于物理工具的制作，譬如天平和气压计等。正是他制作了拉瓦锡实验室里的设备及实验所用的仪器。1783年实验所用的量热计和1784年大型水成分实验所用的气体体积测量计就出自他手。遗憾的是，梅涅兄弟二人在1786年遇到了严重的资金问题。大哥应西班牙政府之请前往马德里建设天文台。拉瓦锡转而依靠制造商尼古拉·福丁供应的设备，福丁最擅长制作高精密天平[30]。

拉瓦锡十分富有，所以买得起特别精密的设备和工具，其他大部分物理学家只能依赖简单的实验器具。阿维就只能使用简单的应用测角器。库仑所用的天平虽然操作麻烦，但制作工艺特别简单。不过在天文学领域就不能这样了，为了准确观察天象并精确测量时间及天体位置，需要功能大幅改进的器具。因此，巴黎最好的观测台还是采用英国的器材。然而，要想把巴黎的科学仪器制造业发展起来，一个必要前提就是本土的天文学家要购买本土的产品。天文学家拉朗德就对此深信不疑，他也时常关照梅涅兄弟的生意。

真正把购买巴黎货落到实处的是重启巴黎王家天文台观测项目的卡西尼。1784年末，他提请国务秘书布勒特伊男爵在天文台安装三件大型观测仪器：一件壁挂式的象限仪、一件赤道仪和一件测周器。他还建议将这些仪器的制作任务交给巴黎的制造商。他在给国务秘书的信中写道:"此举旨在鼓励巴黎的工艺师们,激发他们的好胜心,促进他们争相各显其能,最终帮助他们赶上英国同行。到目前为止几乎可以说是英国独霸这块市场。此举正是要使咱们的仪器制造业最终能取而代之,或者至少能与之分享该领域的商机。"

卡西尼为此亲选了三人,即由皮埃尔·梅涅制作赤道仪,由一位名叫沙里泰的工艺师制作象限仪,由受院士波尔达关照的工艺师艾蒂安·勒努瓦制作测周器。勒努瓦无疑是三人中的佼佼者,他曾为拉彼鲁兹伯爵的航海行动提供数学仪器。他还在不久前应卡西尼的要求制作了天文经纬仪度盘,这是一种由波尔达在18世纪70年代大幅改进的测角器。然而开工不久,卡西尼和他的工艺师们就遇到了大难题。问题的症结与其说是工匠们的水平不够,倒不如说是客观条件太差。这个制造项目太大,他们有限的财力和生产设备难以承担。

虽然卡西尼已准备提前支付部分货款并提供原材料,还拟在天文台里设立一个车间专门用来制作象限仪,但沙里泰提出了十分离谱的条件,弄得卡西尼只好让梅涅取代了他。然而梅涅不久却破了产并于1786年10月去了西班牙。剩下的艾蒂安·勒努瓦也遇到了糟心事:他刚开工,铸铁行会就指控他竟敢在没有铸铁师资质的情况下擅自承揽业务。行会旋即收缴了他的设备和工具。最后直闹到巴黎警察总监和布勒特伊男爵亲自出面才了结了这场官司[31]。

这个事件充分说明巴黎行会系统及其繁琐的分工和转包体制

是多么不适应科学仪器制造业的发展。卡西尼曾就此说道，一个工艺师若想承揽这个项目，"必须集十种不同专业的才能于一身。他需要同时具有木匠、五金匠、玻璃匠、铸铁匠、打铁匠、旋工、锉工、打磨工和漆工等的手艺才行。而每个专业都成立了行会，于是一个数学仪器工艺师不只隶属于某个行会，而是同时受制于所有的行会"。就拿艾蒂安·勒努瓦来说，他在1780年就已经吃过铸铁行会的一次苦头了。到了1782年，这个行会又和工匠比约闹了起来。同年，装饰、制镜和眼镜匠人行会跑到工匠巴尔代勒家没收了他的显微镜和望远镜，仅仅因为他只有一个铸铁匠的头衔。卡西尼觉得，摆脱这种纠纷的唯一办法就是设立一个专门的科学仪器制造商行会。在好友巴伊的帮助下，他的建议获得了布勒特伊男爵的认同。

1787年2月7日，由二十四位光学仪器、数学仪器和物理仪器机械师组成的公会经官方颁发许可证成立了，会员均系巴黎王家科学院指定人选。他们可以自由地制作、出售各种相关仪器。包括波尔达、罗雄神父和卡西尼在内的七位院士组成的"工艺师评委会"在同年9月评出了首批获得认可的工艺师，他们是艾蒂安·勒努瓦、克罗谢、福丁、沙里泰、巴尔代勒和比约。1788年和1789年评选进一步增加了公会的人数。1791年该公会解散之际，共有十八位会员。实际上，在政府的扶持下，将科学仪器制造师聚集起来组成这样一个与科学院紧密合作的集体，乃是巴黎仪器制造产业的一大进步。这促使法国科学仪器制造业最终获得了和英国同类产业匹敌的水平[32]。

为了最终实现这一目标，科学家们还做了一些其他的实事。

1787年，罗雄神父请光学仪器制作商克罗谢为穆埃特城堡的工作室制作类似约翰·多伦德[a]所造的消色差望远镜。此外，罗雄还请他制作可与赫歇尔所用望远镜相媲美的铂金镜片望远镜。卡西尼则亲自前往英国商讨将该国的三角测量与法国的同类技术成果相衔接的问题。当时他的行囊里带有艾蒂安·勒努瓦制作的著名的天文经纬仪度盘。该仪器的水平大大超过了拉姆斯登为英国进行三角测量所制作的大经纬仪。另外，正如前文所提到的，机械师布拉耶和钟表匠樊尚在巴黎开设了一家英式的钟表特许作坊，目的之一是在此培养制作科学仪器的工人[33]。

赢得舆论，教育公众

拉瓦锡和他的同道者为了让严肃科学最终胜出，一定依靠了官方的力量。若想强制推行一种新的科学模式，就需要牢牢把控各大科研院所。正因如此，当年对梅斯梅尔的挞伐被当作了国家级大事。法国政府还通过与英国签订贸易条约[b]，鼓励本国工业的发展。高精尖科学仪器制作业的飞速发展便是体现。不过我们不能因此就说那些新派科学家只依赖官方的力量而忽视民间舆论的作用。其实这些科学家也和他们的对手一样懂得争取民意支持。若是将严肃科学供奉于庙堂之地，并将它与主宰沙龙、博物馆和报刊的通俗科技对立起来，那是再愚蠢不过的了。

---

a 约翰·多伦德（John Dollond, 1706—1761），18世纪英国光学仪器制造商。
b 即1786年英法两国签署的和平贸易协定。

因此，知识界的精英们用尽各种办法来宣传新科学。首先就是把控学院的讲台。1784年9月4日相关人员在科学院例会上宣读对动物磁流说的调查结论就是一个很好的例子。当时，普鲁士国王腓特烈二世的弟弟亨利亲王也来旁听了例会。孔多塞在其对亲王的致辞中，赞颂了科学和捍卫科学的人士。他还揭露了"那些有理由惧怕启蒙思想发扬光大的人"以及那些人"意欲丑化新思想传播者"的图谋。随后，多位领薪院士作了专题发言，有特农的论人的受精卵、巴伊的论动物磁流说、拉瓦锡和莫尼叶关于酒精燃烧实验的介绍，以及勒华关于摩擦生电的发言。最后由其他普通院士介绍自己的论文，譬如罗雄神父关于角测量的论文和库仑关于悬丝扭矩的论文。

这次例会虽然不对公众开放，但《巴黎日报》登载了孔多塞的讲话，并饶有兴趣地报道了拉瓦锡和勒华的科学实验。不过，鉴于该报此前曾以赞赏的态度大幅摘登了针对动物磁流说的调查报告，这次它就没有为巴伊的观点留出篇幅。该报对罗雄神父和库仑的论文干脆只字未提。三年后，科学院在其论文汇编中说明了这次例会的情况。首先，孔多塞的发言得到了全文登载，然后汇编依次提到了拉瓦锡、特农、罗雄神父、库仑和巴伊的论文。但曾在1784年得到特别重视的勒华的旧式实验却没有出现在汇编中，取而代之的是对罗雄和库仑的全新实验的介绍。1784年的例会在介绍完了一系列精彩的定量分析实验后，以对动物磁流理论的严正批判收尾。这向与会者传达了一种前所未有的意涵，这正是科学院物理学家的目的——他们要将自己的观念传之于后世子孙[34]。

关于水成分的大型实验也是为了传达他们的观念。如前文所讲，因为这个实验的过程不尽如人意，拉瓦锡事后只是在一个名曰《科学工艺纵谈报》的短命刊物上发了一篇简短的汇报文章了事。这一方面是由于实验较为失败，另一方面也是因为拉瓦锡想扶持一下这份还不知名的报纸。况且在这样的小报上发表自己的成果要比科学院的论文汇编自由和迅速得多。鉴于拉瓦锡已成了《物理报》及其主编的眼中钉，所以他最终决定自己创办一份新刊物，即《化学年鉴》。在以科学院化学部全体同仁的名义谈定许可后，他在1788年底获准办刊。1789年5月该年鉴的第一期在科学院认可和授权下问世[35]。

尽管如此，若想打赢舆论战，仅靠学院讲台是不够的，还要与更广泛的公众实现交流才行。譬如，由布勒特伊男爵发起的对梅斯梅尔的挞伐运动就掀起了一股浪潮，它成功地使那些赞成动物磁流说的人沦为了被耻笑的对象。即便是拉瓦锡这样极为严肃的人，也在私下里支持机械师罗蒙（Lhomont）以戏谑的方式讽刺梅斯梅尔。具体的情况是这样：罗蒙制作了一个葡萄采摘农模样的飞行气囊。这个人形气囊的"头"上还顶着一个漂亮的小桶，并且"手"持横幅，上写"永别了小桶，葡萄摘完啦"。通过这样一个"嘲弄梅斯梅尔的浮空气球"，这两人既"讽刺了动物磁流说"，也展示了气体化学的用途，可谓一举两得。1785年3月13日，这个飞行气囊于众人注视下在杜伊勒里宫前升空，不过并未打出那条横幅[36]。

其实像这种完全基于臆想的宣传手段是与任何科学精神都不相符的。因为科学家所倡导的应是理性思维，而不是感情用事。

可话又说回来，单凭对新型化学的用途展示，就足以说服大众接受它吗？拉瓦锡曾在巴黎的卫生建设事业上发挥了骨干作用，贝托莱则将氧化原理应用到了漂白工业（至少他本人是这么认为），孔多塞也多次在讲话中称赞了学院科学所具有的实际用途，然而这些证明并非完美。因为江湖术士也惯于强调其技艺的高效。梅斯梅尔的支持者就以其数次治愈患者为依据，捍卫他的磁流理论。其实说到底，还是要启迪大众，换句话说就是要教育群众。

应该说直到18世纪下半叶，科学院的院士们都很少关注科教问题。虽说有几位院士也承担教学工作，但他们的课几乎都是在高等学府里讲授。在《百科全书》的一个著名词条中，达朗贝尔就尖锐地批评过各种学院的弊端，但却没有提出具体的解决办法，这项工作还是留给了大学和学院教务会的老师们。况且像孔多塞和拉瓦锡这样的学者是没有任何教学经验的。虽说孔多塞在"学园"有一个数学老师的位子，但这位科学院的终身秘书只情愿去那里做些仪式性的讲话，至于教课的任务则由别人代劳。在拥护严肃科学的队伍中，只有富克鲁瓦和蒙日真正对教学感兴趣。在与他们对立的燃素说阵营里，像萨日、波美和达尔塞这样的院士都是资深的老师。在物理学方面，来听课的学生也仅限于公开课的演示者和学院里的哲学老师。

在大革命前夕的几年里，学院的新一代科学精英们似乎认识到了教育对于传播理性科学的重要性，于是在当时的巴黎，人们看到很多学者或自称学者的人开始面向大众开班，吸引那些渴求知识但却幼稚盲从的群众。正如前文提到的，孔多塞、蒙日和富克鲁瓦都欣然接受了"学园"教师的职位。孔多塞在1786年

2月的开课讲话中，提到德意志开设的面向工匠的实用数学课与他本人在"学园"为"上流精英"讲授的课有相似之处。他说德意志的实用数学课"是为了防止工匠们受主观想象或江湖术士的名气误导而犯错误"，他的课则旨在教给大家"一些正确的概念，以免人们由于误用那些自己并不懂的科学术语而出丑；同时也是为了防止大家被一些看上去花里胡哨的学派蒙蔽。这类学派的理论玄奥难懂且模糊宽泛，正因其模糊宽泛所以可演绎出五花八门的说法，远到行星的形成，近如发烧的原因，总之这类学派的理论似乎可被用来解释一切。如果老天爷啥时候高兴了，愿意赐给这类学派的发起人一些异象的话，这些人甚至还会信心满满地用自己的理论去解释另一个世界的规则呢"。孔多塞这段话很明显就是在影射动物磁流说。只可惜，他并没有致力于科教事业[37]。

而拉瓦锡呢，他一直想把现代化学的许多原理讲授给公众。不过他并未像富克鲁瓦那样亲自教课，而是选择编写并出版教材性质的著述。实际上从18世纪80年代初开始，拉瓦锡便开始筹备这个计划，他和比凯合作撰写了《化学基础论》，此书直到1789年初才告完成并出版。拉瓦锡在其中列举了他所发起的化学革命的各项主要成果。在该书中他使用了两年前刚刚问世的现代化学术语来描述这些成果。

就在这部著作出版前不久，画家大卫刚巧完成了拉瓦锡夫妇的肖像画（该画现藏于纽约的大都会艺术博物馆）。这一巧合不完全是偶然。这幅肖像画极有可能是宣传新化学及推销《化学基础论》（里面介绍了新的化学理念）的媒介之一。这幅画描绘了什么呢？首先是身着黑衣的拉瓦锡坐在那里且手执鹅毛笔，他看上去似乎刚完成了《化学基础论》的撰写工作。在桌子上及他的脚旁摆着书中提到的几件化学仪器，譬如，气体比重计、玻璃球、气体体积测量计和一件抽水装置。拉瓦锡扭过头抬起眼来爱慕地望着他的妻子。拉瓦锡夫人站在他旁边，一只手闲散地搭在拉瓦锡的肩上。在她身后及画面的左侧，有可能摆放着一个大素描画夹子，里面或许装着拉瓦锡夫人为《化学基础论》绘制的插图。拉瓦锡夫人的目光投向观众，也是投向画家大卫。大卫正是她的素描老师。

我们基本可以肯定，是拉瓦锡夫人要求画家绘制的这张双人肖像画，并为此支付了七千法郎。拉瓦锡夫人是此画的主角。画面的布局既体现了她作为拉瓦锡助手的身份（画面中她轻轻地倚靠在丈夫旁边），又显示了她作为画家与其丈夫之间的引荐人的地位。另外，拉瓦锡夫人坦诚地望着画外的观众，这表明她也是拉瓦锡与观众之间的引荐人。这幅画成功地将严肃的主题融于温馨的气氛之中，无论是人物温柔的举止和目光，还是轻抚的手势都体现了这一点。这一切都被置于一个高大的舞台之上，并配上了剧场般的布景、雍容的服饰和光亮的铜器。人们不禁钦佩画家能将外形的再现与内心的表达娴熟结合在一起。不过，画家大卫想传递给观众的不仅仅是他们夫妻二人事业成功、生活幸福，更重要的是引起大众对现代化学的重视。基于此，我们可从另一个角度去解读这幅画：画中的仪器、稿纸和鹅毛笔说明拉瓦锡的新科学是建筑在实验和论述的基础之上的，而且它们也意味着现代化学虽然严肃，但却有志于让自身为公众了解、学习。拉瓦锡夫人为社交界名媛，科学家丈夫投向她的目光正表现了现代化学面向社交圈、追求大众化的路线。整幅画作也似乎在暗示，如果那些江湖术士的障眼法能引起沙龙女观众兴趣的话，真正的科学同样可以赢得她们的青睐。

这份双人肖像画虽为私人订制，但拉瓦锡夫妇和大卫一致同意在 1789 年的艺术沙龙上展出这幅作品。这也是一个巧妙地为《化学基础论》打广告的好办法。然而接下来的时局变化却为此画安排了另一种结局。在攻陷巴士底监狱后，革命政府认为在卢浮宫里展出一幅旧政权火药局局长的肖像是欠妥的，所以大卫的这幅画一直不为世人所知。大革命揭开了一个充满希望和忧惧的全新时代。从这一刻起，巴黎科学界的任务已不再仅仅是传播真知和争取群众了。他们还必须孕育一种新生的国魂、塑造一批新型的公民，并投身到公共教育的事业[38]。

CHAPITRE 240–241

10

*

第十章　革命！

RÉVOLUTION!

1790年冬，画家大卫开始创作一幅巨型油画。该画风格严肃，描绘的是大革命的揭幕事件，即网球场宣誓的情景。1791年6月画家完成了初期草图，该图已显示未来画作的大致布局：在众人目光和手臂所朝向的画面中央为天文学家让-西尔万·巴伊，他当时已是三个学院的院士并兼任国民议会主席。巴伊站在一张桌子上，他举起右手以所有代表的名义宣誓：在未依照足够合理的原则制定出王国的宪法之前，国民议会绝不解散。正如其他美术同行一样，大卫对大革命抱有满腔热情。从1789年起，他就在法兰西绘画雕塑院带头反对院内官员的专权作风。后来他向雅各宾俱乐部推荐了自己的这幅巨作，此画立刻被订购并计划用来装饰国民议会的议事厅。画中的主人公巴伊也是一位革命人士。他在参与起草了巴黎第三等级陈情书后，便当选为三级会议代表。1789年6月3日第三等级将其推为领头人。到了6月17日，当第三等级宣称自行成立国民议会后，巴伊遂成为主席。三天后，他便以大家的名义做了那个著名的宣誓。

　　巴伊的身份转变正是文人共和国身份转变的缩影。在旧制度下,巴伊曾是典型的御用文人,是国务秘书布勒特伊男爵在科学院里的温顺工具。不过到了1789年7月11日,当布勒特伊男爵因内克尔倒台而重回政府之际,巴伊却与他决裂了。7月15日,他被任命为市长,取代了在前一天被杀死的旧市长弗莱塞勒。市长巴伊的主要作用仅仅是事务性和礼节性的,因而也变得不再重要。作为一位温和的爱国者,同时也是拉法耶特的密友,巴伊在国王出逃瓦雷讷后倒向了支持君主立宪的斐扬派。他宣布实施戒严,并下令对1791年7月17日在马尔斯校场上的请愿者开枪。结果这个灾难性的决定倒成了他的主要政治作为。巴伊顷刻间变得不得人心,只得在三个月后辞去市长职务,并放弃了抛头露面的生活转而躲到了外省。然而巴伊的这段经历终究还是在1793年9月遭到清算:他在默伦遭到逮捕并被押回了巴黎,随即作为1791年7月17日马尔斯校场血案的责任人而被判处死刑。1793年11月11日巴伊在马尔斯校场以备受侮辱的方式被送上了断头台。

直到那时,大卫的《网球场宣誓》都还未完成。他已然被选为了国民公会代表,并加入了激进的山岳派阵营。正是他向各大王家学院发难,并最终在1793年夏天使之全部关闭。这个时候大卫画中的巴伊形象就变得很尴尬了。许多当年网球场宣誓的革命主人公此时都已被打倒,巴伊便是他们中的一员,那么该怎么处理这位被判有罪的院士的形象呢?大卫并未放弃这幅画作。他继续在为塑造各个主人公的形象而搜集资料。到了热月政变后,当再也无法表现罗伯斯庇尔的形象时,大卫才终于放弃了这幅画。要知道,罗伯斯庇尔是画面中的主要人物之一,大卫始终追随此人直至他失势。从这一刻起,大卫的这幅巨作除了一张草图外,仅剩下一张硕大的白色画布,上面隐隐约约地浮现着几个幽灵般的人头和躯体轮廓[1]。

革命中的科学家们

大卫画作的命运多舛正是热月政变前几年革命动荡的体现。从网球场宣誓直至巴黎王家科学院被关,经历了四年多一点的时间,然而一切都改变了!旧制度在暴力的刀光剑影中灰飞烟灭了,新制度却还未完全建立起来。如同所有的文人一样,面对这样一场快得超过他们驾驭能力的革命运动,科学院院士们也曾有过急于求成、满腔热情或惊慌失措的心路历程。巴黎在一系列革命事件中扮演了主角:1789年7月14日攻占巴士底监狱事件使巴黎人民登上了政治舞台,这伴随着第三等级的胜利,为大革命的第一幕画上了句号。旧的权力阶层被扫荡殆尽,各种政治俱乐部获得了和原先协会、博物馆一样的风头。昔日蜂拥观看气球升空的人群如今重又聚拢围观1790年联邦节的活动及1791年从瓦雷讷被押解回来的出逃未遂的国王夫妇。

深刻的社会和经济危机酿成了政治风暴并推波助澜。一笔笔巨大的财富转手他人。各种特权和衙门顷刻间被废除。宫廷消亡了,贵族的财产也被没收。与此同时,大规模的工业投机时代业已过去,法国的殖民地市场也日渐衰落。在这些风浪中,尤以巴黎工业特别是奢侈品行业受到的打击最重。身为马拉朋友的钟表匠宝玑专接显贵的订单，如今他不断地抱怨客户拖欠货款，戈布兰工场也接不到王家的订货了，阿米·阿尔冈的生意一天不如一天，科学仪器的生意同样垮了。总之，需求的下降重创了工场和车间，导致了连锁破产、失业率攀升及工人群众的骚动。伴随危机而来的是产业结构的大变动。1791年，国民议会通过了废黜行会组织的议案，以此解放生产力；此外还通过了专利权法，从而修改了针对发明的规定。面临困境的工艺匠人们纷纷要求公权力部门给予扶持。这些人的诉求标志着巴黎无套裤汉登上了历史舞台。

对于文人而言，时局可以用大喜大悲来形容：喜的是风云变幻中机遇多多，悲的是过眼云烟后朝不保夕！从这一刻起，思想、出版和集会的自由便得到了承认。大革命初期，各种刊物一时间纷纷问世，报纸亦如雨后春笋般成倍出现，旧的审查制度已被摧毁。选举机制也为以口笔谋生的文人提供了新的功名前途。霎那间，一群大大小小的知识分子蜂拥挤入这扇新开辟的机遇之门。然而，也正是文人共和国遭受了政治动荡的严重打击。由于国家和教会遭遇危机，由于权贵地位受到严重削弱，原有的宫廷文化已不复存在。许多教士因其靠山倒台而失去俸禄和职位，教会财产的国有化更使一批神职人员失业，如今的他们沦落到无职无薪的境地。而一朝摆脱了各种旧管束，许多人顿时表现得十分偏激。譬如，布里索、马拉及卡拉等一批昔日受权贵关照并为之做事的文人，此时迅速成为狂热的革命者。

凡此种种的动荡不仅沉重打击了文化界，也几乎同样重创了科学界。巴黎的科学界曾欣然接受甚至热烈欢迎埋葬旧制度的各个革命事件。所有的科学家或者说几乎所有的科学家都支持1789年的各项革命原则，这些原则正是启蒙的精神主旨。况且，改革也是科学界乐见的。基于此，科学家们都加入了在首都巴黎建立的各个新式机构。譬如，制宪派的巴伊就担任了巴黎市长，而他绝非特例。1789年9月，朱西厄在新的政府里主管医院事务，孔多塞则领导政府宪法的编写工作。其他人也纷纷进入尚由温和派主导的政府中。

不过巴黎王家科学院的院士中很少有人进入国民制宪议会，除了巴伊之外，就只有天文学家迪奥尼·杜·赛儒尔和拉罗什富科公爵了，这两位都是贵族代表。孔多塞和拉瓦锡都未能当选。尽管如此，科学家们都参与了国家事务的讨论[2]。有些人还参与了"1789爱国社"的活动，这是一个在1790年初成立的温和派爱国者俱乐部。该社设在巴黎王家宫殿的一间华丽套房中。会员集中了自由派贵族、金融家和文人，其宗旨是推动社会治理方法的进步。虽说该社中只有一小部分人出身科学家，但他们却发挥着主导性影响。孔多塞便是该社的灵魂人物，拉瓦锡则分管财务。其他出身科学院院士的会员还有佩里叶、蒙日、拉塞佩德伯爵、莫尼叶，以及荣誉院士拉罗什富科公爵。"1789爱国社"的运作宛如一所研究院，它也发布公报、采用通讯会员机制，并鼓励实用性的发明。该社有志于影响议会和政府的政策，这正与科学院一直以来具有的顾问职能完全吻合[3]。

此外，科学家们也在为国民议会的各个专项委员会出力。譬如，王家医学会院士图雷就进入了国民制宪议会行乞问题委员会工作，并给予了议长拉罗什富科-利扬库尔公爵卓有成效的帮助；

维克·达吉尔则在1790年向卫生委员会提交了一份重要的医科教育改革方案；拉瓦锡于1791年应税务委员会之请编写了一份国民财富评估报告；孔多塞及其他院士则为宪法委员会的塔列朗提供了许多建议和资讯，塔列朗有关公共教育问题的报告和度量衡改革的方案均得益于他们的帮助。后来，国民制宪议会遂将推行新度量衡制度的任务交由科学院。

但是，在1791年国王出逃瓦雷讷未遂后，君主制便遭到质疑。这导致了科学家圈内出现了分化，这种分裂使"1789爱国社"再也无法维持下去。1791年2月成为巴黎省省长的拉罗什富科公爵及巴伊完全站到了斐扬派一边，孔多塞、蒙日、富克鲁瓦、莫尼叶及范德蒙德则成为雅各宾派。有些人并不掩饰自己的共和派倾向。即便是拉瓦锡也和国王做了"切割"。1791年9月，孔多塞作为巴黎代表入选国民立法议会，另有三位科学院院士也进入了立法议会，他们是布鲁索奈、特农和拉塞佩德伯爵。此外还有几位外省的代表也出身科学界，他们是拉瓦锡的好友、化学家吉东-莫沃，数学家路易·阿博加斯特和吉尔贝·罗默（这两位同时也是公学院的老师），来自科多尔省的土木工程师普里厄和另一位同行卡诺（两人都曾是蒙日的学生），另外还有布鲁索奈的密友、博物学家拉蒙·德·卡尔博尼埃（此人曾是江湖术士卡廖斯特罗的助手）。在这些人中，除了布鲁索奈、特农和拉蒙之外，大家都十分积极地加入国民立法议会下属的公共教育委员会工作。

1792年8月10日君主制的垮台标志着革命新阶段的到来。当天晚上，根据孔多塞的提议，加斯帕尔·蒙日进入临时执行委员会担任海军部部长。这是首次由一位科学家担任政府部长。其实1791年4月孔多塞和拉瓦锡已被国王任命为国库官员。孔多塞在1790年底还差点儿当上财政大臣，拉瓦锡在1792年6月谢绝了到公共捐税局任职。这些在旧制度下不可想象的事如今却变得顺理成章。

从1792年8月10日开始，虽然有政府在，但巴黎的实际权力却掌握在起义的公社手中。此时，恐惧笼罩了首都。起义的无套裤汉们害怕普鲁士军队的到来及反革命势力的反攻。从9月2日起一系列针对狱中嫌疑犯的屠杀开始了。年轻的若弗鲁瓦·圣伊莱尔曾受过道本顿的庇护，多亏他的沉着相助，在勒莫万枢机主教公学院执教的阿维神父才捡回一条命。在圣德尼，负责测量子午线的天文学家德朗布尔因担心自己性命不保而惶恐不安。9月10日，拉瓦锡在放弃了兵工厂的住所后，因感到生命受到威胁而离开了巴黎。四天以后，拉罗什富科公爵即遭逮捕，随后他在母亲和多洛米厄的眼皮底下于日索尔被杀。科学院也受到波及，自从富克鲁瓦要求在院内采取一次肃清行动，那些荣誉院士们便消失了[4]。

民间社团的飞速发展

到了1792年，此时距离巴黎王家科学院被取缔仅有一年时间了。其实从1789年起，科学院便面临二选一的命运：要么接受改造，要么死路一条。王家科学院自1666年创立以来就一贯依附的君主专制的政治框架如今已荡然无存。不过，在大革命爆发前的一个多世纪里，科学院在评定和发布巴黎科技学术成果方面一直拥有几乎垄断的地位。随着各种特权和新闻审查制度的废止，这种垄断一下子被取缔了。新闻自由和结社自由为学术讨论和科研活动提供了其他场域。

这些当然不是全新的事物。在大革命前，各式各样的俱乐部和社团在巴黎就已经层出不穷了，其形式多参照共济会。王家宫殿及周边社区就曾是大批社团的聚集地。像"通讯沙龙""巴黎缪斯社"和"大殿下博物馆"这样的私人机构早已向公众传播文学作品、科学知识和工艺技术。巴黎王家科学院也欣然认可了它们。不过1783年后，科学院开始格外重视自己的权威。在政府的支持下，科学院本想更严格地管控科研成果的生产和传播，同时更坚决地挞伐江湖术士的行径。可是这一迟到的做法却与时代潮流相悖。虽然"学园"十分尊重科学院院士，但科学评论家和发烧友们却反对科学院监管科学的意图。那些被科学院拒之门外的作者和发明者更是直截了当地当众攻击该院。就是在这种大气候下，众多致力于科研的自由社团在大革命爆发之前便在巴黎城里组建起来。

第一个社团是1787年12月28日由布鲁索奈、博斯克·丹蒂克、米兰·德·格朗迈松和维勒梅等几位博物学家成立的巴黎林奈学会。身为农学会终身秘书的布鲁索奈是林奈植物分类法的忠实信徒。这种分类法虽在王家植物园受到冷遇，但却广为植物学爱好者所用。因此，布鲁索奈打算效法他所熟知的英国同行的做法，召集几位同道中人一起在法国推广林奈分类法。不久，巴黎林奈学会的例会就在他位于白衣路的住所里召开了。学会由博斯克任会长，米兰任秘书。博斯克是邮政部门的官员，同时也是一位通达人情世故的年轻博物学家，还是罗兰夫妇的密友。和他同岁的米兰则是巴黎出版界的熟人，靠译书谋生。偶尔也会有其他博物学家来参会，譬如布封手下的园艺家安德烈·图安、《物理报》主编德拉美特利和昆虫学家奥利维尔。奥利维尔曾为（省级总征税官兼昆虫学家）吉高·道尔西工作。1788年5月24日，巴黎林奈学会隆重纪念了林奈的诞辰。但一年后，该学会因科学院的不满而被迫停办[5]。

在林奈学会中止活动之际，另一个学者团体出现在巴黎，它便是1788年12月10日由六位当时仍不知名的科学爱好者创立的"爱好科学学会"（Société philomathique）。这六人是普罗旺斯伯爵的图书管理员西尔韦斯特，曾造访林奈学会的博物学家里什，医生欧迪拉克和珀蒂，数学家布罗瓦尔以及化学家安托万-路易·布隆尼亚尔年仅十八岁的侄子亚历山大·布隆尼亚尔。起初爱好科学学会还仅是一个互助协会，其座右铭是"学习和友谊"。但到了大革命初期，该学会的影响力日益增加且组织渐趋正规。到了1791年它已拥有常规会员十八位，通讯会员十八位。该学会每周均有聚会，在会上大家宣读科研论文，还进行科学实验。学会定期发表活动公报，起初为手写体，从1792年9月起变为印刷体，以此与通讯院士保持联系。巴黎王家科学院在1793年8月被取缔，爱好科学学会即成为众多院士的避难所。

另一个值得一提的民间社团是1790年夏天在巴黎创办的"博物学会"。它的部分会员同时是爱好科学学会的成员。博物学会的创建人为林奈学会的博斯克和米兰，该会接手了林奈学会的未竟事业并意图有更大作为。它旨在将所有博物学家不分专业也不分身份地聚在一起。因此，人们在学会里既能看到来自王家植物园的著名专家图安、拉马克、富克鲁瓦和福雅，也能看到一些博物学发烧友，譬如塞勒、莱尔米纳（Lermina）和莱里捷。学会里既有林奈分类法的支持者，也有用传统朴素方法解释自然的人士。该学会每个星期三召开例会，会议地点起初好像是在博斯克家里，1791年3月后移到了位于新桥畔安茹-多菲内路的一家私人会馆内。爱好科学学会的活动地点也设于此。实际上在此后的一百多年里，该会馆一直是巴黎多个知识界社团的会址。自然探索学会在秘书米兰的带动下获得了迅速发展。到了1792年，博物学会已有会员六十余位，外省和国外通讯会员九十位。学会在巴黎周边地区组织自然勘察活动。实际上，它既是宣读论文的工作室，又是一个专业性的资料馆，后来又发展为自然藏品陈列室。学会还获得国民议会批准，组织了一次由当特勒卡斯托（d'Entrecasteaux）率领的远洋航海行动，以寻找自1787年以来一直失联的航海家拉彼鲁兹伯爵。此外，博物学会从创立之初就有出版议事录的计划，但最终仅在1792年12月发表了一卷[6]。

对于知识界新社团而言，公报或期刊十分关键。它既提供了未来会议所要跟进的课题，又维系了与外地通讯会员的关系。此外，在传统的书店和出版商渠道遭遇动荡之时，学会公报可为会员提供发表个人作品的机会。某些社团就是围绕着期刊发表工作来构建的。譬如，在科学领域，《化学年鉴》学会就是这样一个典型例子。该会就是《化学年鉴》的编委会，会员们每月至少聚会两次，都在星期三。专题论文须先在会上朗读并得到会议的审批，与论文配套的实验须在开会时当场重复演示并得到确认，如此论文方可发表在年鉴上。富克鲁瓦于1791年创办的《科学医疗报》照搬了同样的学术流程。总之，凡由著名科学家组成的民间学会都须每月在专业实验室召开两次会议，并在会议上宣读学术论文，然后讨论哪些论文可发表在学会刊物上[7]。

除了这些专业的科学学会外，还有一些领域更宽泛的社团，其中相当一部分具有共济会色彩，譬如，由共济会九姐妹分会发展出的"国立九姐妹分会"（1790年1月由神父科尔迪埃建立）；由博纳维尔[a]和福谢[b]主教在1790年10月创建的"社交俱乐部"。继承共济会九姐妹分会的国立九姐妹分会有一些科学家会员，如拉朗德和朱西厄。该分会每星期日在位于米拉米翁码头的克莱蒙-托奈尔公馆举行常规会议，另外还在公馆的花园里组织一些面向公众的开放会议。1790年7月，国立九姐妹分会推出了月刊《义务》的首期。该分会拥有一家印刷厂，由朱西厄主持的一个委员会管控。九姐妹分会的政治观点温和，因此在1792年8月10日后，它拒绝公开表态，也不再出版新的月刊。一年后，该分会便不复存在了[8]。

"社交俱乐部"是一个与众不同的社团或编委会组织。它的

---

a 博纳维尔（Nicolas de Bonneville，1760—1828），法国大革命时期的出版商、记者和共济会人士。
b 福谢（abbé Fauchet，1744—1793），法国大革命时期遵循教士法的主教，吉伦特派人士。

志向十分远大，旨在打造一个自由讨论的平台及一个真理之友大联盟，某种意义上说就是要建设一个直接受公众舆论监控的民主通讯沙龙。这个大联盟于1790年10月13日举行了首次大会。该组织每星期举行两次例会，都是对外开放的，地点在王家宫殿的马戏场。与会者数量众多、人头攒动，真理之友们各抒己见，并把自己的观点发表在"社交俱乐部"的刊物《铁嘴报》上。孔多塞就亲身感受了这种不到一年的全新体验。这个联盟成为打造各种共和主义方案的熔炉。但马尔斯校场血案发生不久后，该社团的活动就中断了。

当时"社交俱乐部"也曾有过一个印刷厂，由一位名叫让-路易-安托万·雷尼耶的年轻博物学家主管，他来自瑞士洛桑。不过这名优秀的博物学家却是一位反牛顿理论者及燃素论的坚定支持者。他于1788年来到巴黎，并活跃在巴黎财政区督办官贝尔提埃的人际圈子里。雷尼耶和米兰都参与过《哲学汇刊》[a]的法文译介工作，他负责翻译物理部分。雷尼耶在成为"社交俱乐部"刊物的出版者（他主要在法兰西喜剧院路[b]从事该业务）之前，已于1790年推出了《农业报》。在该组织的支持下，雷尼耶出版和分发了大量的刊物和著作，其中一些涉及科学及其应用。雷尼耶还再版了自己在1787年发表的著作《论火》，并诚请科学院院士泰谢做了《农业报》的主编。另外，雷尼耶在1792年发行了由拉马克、布吕吉埃[c]、奥利维尔、阿维和佩尔蒂埃共同编写

---

a 该刊物来自英国。

b 即今天的奥德翁路。

c 布吕吉埃（Jean-Guillaume Bruguière, 1750—1798），法国无脊椎动物学家和旅行家。

的《博物学报》，他自己也在上面发表了一篇带有进化论思想的重要文章。拉马克十分赏识雷尼耶，让其加入了博物学会，不久雷尼耶就出版了学会的议事录。雷尼耶还与罗兰签署过一份关于编写《实用工艺报》的合同，但该报终未问世。1792年8月10日后，"社交俱乐部"的印刷厂因罗兰的支持得到了政府的补助金。然而随着1793年6月吉伦特派的倒台，该组织暂停了活动，直到热月党人执政后才得以恢复[9]。

巴黎工艺师们的作为

在大革命最初几年成立的民间社团中，也有一些发明家的组织，它们直接参与了关于工业产权的论争。赛尔维埃男爵是一位长期关心科学和农学问题的贵族，在他的倡议下发明与发现学会于1790年夏天成立。创立伊始，该学会拥有包括科学仪器制作师、化学工艺师、建筑设计师和建造工程师在内的五十七名会员。每个星期四晚上为例会时间，会址起初设在巴黎大主教府，后迁至卢浮宫贵族厅，该厅已由政府划给多个知识界社团以供活动[10]。当时国民制宪议会正在酝酿规范发明权的法令，该学会即作为压力集团而诞生，它的施压果然获得了成功。学会希望法国能够采行英国的专利保护机制，到了1791年冬，这个愿望实现了。政府在出台了发明专利法的同时又颁布了取缔行会组织的《阿拉尔德法令》。从此，发明者成为所有者。不久后议会又设立了一个负责专利注册手续的督察局，由赛尔维埃男爵亲自领导。

1791年9月成立的工艺技术咨询办公室则与该督察局相辅相成。这个办公室接手了巴黎王家科学院有关发明评审和发明奖励的事务[11]。

不过巴黎王家科学院的院士们也并未变得百无一用，在工艺技术咨询办公室的三十个席位中，仅有一半给了由内政部部长任命的来自不同业界和工艺师学会的代表，另一半则全留给了王家科学院的院士。这个折中结果还是让发明与发现学会满意的，因为它在办公室里占了四个代表席位，然而其他工艺界人士则忿忿不平，他们诘问科学院凭什么还能利用其代表继续把持科技成果的评判权。

这些指责主要来自一个名叫"工艺中心"的新工艺师团体。该团体由一位名叫瓦尔（Houard）的公共工程承包商倡议创立。1791年5月13日，正值真理之友大联盟在王家宫殿马戏场举办联盟大会之际，工艺中心成立了。工艺中心的例会地点就设在"社交俱乐部"位于法兰西喜剧院路的办公室中。工艺中心的首次公开亮相旨在支持公共工程工人的请愿行动——要求国民制宪议会重开刚被关闭的救济工场。工艺中心要求政府依据其会员提出的方案开设多个工场，受益者当然是这些会员。工艺中心筹备的第二次请愿则要求开放公共工程市场。它的请愿书得到了各个工人互助协会及科德利埃俱乐部的联署。可是国民制宪议会刚刚投票通过了禁止工人联合行动的《勒沙普里安法》，因此对这些请愿人特别反感。当时国王在瓦雷讷被捕，请愿对1791年夏天无套裤汉的运动起了推波助澜的作用[12]。

工艺中心取得了一些成功。在1791年底，它已拥有会员两百名，人数明显多于发明与发现学会。作为"社交俱乐部"和科德利埃俱乐部的合作伙伴，工艺中心的公报采用了一种民主和反精英的语调。自从工艺技术咨询办公室成立后，它就强烈抨击办公室的人员结构，指责它给科学院院士的名额比例过大。工艺中心在后来呈送给国民立法议会的新请愿书中揭发了科学院的各种擅权手段。请愿书还成功地获得了发明与发现学会、国立九姐妹分会和工艺公社的联署。据美国科学史家吉利斯皮的估计，当时有近千名工艺师向巴黎王家科学院的权威发难。到了1792年3月，工艺中心向国民立法议会提交了一份法令草案稿，要求用一个民主性质的工艺组织取代关于发明专利的法案。这个草案的作者便是前文提到的工程师德索德雷，如今他已成为工艺中心派往工艺技术咨询办公室的代表[13]。

　　德索德雷提出的专利审批机制特别繁复。首先，各省都要设立科学家及工艺师预审大会，巴黎的预审大会则以工艺中心的名义召开。另外，还须建立一个科学工艺总督办，下设六个专业委员会负责给予专利和奖励。采用这套机制就意味着干脆取消王家科学院、发明专利督察局及工艺技术咨询办公室。1792年6月，德索德雷重提工艺中心改造计划，并给它取了一个离奇的新名称：工艺行业学园。他憧憬能在被"社交俱乐部"遗弃的王家宫殿马戏场里举行科学家和工艺师的自由大会、举办新机器及新产品展、开设免费公开课、设立一份报纸并组织节日活动和各种庆典。他设想的科学工艺总督办由学校老师及首都各大科研、工艺和文学院所的代表组成，负责评定各项发明和奖励。德索德雷的想法既受到了真理之友大联盟的启发，也汲取了由大殿下博物馆改成的"学园"的经验。"学园"当时仍在瓦卢瓦街开展活动[14]。

要落实德索德雷的改造规划就需巨额的资金。为此，德索德雷在接下来的几个月内大概自掏腰包花了四十万里弗尔。租下马戏场的预付金就高达十万里弗尔，每年在此地的花费为六万里弗尔。据拉瓦锡称，这笔钱的一部分用于"商铺、会议厅及演出厅的建设"。别的部分则用于聘请老师及其他事项。德索德雷希望通过出租商铺来赚取收益，支付日常运转的开支。对此深表怀疑的拉瓦锡直言不讳道："像这样一个各项活动都得花钱却只有微薄进项的机构是难以想象的。"不过，德索德雷还可以倚赖官方的支持[15]。工艺中心经他改革后最终更名为工艺学园，并于1793年4月7日正式开张。刹那间王家宫殿的马戏场又变得人头攒动了，不过此时的王家宫殿已更名为平等宫。五千人参加了开幕仪式，时任发明专利督察局局长的富克鲁瓦作了关于法兰西共和国科技和科学现状的发言。开幕式上当局还给首批科技获奖者颁了奖。最后仪式在优美的音乐声中圆满地闭幕。工艺学园的一般活动包括每星期四的领导例会和每月第一个星期日在马戏场举行的公众大会。学园的公开课程从当年的4月15日开始，采取了科学理论和配套的实用技术相结合的讲授方式，均为免费授课。富克鲁瓦讲授植物物理课，米兰和布隆尼亚尔讲授博物学课，让-约瑟夫·苏讲授生理学，阿森弗拉茨教授技术学。至少从纸面数据看，工艺学园一下子跻身到了巴黎一流科学院校的行列[16]。

公共教育草案

在大革命的这段时间里，官方科学机构的命运又如何呢？简而言之，它们的处境很艰难。不过这倒不是因为大家敌视科学和科学家，至少在革命刚刚爆发之时，公众是没有敌意的。然而从1790年开始，由于旧制度受到公众的广泛质疑，与之有瓜葛的官方科学机构便被牵连其中。这些机构仰赖的特权、行会利益和等级理念在大革命中已被平等、公民意识和国家主权等新原则取代。于是在拉罗什富科公爵的提议下，巴黎王家科学院起草了新规章，规定所有院士一律平等，同时取消荣誉院士头衔。不过在与立法机构的关系这个问题上，科学院内部出现了分歧。其他的官方院所也响应革命进行自我改造。各学院和学会纷纷起草新规并各有成果。然而，巴黎天文台台长卡西尼却硬要逆潮流维护等级尊卑。其实天文台的等级就是身为台长的卡西尼与三个负责实际观测的学生之间的上下级关系。在王家植物园方面，老总管布封已于1788年去世，继任者为昂吉维莱尔伯爵的哥哥拉比亚尔迪埃伯爵。此人乃是一个平庸之辈。植物园的教师和职员们采取了一致立场，大家都赞同树立集体和平等管理的原则，同时反对削减预算的计划，主张维持现有水平。

面对蜂拥而来的教改议案，不堪其扰的国民制宪议会最终决定暂时维持现状，待将来出台一份总体改革规划再说。议会大概是想把首都巴黎各大文化机构全部整合到一个组织内，而这个组织隶属于公共教育的总系统。这个总规划至少体现在1791年9月塔列朗递交的"公共教育报告"中。该报告提出在巴黎建立一个大型的国立学会，促进文学、科学和工艺的发展。为此，它雄心勃勃地表示："通过多重联系和默契的隶属关系，将所有的优等人才聚拢到唯一一个德高望重的大家庭，由此将所有的文学机构、实验机构、公共图书馆及科学文化收藏［……］都挂靠在一个核心。"这个国立学会计划在卢浮宫里召开例会。该学会在组织上将分为两大部，即"哲学科学、美文与美术部"及"数学、物理学与工艺部"。每个部又细分为十个组。

具体而言，这个新成立的国立学会将主要由各王家学院的人才队伍组成，同时也将接手这些王家学院的日常事务和各项任务。譬如，"数学、物理学与工艺部"下辖的前六个组就对应了巴黎王家科学院的业务，第七组则接手了王家农学会，第八组对应王家医学会和王家外科学院，第九组对应了建筑学院，最后的第十组是一个全新创立的机构（负责工艺）。此外，一些负责"讲授人类知识中最优秀、最高级内容"的讲堂也拟被国立学会收编，该学会因此获得了"教学百科全书"的称号。实际上，这些被收编的讲堂正是原来在王家公学院、王家植物园、卢浮宫以及矿业学校里讲授的课程。此外，涉及博物学、物理学、机械工艺的收藏品也全部划归国有。各个植物园、国王图书馆及一家印刷厂和一个翻译办公室也归属了国立学会[17]。

我们无从知晓塔列朗当年制定和起草这个总体规划的具体背景，但相关工作历时应该在一年以上。据塔列朗本人称，他曾为此咨询了数位王家科学院的院士。譬如，塔列朗在发表相关报告前就曾请拉瓦锡给出了书面的意见，拉瓦锡积极赞同成立国立学会[18]。其实这个计划正合科学院精英的心意，因为他们觉得这个新学会里的各种岗位、课程及资源不但能维系革命前业已形成的巴黎官方院所关系网，而且还能强化科学院精英在整个巴黎文化界的主导地位。新成立的国立学会还将主导整个公共教育系统，从而削弱巴黎大学的影响并最终使其解散。此外，新学会还可碾压各个省立专业学院，使它们沦为巴黎机构在地方上的附庸。

国民制宪议会的代表并不想对塔列朗的议案表态，而是让1791年10月接任的国民立法议会去解决公共教育的组织问题。立法议会随即成立了一个公共教育委员会以筹备一个总体改革规划。该规划被委托给文化界的几位代表来完成，他们分别是法兰西铭文与美文学术院院士帕斯托雷、数学家吉尔贝·罗默和阿博加斯特、博物学家拉塞佩德伯爵以及王家科学院的终身秘书孔多塞。孔多塞正是这份总规划的起草人，也是他在1792年4月以公共教育委员会的名义呈送了这份规划。孔多塞规划的开头和塔列朗的报告是一致的，但随后他提出了一个涵盖各个层级的庞大的免费教育计划。它分为从低到高的若干级别：第一层级为普及教育，到了第四层级则是培育学者、教授及科学深造的阶段。处在这个教育金字塔最顶端的是第五层级，即国家科学工艺学会。"建立这个学会的目的在于监督和领导各个教育机构，促进科学与工艺的改进，收集、鼓励、应用和推广实用的新发现。"

虽然孔多塞的规划和塔列朗的报告有一些共同之处，但在一些关键的问题上两人的想法截然不同。孔多塞的国家科学工艺学会与塔列朗的国立学会差异很大，国家科学工艺学会既不设课程也没有大型设备，从这一点上看，它倒是很像原有的各个王家学院。另外孔多塞让具有第四层级教育水平的九所学园来承担高等教育工作，它们中仅有一所在巴黎，这就解决了塔列朗报告里高等教育过分集于中央的问题。不过，孔多塞的学会却握有监管和领导整个公共教育系统的大权，这的确是一项重大的创新。另外，在内部组织上，孔多塞式的国家科学工艺学会和塔列朗式的国立学会也完全不同。国家科学工艺学会拟设四个部：第一部为数学和物理学部，它在某种意义上是对巴黎王家科学院的继承；第二部为全新的伦理和政治学部；第三部是科学应用工艺部，它除了接手王家医学会、王家外科学院、王家农学会和法兰西建筑院的职能外，还加入了机械和化学工艺；第四部也即最后一部是文学和美术部，它汇总了分散在法兰西学术院、法兰西铭文与美文学术院、法兰西绘画雕塑院以及王家音乐学院的事务。

显而易见，在孔多塞式的国家学会中，科学的地位远高于其他门类而位居第一。文学作家的地位被降到了最后一档，和画家、雕塑家及音乐家合并在了一组。另外，实用工艺也仅仅被理解为对科学原理的实际应用。的确，孔多塞规划的一大特色就是在所有教育层级里，科学始终被置于首要地位。对此，孔多塞从智、德、行三个方面给出了理由：他认为学习科学知识既是开发智力水平的最佳方式，也是消除各种偏见的最佳药方，还是安身立命的最佳准备。在孔多塞看来，科学的作用还远不止于此，他将全民教育的重任交由科学家来管控，是意在赋予科学历史使命——助力人类不断完善自我。孔多塞在后来于1793年写成的名著《人类精神进步史表纲要》中十分鲜明地阐述了这一使命。写就此书之时，孔多塞正面临遭人追捕和即将辞世的境遇，但字里行间却展现出一派宏伟的格局和乐观的态度。这部名著将作为启蒙的精神遗产而得到后人的服膺拜读[19]。

孔多塞提交教改总体规划的当天正值国王路易十六亲临国民立法议会要求对奥地利宣战，于是相关审议就被迫推迟。到了1792年9月，随着国王被废黜，立法议会出现了分裂，遂无力再讨论教改之事。于是孔多塞的规划草案直拖到1792年12月才由新成立的国民公会来付诸审议。在总体规划包含的所有提议中，创建国家科学工艺学会遭遇了最强烈的抵制。在反对者看来，孔多塞这是要从国家手中夺走对教育的管控权而把它交由一个科学家特权阶级甚至可以说是科学家长老阶级摆布。面对如此的攻击，国民公会的公共教育委员会只得撤除了规划草案中的这部分内容。代表们宁可把相关主题推迟到以后再议，没有作出任何决定。

在当年国民公会的审议中，科学家的权力成了遭受攻击的首要对象。但更深层的原因是很多人反对将科学作为教育的基础。就算可以强令高等教育以科学为统帅，但国民教育呢？正如拉博·圣艾蒂安[a]所说的那样，那些全民普及性质的教育"塑造的是人心情感，[……]而能满足情感需求的是男女老少喜闻乐见的各种马戏娱乐、运动健身、比武徽章、棋牌游戏、节日庆典、友好竞赛，以及人世舞台上的喜怒哀乐"。这一卢梭式的情感教育观与孔多塞的智力理性观是截然对立的。

孔多塞则指出了感情狂热的危险性："人们一旦感情用事，就会把谬误奉为真理；而且从那一刻起就只能听从谬误了，因为

---

[a] 拉博·圣艾蒂安（Rabaut Saint-Étienne, 1743—1793），法国新教教士、第三等级代表、大革命时期的国民公会代表。

若没有情感的盲从，真理本可以靠它自身的力量实现去伪存真。基于此，人们在头脑发热前，应先做冷静严肃的审视，并只听从理性的召唤。"孔多塞又补充说："或许应该重视孩子的想象力，因为发挥想象力就如同运用其他能力一样，的确是件好事。但若仅凭想象力去行事那就是罪过了，哪怕是为了捍卫我们内心深处认同的真理，也是不行的。"孔多塞再次引用了以前科学院院士为打击江湖术士而多次使用过的论点，这次他要提醒人们的是政治灌输的危险。不过他是绝无可能说服这些革命者了，因为他们要干的是一件大事，即再造一个国家。要想实现这个他们坚信不疑的目标，就需要建立一种新型的国民宗教，它不但要代表理性，还要能够直击本心。在这个问题上，孔多塞遭到了所有人的抛弃，包括他政治上的盟友[20]。

公制系统的创立

虽然塔列朗和孔多塞两人的议案都承认各大王家院所在知识和伦理方面的权威性，但他们都缩减了这些学院在旧制度下曾具有的举足轻重的鉴定职能。不过科学院的院士们远未卸去他们为政府提供技术咨询的使命：国民制宪议会赋予了他们一项浩大的科技任务，这就是具有经济、文化乃至政治意义的度量衡改革。这是一次由科学家构思并实施的重大社会实践革新，公制的创立大概就是这次改革里的第一个也是最具影响力的例证。科学院提出以国际统一定义的长度单位米为基础建立一套全新的度量衡体系，它以此行动切实贯彻了启蒙的宏图和革命的目标，同时也证明了科学院对社会的实用意义，尽管那时该机构已经朝不保夕了。科学院此举还有一个不言明的用意，那就是把自己和巴黎乃至法兰西民族置于为全人类所有民族创立一个实实在在机制的中心地位。这既与科学院的一贯雄心契合，又与革命口号合拍。这些口号给法兰西的国家雄心披上了普世的漂亮外衣。

1790年3月9日，塔列朗根据院士们的建议向国民制宪议会提出创立一个新的度量衡系统。该系统的基准是纬度45度的海上某处时钟摆动一秒钟的摆长。两个月后议会采纳了他的想法。第一份法令规定，在全国各省搜集不同单位的基准器，然后把它们交给科学院。另外，法国政府还须联络英国政府，以期新的长度单位能得到巴黎王家科学院和伦敦王家学会的联合确认。第二份法令则要求巴黎王家科学院研究一下在度量衡和货币领域应采用何种进制。

议会最终决定以钟摆摆长这一实物标准作为新度量衡系统的基础。此前一直有两派意见：一派认为应采用天然实物的度量衡标准，而另一派却坚持使用约定俗成的度量衡标准。议会的选择为这一争执下了定论。其实，所谓使用约定俗成的标准就是指在整个国家范围内干脆都以巴黎的度量衡作为统一标准。须知，在大革命前夕的整个法国境内大约有八百种不同的度量衡单位。这一极为混乱的情况不但大大阻碍了贸易，也干扰了行政管理。老百姓为此不断上书表达不满。度量衡的混乱导致了拖延、误解和谬误。中央集权论者认为只须把巴黎的标准变成全国标准，即可以最小的成本实现度量衡的统一。

其实长期以来君主政府提出过数个度量衡统一计划，试图在全国强制推行巴黎的标准。譬如，推行长度单位巴黎托阿斯（也称王家托阿斯或法国托阿斯[a]）和重量单位巴黎里弗尔（也称马克重量里弗尔[b]）。但每次尝试都遭到外省和各行业的强烈抵制。巴黎王家科学院就曾受命推广巴黎度量衡单位。当年大沙特莱监狱外墙上供大众使用的铁尺是定义巴黎托阿斯长度的标准原器，所以巴黎托阿斯也称沙特莱托阿斯。1735年，科学院在这个标准器的基础上又命人制作了两件托阿斯标准尺用以测量子午线的弧长。一件在秘鲁的测量中使用，故称秘鲁托阿斯，另一件在北欧拉普兰地区的测量中使用，称为北方托阿斯。秘鲁托阿斯标准尺后被存入科学院工作室内，并于1766年成为新的巴黎托阿斯标准原器，称作科学院托阿斯。科学院为了推广这种巴黎新长度单位，遂请货币监察官蒂耶依照新的标准原器制作了八十件仿制品发往全国各地及国外。

蒂耶是统一度量衡政策及推行巴黎标准的坚定支持者，1790年他和阿贝耶一起向国民制宪议会的农贸委员会提交了《观察报告》，在其中他就提议将巴黎度量衡单位作为全国通用标准。不过，像蒂耶和拉朗德这样主张使用约定俗成标准的人在科学院里仅为少数，多数院士倾向于采用一种天然实物作为标准，以便赋予度量衡系统真正普世的特征。其实这正是其他国家愿意采纳这一标准的条件。17世纪末以来，人们已提出过两个天然定义的基准单位：一个是时钟摆一秒的摆长；另一个是地球经线（经过

---

a 法文为 toise。
b 法文为 livre。

两极的假想大圆圈）的长度或经线的分段长度。

第一个天然标准比较容易定义，因为测量秒摆的摆长相对较为容易。但它也有缺陷。首先，需要确定钟摆所处的位置，因为摆动周期会因海拔和纬度的不同而有所变化。因此有人提议采用赤道地区海平面上的钟摆数据，另一些人则主张取极地到赤道的中间点，即位于纬度 45 度线上的摆锤数据。后一个提议好在（北纬）45 度线正好穿过法国。这正是塔列朗采用的方案。不过，摆锤标准还有一个理论上的缺陷，那就是物理长度单位被完全交由时间长度单位秒和地心引力定义，这两个因素是会有轻微变动的。那么以经线长度为标准呢？难题同样存在：确定经线长度需要很复杂的大地测量作业，更何况地球并非正圆球而是一个两极稍扁的椭球体，这就影响了计算的精确性。据塔列朗称，误差累计达三十四托阿斯。也许正因如此，塔列朗宁愿采用摆长这个天然标准[21]。

实际上，负责筹备度量衡改革的巴黎王家科学院并未专门等议会的决定便已开始这个课题的攻关了。这不仅是因为自创院以来，院内已经研讨过多套计量改革方案，更是因为从 1789 年 6 月 27 日以来，科学院还任命了一个委员会负责编写统一度量衡的计划，这个委员会可以算是 1791 年成立的大型度量衡委员会的前期试点。虽然委员会没有得出任何官方成果，但塔列朗很可能提前咨询了它的意见才起草了他本人的提案。在国民制宪议会投票后，科学院即着手研究度量衡的细分进位制问题，并最后选择了十进制。在建立度量衡体系时，科学院一直在等待国王批准议会的法令以顺利执行任务，即精确地定义摆长，并收集市面上各种现行的计量标准。在此期间，法方还展开了与英政府的一系列谈判，以期实现在度量衡标准化领域的国际合作。

然而1790年末英国人拒绝了法国的合作建议，这一拒绝从根本上动摇了塔列朗的方案。该方案之所以将时钟摆动一秒的摆长作为统一度量衡的基准，也许是因为这个标准容易令外国接受吧。现在既然公制系统的国际化前景变得越来越渺茫，巴黎的学者们也便没有了包袱，他们决定轻装上阵重新选择标准。这次科学院用经线方案取代了摆锤方案，并提议用地球经线圈的四千万分之一作为长度基准。国民制宪议会在没有异议的情况下立刻就采纳了这个长度单位定义，这就是不久后人们所称的"米"。此举实际上取消了此前的长度标准。国民制宪议会同时还要求科学院测量从敦刻尔克到巴塞罗那的经线距离。科学院为了执行政府的法令于几天后在相关委员会之下任命了五个工作组以加快工作速度。第一组负责天文和三角测算；第二组负责基线测量；第三组负责摆锤测量；第四组负责蒸馏水重量测量；第五组负责新老测量数据的比对。总之，六十位普通院士中的十八位均不同程度地参与了这个项目，他们基本都是严肃定量科学的信徒[22]。

巴黎与米

之所以选择米作为公制的基准单位还真是说来话长。首先，到底是什么原因使院士们最终放弃了摆长而选择了经线长度做基准呢？公制委员会报告中的理由是："让两地间的距离与地球经线圈的四分之一长度建立联系,比让它和一秒的摆长建立联系要自然得多。"这是拉普拉斯在共和历三年师范学校[a]讲课时给出的官样说法,这么说当然自有道理,可即便这个理由无懈可击,却肯定不是唯一的原因。据拉格朗日和德朗布尔称,公制委员会的成员们其实是想借这个机会更精准地确定法国子午线的长度(敦刻尔克和佩皮尼昂之间的经线弧长),后来这个长度又延伸至巴塞罗那。总之,科学院就是想借此继续自创院伊始就致力的大地测量工作,此项工作贯穿了整个18世纪的科学院历史[23]。

就是在这个长期项目下,巴黎天文台与格林尼治天文台开展了联合测量合作,从而在1787年大幅提高了测量和计算的精确度。院士们雄心勃勃地欲将在该合作中成功运用的技术推广到子午线的测量工作中。另外,公制委员会的创始人波尔达十分重视使用经纬仪度盘进行有关工作。然而像这样的大地测量和计量工作是耗时漫长且耗资巨大的,据传言花费恐会达数百万里弗尔之巨。最终,委员会成员承诺在两年内完成工作,并将总支出控制在三十万里弗尔。1791年8月8日国民制宪议会就第一批工作拨付了十万里弗尔。这笔钱超过了巴黎王家科学院每年得到的赠款,遂招致科学院死对头们的攻击。在马拉所写的《现代江湖骗子》一文中,他不遗余力地痛批院士们的贪婪作派[24]。

百多年来科学院一直投身于经线圈测量的课题,很显然,如今它决定以经线长度作为度量衡系统的基准单位。这表明科学院想(利用自己的长项)独享这项具有普世意义的重大举措带来的

---

[a] 它是巴黎高等师范学院的前身。

利益和荣誉。为此，公制委员会坚称法国子午线弧段具有奇妙的特质，对它的测量是唯一可以确定米之长短的办法。比方说，这段弧线不长不短，正好位于北极和赤道的中间，而它的南北两个终点（敦刻尔克和巴塞罗那）都位于海平面附近；更何况，前人曾测量过这段弧线，这就使工作变得相对容易，结果也会更加准确。委员会于是略带得意地说道："这回那些存心指责科学院搞特权的人可找不到任何把柄啦！"如前文所述，委员会成员决定将法国子午线的测量向南延长至巴塞罗那。这条线仅仅是巴黎天文台子午线的延长。天文台子午线自1667年6月21日建造天文台时就已划在地上。让·皮卡尔[a]曾将该条经线一直测到了亚眠。如今巴黎又一次被当做了措施标准的中心。

该项目的前期工作就花了一年多的时间，即从1791年4月到1792年6月，用来制作测量工具。委员会原计划将三角测量的任务交由卡西尼、勒让德和梅尚[b]三人。由于勒让德的拒绝，委员会遂决定由卡西尼负责北段，即从敦刻尔克到罗德兹（Rodez）的经线测量；由梅尚负责南段，即从罗德兹到巴塞罗那的测量。可是身为天文台台长的卡西尼却只想做该项目的领导工作而不愿亲自去实地测量。最后，科学院只得在1792年5月5日求助于受拉朗德关照且曾为拉普拉斯做过计算工作的德朗布尔，此人是最后一位入选科学院的院士。测量工作在1792年6月底开始。鉴于所用的测量工具都极为特殊，所以制作十分耗

---

[a] 让·皮卡尔（Jean Picard, 1620—1682），17世纪法国大地测量学家和天文学家。
[b] 梅尚（Pierre François André Méchain, 1744—1804），法国天文学家，1800—1804年任巴黎天文台台长。

时，最后没等这些工具全部到货测量就开始了。

通过前文可知在旧制度的最后几年里，法国科学家为扶持巴黎科学工具制造业做出的贡献。在巴黎王家科学院的庇护下甚至还成立了一个科学仪器制造工程师公会。法国科学家们主动向巴黎最优秀的天文和大地测量仪器"制作师"订购高精尖的工具。米标准的确定又一次为扶持民族制造业提供了机会（尽管某些人觉得这是为偏心提供了借口），当时这些制造业正遭受市场危机的严酷打击。

在挑选大地测量工具的制作师时，公制委员会自然而然地属意于艾蒂安·勒努瓦。此人已在1787年制作了经纬仪度盘。这次委员会要求他制作四只同类的经纬仪度盘，用于角的测量。此外，还要求他制作高精度的白金制和铜制的双面尺，用以测量基线。对于勒努瓦位于巴黎西岱岛巴斯德于尔森街（rue Basse-des-Ursins）上的小作坊来说，如此巨大的订单难以承受。一年过去，勒努瓦虽然费了九牛二虎之力却仍无法交付一件订货。于是政府开始不耐烦了。到了4月，罗兰提议至少是暂时重新采用巴黎的度量衡单位作为新标准。等到德朗布尔和梅尚在1792年初夏终于开始测量作业之时，尚缺一只经纬仪度盘。其他一些巴黎制造商也参与了前期准备工作，譬如，福丁负责制作白金圆柱筒、天平及他自己发明的比较仪，用以确立未来的重量单位公斤（一公斤等于真空环境里冰熔温度下一立方分米蒸馏水的重量）；光学仪器制作商克洛谢负责为经纬仪度盘制作消色差透镜；金银匠雅内蒂负责制作测量工具上的白金部分；钟表师路易·贝尔杜为该项目制作了数台天文钟。

凭借着勒努瓦制作的特殊测量尺，波尔达、库仑以及之后代替库仑的卡西尼，十分精准地确定了天文台秒摆的摆长。但他们这么做已经与初衷不完全相同了：法案规定的目标是在纬度为45度的海平面上确定单摆周期。通过这个简单的方法可间接确定米的长度。原计划是在波尔多进行相关测试。但公制委员会最终决定只在巴黎测量秒摆的摆长，然后再通过计算推导出所需的结果。1793年初，拉瓦锡和阿维提交了关于重量单位的初期实验结果。遗憾的是，这项工作未能做到有始有终。最后到了1793年5—6月，波尔达和拉瓦锡在勒努瓦的帮助下，于马德莱娜大道拉瓦锡的新家花园内进行了双金属尺的校准工作。这种尺将用于确定三角测量基线。这也是拉瓦锡参与的最后一项科研工作[25]。

此时，有关大地测量的实地作业已开展近一年了。在此就不再谈论德朗布尔和梅尚在巴黎子午线沿线测量中所遭遇的艰辛了。总之，两位天文学家在出了巴黎后，德朗布尔北上敦刻尔克，梅尚则南下直至巴塞罗那。不过整个勘测作业还是从巴黎及其周边开始的。在1792年6月28日梅尚离开巴黎远赴巴塞罗那之际，德朗布尔及其助手们已在巴黎郊区投入工作了。他们首先找到了卡西尼·德·蒂里在1740年所用的几个测量站，它们是圣皮埃尔·德·蒙马特尔教堂钟楼、蒙莱里塔、布里孔特罗贝尔教堂、马尔瓦辛农庄、蒙热塔以及达马坦教堂。德朗布尔很快发现大部分的老测量站都破旧得无法使用了。譬如，曾做为巴黎测量点的蒙马特尔的钟楼已被夷为平地，德朗布尔只得转到荣军院的穹顶上进行测量。再如，科学家原计划在蒙热开展测量，可当地居民的敌视态度逼得他们只好另寻测量点。

随着时局的发展，政治斗争达到了高潮。君主制在1792年8月10日垮台了，普鲁士军队正在向巴黎逼近。9月3日当监狱发生大屠杀事件时，正在工作的德朗布尔团队遭到来自拉尼镇的国民自卫军的逮捕。这位天文学家马上表示抗议并拿出他的通行证申辩说自己是科学院院士。一个民兵听到这几个字就火了，他连声喝道："现在没学院啦，没学院啦！大家都平等啦，快跟我们走！"团队被严密关押了一个晚上后，才得到有关方面的道歉和释放。可是两天后他们在圣德尼镇又遇到了新麻烦，装载仪器的两辆车被警惕的群众团团包围。团队忙向大家做解释，可还是有人七嘴八舌地扬言要砍他们的脑袋。幸亏上面把德朗布尔藏到了修道院才让他逃过一难。直到9月7日国民立法议会紧急投票通过法令才使他得以在相对平安的环境下重启工作。只可惜到了10月，在经过了几个星期的观测后，大家不得不承认选择荣军院穹顶作为巴黎的标志性测量点显然也是不合适的。德朗布尔随即又用先贤祠取而代之，只是先前做过的工作都要重头再来了。在原先的各个测量站点进行了重新测量后，德朗布尔于1793年1月6日回到巴黎城里，并在先贤祠的顶部做了最后勘测。3月初该段工作完成。德朗布尔最终于1793年5月离开巴黎前往法国北部开展工作[26]。

博物学家和国立自然博物馆的创建

德朗布尔艰难地在巴黎周边进行三角测量时，贝尔纳丹·德·圣皮埃尔正在王家植物园里搞研究，此时的他已经被任命为植物园总管，取代了出身贵族并已流亡国外的前任总管拉比亚尔迪埃。1784年，贝尔纳丹·德·圣皮埃尔的著作《自然研究》问世，使他一举成名。接下来的1787年他又发表了著名小说《保罗和维尔吉妮》。这位作家对自己同时具有科学和文学两个领域的素养颇感得意。作为出身路桥学校的工程师和旅行家，他却坚决地反对牛顿的地球形状说。贝尔纳丹认为地球的两极偏细长，由此推导出一套比较另类的水流和潮汐理论，他宣称这套理论的关键在于两极冰川在每年、每日都会融化。贝尔纳丹的这些见解就像其他自称开宗立派人士的高论一样，得到的仅仅是科学家们的集体漠视。

对此，成名后的贝尔纳丹曾在《自然研究》1788年版的前言中表示了不满。拉朗德则在《学者报》中略带轻蔑地回应道："他（贝尔纳丹）的住所离法兰西公学院不算远，公学院里就有天文课程。只要去学一下就知道地球是扁平的，而潮汐现象是月球造成的。这些都是已经证实了的东西。任何学过一点这方面知识的人都不会有丝毫怀疑。"[27]贝尔纳丹闻听此言恼羞成怒，立刻在自己写的《印度小屋》的前言中做了回击。在这本卢梭风格的奇妙故事书中，贝尔纳丹将拉朗德描绘成一个特意上门来说服作者"改邪归正"的伪君子。德朗布尔也曾试图把贝尔纳丹拉回到较为正常的观念上：他以勒弗朗（Le Franc）的假名致信贝尔纳丹，给他重新解释了天文学家们的科学理由。虽然他赢得了作家贝尔纳丹的信任，但也无法说服他。因为此公始终固执地沉醉在自己的理论中。可以想象，他这样的人是不大可能支持公制改革的[28]。

总之,就是这样一个人在国王倒台前几周坐上了过去布封的位子。这个任命引起了王家植物园科学家们的不满。因为这些人自1790年以来就一直要求取消总管一职。可是植物园毕竟还是需要一位领头人,于是大家提议让道本顿来领头,因为他毕竟做过藏品馆的主管。有意思的是,贝尔纳丹的奇特学说和他对牛顿派天文学家的攻击却并未引起植物园博物学家们的不满。因为在18世纪80年代,博物学界和数学物理学界之间的鸿沟已变得非常明显。数学和物理学专业的院士已然把持了科学院的主导权,将博物学家排挤到了一边。植物园的老总管布封在去世前的几年就已经在科学院里靠边站了。虽说阿维、道本顿等博物学家对几何测量方法及新一代化学家的成果很感兴趣,但他们只是少数,大部分博物学家都对严肃科学派人士试图将其理念凌驾于四海的霸气十分抵制。

严肃科学派有着以公制系统为典范的精确物理测量方法,可博物学家不是也有朱西厄的《植物属志》和奥利维尔的《昆虫学》这样精确描述动植物的典范吗?再者,牛顿物理仅限于对简单物质的研究,但博物学的研究不是能够兼顾无生命体和生命体吗?另外,如果说力学的作用值得关注,那么生命体中不息的流体作用不是也不容小觑吗?一个由普遍永恒法则支配的大自然固然很重要,但一个由繁多物种奇特性构成的经过历史演化的大自然不是同样不可忽视吗?博物学家认为,人不是独立于自然界的观察者和计算者,而是自然界中有着鲜活感受的生命体。这一观念不仅开启了人类志的研究道路,也打开了以人类本性为基础重新构建伦理学的思路。它不仅具有科学上的意义，而且具有哲学乃至政治上的意义。这些博物学家通常并不认同纯粹哲学家的理论，但他们对卢梭的观念很感兴趣，卢梭本人就曾研究过植物学而且还是王家植物园的常客。即便是布封这样傲气的人也对他钦佩有加。作为《爱弥儿》作者的卢梭曾这样写道："去注目大自然并遵循它为你划出的道路吧。"贝尔纳丹正是大自然的赞颂者和卢梭的好友，他宁愿选择密林深处贱民的茅草屋，也不喜欢普里的神庙和那些高级僧侣。难道同样追求率真本心的草根出身的博物学家不该对贝尔纳丹产生些许好感吗？实际上，新官上任的贝尔纳丹也证明了自己是位不错的管理者，面对大家的抵触，他还是想尽办法博得配合。

正是有了大伙的同意，贝尔纳丹才得以在植物园中增设了一个动物园。此时凡尔赛宫的动物园已经关闭，于是植物园的机会来了。贝尔纳丹遂率领图安和德枫丹前往凡尔赛查看国王饲养的动物还剩下几只。调查的结果是还有一只斑驴、一只狷羚、一只印尼班达冠鸠、一头犀牛、一头狮子和一条看门狗。贝尔纳丹立即写了一份颇具辩才的报告，强调有必要在植物园已有的各界无生命的标本之外再增添活体生物。他说道，这是因为现在的植物园有着"富饶的沃土和繁茂的植物"，"只可惜还没有在其间嬉戏、享受和徜徉的动物"[29]。他的这个想法虽在后来得到了采纳，但他本人的位子却坐不下去了。不幸得很，植物园的博物学家们也赞同卢梭人人生而平等的主张。也就是说，他们不想要一个总管在他们头上了，不管此人是贝尔纳丹还是其他人。

博物学离不开标本的采集，这就决定了博物学家特别依赖富有的赞助人，因为只有这些人才能资助他们的旅行采集活动、赞助他们发表专著，并请他们观摩自己的标本收藏库。在旧制度时期的巴黎，博物学家和最高层的贵族、金融家、法官保持着密切的关系，甚至是私人友谊。尽管如此，巴黎博物学界还是鲜明地站到了革命的一边，他们表示自愿脱离权贵的扶助，并按自由和平等的方式自行组织工作。博物学界内部随即成立了各种自主的学会，这至少表明了他们对学院模式不买账。在王家植物园里工作的科学家们从1790年起便要求取消总管这个职位并代之以集体领导，如今他们更提出将王家植物园改为国立植物园。与此同时，新成立的博物学会还在植物园里举办了为林奈胸像揭幕的仪式，象征性地接手了植物园的权力。

在摆脱了旧权贵的托管后，博物学家们纷纷开始和新的政界人物建立关系，这里不仅包括植物园上级主管部门的官员、巴黎市政府的官员，也有国民议会代表。他们甚至还直接参与公众论战。譬如，主持博物学会工作的米兰就创办了一份名叫《巴黎记事》的新报纸，与《巴黎日报》展开竞争。另外，雷尼耶则投身图书经销业。很快爱国情绪和雅各宾派的观念便占据了博物学界的主流，卢梭的思想也开始成为一种政治基调。在博物学会中，支持（吉伦特派）罗兰和布里索的人占据了主导地位，像布鲁索奈和拉蒙这样的温和派则遭到排挤而日渐边缘。其实植物园里所有的同事都持爱国立场。安德烈·图安和他的亲朋好友还鲜明地支持雅各宾派。在如此环境下，贝尔纳丹·德·圣皮埃尔那套试图与王权妥协的策略便显得苍白无力了。任凭贝尔纳丹闪转腾挪，也摆脱不了被政治运动边缘化的命运。国民公会公共教育委员会的代表拉卡纳尔在将尚蒂伊堡的标本藏品迁入植物园藏品馆后，便不通过总管贝尔纳丹而直接和道本顿建立了联系。他重启1790年的机构改革案，并于1793年6月在没有争议的情况下使国民公会批准将王家植物园改为国立自然博物馆。

这个新机构是按照共和原则组织起来的，总管的位置被正式废止，同时为原受雇于植物园的所有专家设立了十二个教授职位。也就是说，不论原先是教授、演示师、藏品保管员还是像图安这样的园艺师，从今往后地位平等。这次改革的突出特点是把职位设置扩展到了动物学研究方面。除了比较解剖学教授梅特吕[a]之外还来了两位新人，即研究四足动物、鲸类和鱼类发展史的若弗鲁瓦·圣伊莱尔与研究昆虫、蠕虫和微小生物发展史的拉马克。当时的圣伊莱尔还是一位仅有一些矿物学工作资历的年轻后生，来自科学院的拉马克也仅被看作植物学领域的研究者。博物馆的管理及其成员的任命均由教授大会负责，教授们在权利和义务上是平等的。博物馆馆长由这个大会选出，任期一年，可连任一次。某个空缺教授职位的新人选也由大会通过选举决定。总之，新成立的博物馆完全由科学家们管控。

拉瓦锡，最后一次

人们常常把植物园的命运与作为巴黎科学界标杆的科学院在

---

[a] 梅特吕（Jean-Claude Mertrud, 1728—1802），18世纪法国解剖学家和外科医生。

两个月后的遭遇进行对比，以强调两者境遇的巨大反差：植物园得以维持并按照博物学家们自己的意愿进行了改造，而科学院却被断然取缔。许多科学史专家觉得这种反差是由于数学物理科学和博物科学的专业世界不同。他们认为数学物理要求严谨的方法，要求通过实验和严密的推理精准地确定自然定律，只有科学家才掌握这样严谨的方法。有关成果只有经他们证明无误后才能用来服务于大众的福祉。博物学则不同，科学家和业余爱好者可以平等地参与其中。大自然的奇妙不但激发人去求知，也令人体验到巨大乐趣。其实探索自然万物的终极目的已不再是为了单纯地了解事物，而是旨在提升个人境界和服务于大众生活。换言之，数学物理学代表了一种封闭刻板的精英科学，而博物学则被视作一种开放快乐的大众科学。这种对立观念来自启蒙时期，那时人们就把牛顿式的哲学和抽象的理性精神与感性经验论及对大自然的崇拜截然区隔开来。可悲的是，这种区隔到了大革命时期又被拿出来将革命者划分为亲科学院哲学精英色彩的1789年立宪派和亲植物园博物学家及卢梭思想的1793年雅各宾派。

思想史学界多次强调了这一对立模式，应该说它确实为人们分析大革命时期科学界、政界和公众舆论界三者间的关系提供了一个清晰的框架，也便于对当年参与制定科学政策的各色人等的行为进行分类解读，这些人既包括科学家、"工艺师"，也包含记者和立法机构的代表。然而，这个分析框架用观念判断代替了史实研究，它把每个当事人都限定在了贴有预设标签的框架内，然后用这个框架里有限的可能性去解读当事人的一切实际作为。拉瓦锡经历了从国王倒台到科学院被取缔的一系列事，当我们了解这位严肃科学的开创人在这十二个月里的遭遇后,就会发现这个研究框架的缺陷。因为,拉瓦锡并未因自己的地位和权势而表现出专横态度,而是体现了极强的适应能力和紧跟形势的能力,同时他乐于谈判沟通并愿意做出让步。只要能拯救科学院,他可以接受一些附加条件或放弃一些原有立场。然而他的抗争却是徒劳,因为他最终失败了。但这至少证明他的实际作为是不能用上面的框架去评估的。

1793年初,巴黎学术界人士的心已提到了嗓子眼。公共教育机构的重组已提上议事日程。遭到多方围攻的各大院所、巴黎大学及其附属院系和公学都处在行将关门的境遇中。以法兰西公学院为例,虽说它仍在拉朗德的领导下继续开课,一如既往地按他的意志把天文学课放在首位,并继续采取重理轻文的设置,但这还能维持多久呢?再看看天文台,台长卡西尼和"学生们"的关系已经闹僵了,努埃、佩尔尼和吕埃勒[a]三人要求平等的待遇。至于植物园,就像前文所说的那样,专家们反对总管的权威。科学院的情况就不同了,它如常地继续推进着既有的项目,同时等待着自己的宿命。不过,尽管院士们定期开会,尽管公制度量衡委员会正在繁忙地工作,但大家的心中已是愁云重重。

1792年11月,国民公会决定暂停各大王家院所内部的人员更替。依照革命政府的要求,须重估津贴的发放,因此各大王家院所必须在内部暗中清洗流亡或疑似流亡国外的人员。结果是四位荣誉院士、四位自由院士,以及合作院士科尔奈特的名字从补

---

[a] 三人均为18世纪末法国天文学家。

助金名单上被剔除。即便如此，国库仍拒绝发放津贴，这次的理由是法令禁止一人兼领多份薪金。拉瓦锡只得自掏腰包替政府预支部分津贴给同事们。国库的恶意标志着科学院失去了地位：有关国家科学工艺学会的提案在国民公会碰了钉子并最终被舍弃，这严重削弱了科学院的影响力。它在整个行政架构中似乎已完全丧失了合法性。

自从孔多塞不再担任科学院终身秘书后，该院就处于群龙无首的局面。只有拉瓦锡一人可以代他起到领导作用。1791年8月拉瓦锡被任命为度量衡委员会这个权威组织的财务主管和秘书，到了12月他又接替蒂耶做了整个科学院的财务主管，这使他成为该院唯一的常设行政人员。拉瓦锡就是以这个身份逐步担起了科学院未来的命运。他坚信各大院所对社会是有实际用处的，他甚至认为它们的存在是必要的。早在1790年它们的命运刚受威胁时，拉瓦锡就直言过这一点[30]。不过他也意识到科研院所树大招风，所以随时准备顺应新形势、自裁权力并向对手的各种要求做出让步。与孔多塞不同，拉瓦锡因做过官同时又是主持和资助科学事业的大佬，所以他习惯做必要的妥协。此外他结交甚广，不但相当了解那些讨厌学院式监管的"工艺师"，而且和科研项目涉及的各行各业，甚至和那些不赞同他观念的人士都有联络。更何况，他的巨大财富和深厚人脉也为他做事提供了各种助力。

在大革命前，拉瓦锡在自己身边形成了一个以兵工厂为据点的群体。这些人曾共同战斗使现代化学得以成功确立，《化学年鉴》则是联系大家的纽带。如今许多人已投入了雅各宾派阵营。1793年初，蒙日已在革命政府任职，莫尼叶服务于战争部，吉东-莫沃则进入了国民公会。值得一提的是，拉瓦锡和两位受过他关照的革命积极分子有着良好的关系，他们是富克鲁瓦和阿森弗拉茨。先说说化学家富克鲁瓦，他不但是王家科学院和王家医学会的成员，也是王家植物园教授。他曾是拉瓦锡学说的优秀宣传者和动植物化学领域的大专家。革命爆发后，他便特别积极地投入其中。从1790年起，他就支持对各大王家院所进行激进的改革。在植物园，他是首批要求取缔主管职位并在教授中实现人人平等原则的专家之一。身为实训出身的医生，富克鲁瓦也十分敌视巴黎大学医学院，并要求将其彻底取缔。至于王家医学会和王家科学院，在国王倒台后，他认为必须对这两个机构内部的流亡分子进行清洗。作为一个主张在各个领域都实现自由的人士，富克鲁瓦谴责学术垄断并主张结社自由。1793年4月富克鲁瓦成了工艺学园的负责人。同年7月25日，他接替被谋杀的马拉成为国民公会的代表，旋即参加了公共教育委员会的工作。虽然富克鲁瓦采取了取缔各大王家院所的激进做法，但他从未断绝与拉瓦锡的关系。

至于阿森弗拉茨，他只是一名由木匠转为矿业工程师的"工艺师"。大革命前，他曾多次造访兵工厂，并和拉瓦锡夫妇是好友。阿森弗拉茨先是跟随他的靠山拉瓦锡加入了1789爱国社，后来也像蒙日、莫尼叶和富克鲁瓦那样转入了雅各宾派阵营。他在1792年8月10日起义的巴黎公社中扮演了重要的角色。随后他还在帕什领导的战争部工作过。到了1793年春天，阿森弗拉茨作为帕什的亲信，也作为自己所在区的国民自卫军战士，投入了打击吉伦特派的斗争。虽说当时的阿森弗拉茨因忙于政治已不再搞科研工作，但他并未失去与拉瓦锡的联系。他在布尔多奈路上的居所就是由拉瓦锡支付房租的，同幢楼里还住了富克鲁瓦。阿森弗拉茨和拉瓦锡两人还会定期在工艺咨询局碰面[31]。

如前文所述，工艺咨询局成立于1791年9月，也即在投票通过关于专利的法案后。该办公室的任务是鼓励并奖励发明者。办公室的一半成员是来自各专业民间学会的工艺师，另一半则是科学院院士。阿森弗拉茨就是《化学年鉴》学会的代表，拉瓦锡则是科学院的代表。长期以来拉瓦锡真诚地关注着工艺事业。他曾代表科学院撰写了许多鉴定发明的报告，还利用自己的身份并自掏腰包，不懈地扶持工艺师、化学家和仪器制造商。工艺咨询局成立后，大家便在此共事。譬如，他在办公室里就重新遇到了代表工艺中心的工程师德索德雷。两人在大革命前就相识，如今的德索德雷已然在开展取缔学院的事务了。拉瓦锡觉得德索德雷是个可争取的对象，为了迎合这位有影响的人物的心意，他在1793年同意和富克鲁瓦及阿森弗拉茨一道参与工艺学园的工作。拉瓦锡还长期投身民间学会的建立。可以说，《化学年鉴》学会就是他创立的。他还是1790年后新改组"学园"的创始成员之一，并在1791年入选博物学会。拉瓦锡在政治和经济领域都持自由主义观点，所以他乐见这些学会的出现。他对科学院的维护并非出于垄断的目的。

在国民公会公共教育委员会中负责科学院事务的是来自阿列日省的代表拉卡纳尔，他原来是哲学老师。结识拉瓦锡后他成了科学院的坚定维护者。1793年7月1日，国民公会开始抨击各大官方院所。起初仅涉及法兰西绘画雕塑院，但公共教育委员会决定把讨论对象扩大到所有院所。拉卡纳尔遂被责成立即拿出一个专题报告。拉卡纳尔认为关闭所有的文科学院势在必行，但他想至少留下科学院。他的策略是区别对待科学家与艺术家及文学家。拉瓦锡负责为他提供论据。拉卡纳尔竭力强调科学院的科技鉴定职能、为工艺咨询局提供咨询的职能，以及科学院对于公制度量衡改革的重要性。他反对将科学家和艺术家归入一个新学会的构想。然而很可能因为拉卡纳尔在公共教育委员会里是少数派，所以他最终没能提交自己的报告。格雷古瓦神父在8月8日向国民公会提交了取缔各大官方院所的法令草案，不过草案也提出暂留科学院以完成有关的科研项目。然而，国民公会拒绝这个例外。最终，巴黎王家科学院和其他院所一样被解散了。

　　拉瓦锡一直和公共教育委员会保持联络，或者说他至少和委员会里赞同维持科学院的人保持联络。面对这一结果，他并不认输。8月10日，他以科学院全体同仁的名义给这个委员会写了一封长长的公开信。他在信中谈到要成立一个俱乐部，即一个由前院士们自由组成的学会。在同一天内拉瓦锡又以原科学院财务主管的身份给委员会写了第二封信，信中重申科学院"在某种意义上等同于共和国科学部，这样的部门是不该被取消的"。拉瓦锡还建议，若科学院必须解散的话，"希望能把先前的院士们再团结到一个基于自由和博爱精神而建立的并以发展科学为己任的学会旗下，并希望这个学会至少能继续留在卢浮宫的办公室内以方便其工作，特别是便于继续开展度量衡项目的工作，也希望学会能继续领取原先拨给巴黎王家科学院的经费"。尽管有拉卡纳尔的支持，这一最后抗争还是失败了。在等待期间，拉瓦锡已务实地接受了罗默和富克鲁瓦提出的另一个解决办法。这两人已于1793年7月进入公共教育委员会。他们的办法是把科学院的度量衡委员会改为一个直接隶属于公共教育委员会执委会的临时项目组，原有职能和资源不变。这样至少可以挽救米标准的测量工作[32]。

为了能挽救科学院，拉瓦锡可谓使出了浑身解数。他在工艺咨询局里表现得相当活跃，并主动接近像德索德雷这样敌视官方院所的工艺师，以便尽可能争取他们的支持。为此，他还把一个科学院机构调整方案整合到了公共教育总规划中，此方案是他此前专为工艺咨询局编写的。起初，拉瓦锡设想建立两个完全分开的国家级学会，一个负责科学，一个负责工艺，后来又增为四个学会（类似孔多塞计划中的那样），最后他提交了成立单一的国家级科学和工艺学会的方案。该方案迎合了工艺师们的心愿，把他们的地位提高到跟院士们比肩的层级。这次他成功了，工艺咨询局于9月11日采纳了他的提案。然而这一成功终成泡影，因为该办公室两周后即决定推迟向国民公会提交拉瓦锡的提案，而是将德索德雷的改造规划优先送去审议。德索德雷的这个草案早在1792年3月就已由工艺中心提交给国民立法议会了！自此拉瓦锡拯救科学院的所有努力全都付诸东流[33]。

尾声

巴黎王家科学院被取缔后,院士们旋即成为一盘散沙。诸如拉瓦锡、维克·达吉尔、贝托莱、富克鲁瓦、蒙日、拉普拉斯和拉马克这样的科学家进入爱好科学学会得以重聚。然而这仅仅是苟延残喘而已。巴黎的政治和物质因素使得科研活动极难在官方机构之外进行。许多科学院院士宁愿退居外省,另一些人则在贫困潦倒中勉强过活,还有一些人因政治嫌疑连生存下去的机会都没有了。巴伊便是第一个上了黑名单的人,他于1793年11月被斩首;迪耶特里克男爵、迪奥尼·杜·赛儒尔、拉瓦锡也被推上了断头台。这些雅各宾恐怖统治时期的受害者之所以获罪并非因为他们是院士,而是由于被指控有暗中反对国家或叛国的行为。孔多塞在被捕后选择了自尽。先前的权贵扶持机制也随着君主制的倒台而崩塌。一些靠山如今已逃亡,像马尔泽尔布、伯沙尔·德·萨龙、儒贝尔和吉高·道尔西这样的权贵则已殒命。当然也有范德蒙德、蒙日、富克鲁瓦、贝托莱、阿维、德朗布尔等一大批院士服务于革命事业,他们继续了米标准的测量并为国家战争效力。当时的巴黎曾在数个月内激荡着雅各宾派和无套裤汉的政治浪潮。

罗伯斯庇尔的倒台令文化界长舒了一口气。那些紧跟激进山岳派的人此时又站出来揭发他的独裁行径。死去的孔多塞和拉瓦锡变为了新一代烈士。热月党人控制的国民公会希望重建科学家的权威，遂在改组为元老院和五百人院之前于巴黎创立了若干所大型教育机构和国立法兰西学会。国立法兰西学会系根据塔列朗和孔多塞先前提出的模式创建，号称"活百科字典"。它的使命是为新社会打造一个具有共和、自由和宽容思想的知识基础。灰飞烟灭的科学院此刻又以法兰西学会第一学部的形式得以浴火重生。噩梦过去，科研生涯貌似可以回复到18世纪80年代的情形了，但实际上它已然变为一场深刻革命的产物：原先的框架已被颠覆，权贵扶持机制也已荡然无存。国家化政治环境的构建和新闻媒体的飞速发展深刻地改变了知识界与大众的关系，这在1815年后尤为明显。尽管学会努力撮合，但原先将文学创作与科学理论人才统合在一起的文人共和国架构已不复存在。这是由于在新时代里，理论学者与文学创作者之间的界限泾渭分明，而且在靠创作灵感为业的作家具有了独立的社会形象后，理论家便日趋以专家教授的形象出现了。

然而，若因此就武断地将1840年前巴黎知识界的情形等同于19世纪末期的状况，即科学家自我封闭在实验室和大学殿堂的象牙塔模式，那就大错特错了。1840年前的科学家还是大众化的名人，大家可以在沙龙、俱乐部和学会里不断地了解到他们的研究状况。媒体也会不断地将最新的科学讨论公诸报端。大革命前巴黎人对科学的热情到了这个时期还或多或少延续着。此时的巴黎确实以其科学成就享有着史无前例的辉煌。大革命后，拉瓦锡的继承者们主导了科学界，巴黎综合理工学院的学生更是成为严肃科学的响应者，这一切都令严肃科学在19世纪初期大获全胜。此外，数学和物理科学也获得了惊人的发展。巴黎的科学工具制造业也达到了可与伦敦相关行业媲美的水平。在国立自然博物馆，身为拉普拉斯崇拜者的居维叶也摒弃了布封的传统思维，采用了物理学的研究方法，致力为博物学确立若干法则。在医学方面，临床和实验方式为经历了深刻变革的巴黎医疗教学赢得了很高的声誉。总之，巴黎各个领域的科学成就均达到了当时的最高水准。在那以后的几十年里，巴黎仍能享有欧洲科学之都的地位。

这一成功在某种程度上实现了18世纪80年代的宏伟目标。从这个角度看，智慧巴黎的历史继承性还是要大于断裂性。往日科技文化的展示场所似乎也没有大的变动。学院和书店依旧坐落在拉丁区那些古老巨大的楼宇内；各种借用化学和物理手段实现的戏法依旧像昔日那样在王家宫殿和大道商圈上演；工业领域和城市建设也依旧是巴黎科学界理论联系实际和学以致用的试验场。不过，孕育智慧巴黎的地理格局却已发生了深刻改变：1808年科学院离开了卢浮宫而迁至塞纳河南岸，并作为法兰西学会的一部分搬入了四国学院的旧址。这样做是为了给新成立的卢浮宫美术博物馆腾出地方。此次搬迁并非孤立事件，而是巴黎知识分子生活圈整体重组的一部分。

在巴黎科学界的新布局里，拉丁区重又获得了它在中世纪曾有的中心地位。科学界的生活渐渐地缩进了这块专属地盘，但却并未在拉丁区以外的巴黎城导致科学荒漠化。于是在拉丁区里便聚集了各种学会、私人学校、实验室、有关科学及医学的专业书店、物理设备商铺，尤其是各大公立科研机构。像法兰西公学院、巴黎大学以及医学院这样的老牌学府也以全新的面貌闪亮示人。巴黎天文台和国立自然博物馆作为物理科学和自然科学领域的两个代表机构，也都各自总揽了众多高超的研究手段。此外，更有众多新设立的学府诞生，它们是巴黎综合理工学院、巴黎高等师范学院、巴黎高等矿业学院，以及多个著名专业院系和重点中学。总而言之，新时代孕育出了另一个崭新的智慧巴黎。

注释

第一章　院士们

1. THIÉRY, 1787, t. 1, p. 348-352, MAINDRON, 1888, p. 33-36 et C. FRÉMONTIER-MURPHY, « La construction monarchique d'un lieu neutre : l'Académie royale des sciences au palais du Louvre », in C. DEMEULENAERE-DOUYÈRE et É. BRIAN, 2002, p. 169-203.
2. MERCIER, chap. 428 : « Louvre ». À la fin de l'Ancien Régime, Bailly, Buache et Le Roy, de l'Académie des sciences, habitaient aux galeries du Louvre.
3. HAHN, 1993, p. 79.
4. BIREMBAUT, 1957, p. 148-166.
5. Éloge de Haüy, CUVIER, 1819-1827, t. 3, Paris, 1827 p. 139.
6. GRIMM, 1784, mois de janvier (texte rédigé par J.H. Meister).
7. Éloges de Desmarest et d'Adanson, CUVIER, 1819-1827, t. 1, p. 289 et t. 2, p. 346. Monge est qualifié par Madame Roland d'« espèce d'original, qui ferait bien des singeries à la manière des ours que j'ai vus jouer dans les fossés de la ville de Berne ».
8. *Éloge historique de M. de La Lande par Mme la Comtesse Constance de S.* (= de Salm), Paris, 1810, extrait du *Magasin Encyclopédique*, avril 1810, p. 40.
9. Toutes les informations sur les académiciens et leurs carrières utilisées dans ce livre sont titrées principalement de l'*Index biographique de l'Académie des sciences, 1666-1978*.
10. Témoignages de Montalembert, académicien libre, cité par J. LANGINS, « Un discours prérévolutionnaire à l'Académie des sciences : l'exemple de Montalembert », *Annales de la Révolution française*, t. 72 (2000), n° 320, p. 159-172, et de J. E. SMITH, *A Sketch of a Tour on the Continent in the Years 1786 and 1787*, Londres, 1793, t. 1, p. 131.
11. A. MESMER, *Précis historique des faits relatifs au magnétisme animal*, Londres, 1781, p. 30-31.
12. Sur la réception du prince Boudakan, voir *P.-V. Ac. sc.* (1785), fol. 143v, samedi 2 juillet 1785.
13. Les *Mémoires secrets*, attribués à Bachaumont, ont été publiés à Londres entre 1777 et 1789. Ils forment une chronique de la République des lettres en France, et principalement à Paris, compilée à partir de « nouvelles à la main » qui circulaient sous forme manuscrite.
14. BACHAUMONT, t. 27, p. 4-11 (séance du 13 novembre 1784) et t. 28, p. 281-287 (séance du 6 avril 1785).

15. Une survivance est le droit à la succession dans une charge accordé du vivant même du titulaire. Un survivancier est celui qui possède une survivance.
16. D'après J.-F. LA HARPE, *Correspondance littéraire adressée au Grand-duc de Russie*, t. 3, 1801, p. 312.
17. S. LINGUET, *Annales politiques, civiles et littéraires du dix-huitième siècle*, Londres, t. 6 (1779), p. 145-160.
18. J.-P. BRISSOT, *De la Vérité*, Paris, 1782, p. 166.
19. *Un mot à l'oreille des académiciens de Paris*, pamphlet publié anonymement en 1784. L'auteur est J.-P. BRISSOT.
20. J.-P. MARAT, *Les Charlatans modernes ou lettres sur le charlatanisme académique*, Paris, 1791.

第二章　科学之都

1. BALAYÉ, 1988. Description de la bibliothèque dans THIÉRY, 1787, t. 1, p. 193-212.
2. L'étude de référence sur l'Observatoire de Paris sous l'Ancien Régime reste WOLF, 1902.
3. Actuelle place Denfert-Rochereau.
4. Sur les lieux d'observation à Paris au dix-huitième siècle, BIGOURDAN, 1930, t. 2.
5. WOLF, 1902, p. 229-318.
6. Y. LAISSUS, « Le Jardin du Roi », in TATON, 1964, p. 287-341.
7. Buffon avait placé ses hommes, Daubenton et Thouin d'abord, puis Faujas de Saint-Fond, le comte de Lacépède et le chevalier de Lamarck, pour lesquels il parvint à créer des postes de correspondants, d'adjoints aux travaux ou de sous-démonstrateurs du cabinet d'histoire naturelle.
8. BOURDIER, 1962, p. 35-50. Description du cabinet d'histoire naturelle dans THIÉRY, 1787, t. 2, p. 172-178.
9. FALLS, 1933. Description du jardin dans THIÉRY, 1787, t. 2, p. 180-184.
10. REGOURD, 2008.
11. Description de l'Hôtel des Monnaies dans THIÉRY, 1787, t. 2, p. 473-482.
12. AGUILLON, 1889, et A. BIREMBAUT, « L'enseignement de la minéralogie et des techniques minières » in TATON, 1964, p. 365-418.
13. Description du cabinet de minéralogie et des cours de l'École des mines dans THIÉRY, 1787, t. 2, p. 475-480.
14. DARTEIN, 1906, et PICON, 1992.
15. HAHN, 1964, et THIÉRY, 1787, t. 1, p. 334-335.
16. Description dans THIÉRY, 1787, t. 1, p. 669-673.
17. DOYON, 1963, DOYON et LIAIGRE, 1966, et D. DE PLACE, « Le sort des ateliers de Vaucanson, 1783-1791, d'après un document nouveau », *History and Technology*, t. 1 (1983), p. 79-100. Citation tirée du rapport du 2 août 1783 adressé par le Contrôleur général des finances au comité des finances et approuvé par Louis XVI (DOYON, 1963, p. 8).

第三章　巴黎城里的知识氛围

1. VAN MARUM, 1970.
2. MERCIER, ch. 80 : « Pays latin ».
3. C. BOUSQUET-BRESSOLIER, « Charles-Antoine Jombert (1712-1784). Un libraire entre sciences et arts », *Bulletin du bibliophile*, n° 2, 1997, p. 299-333.

4. Brockliss, 1987, p. 360-390, et Compère, 2002.

5. J.-J. Garnier, *Éclaircissements sur le Collège royal de France*, Paris, 1790. Description du Collège de France dans Thiéry, 1787, t. 2, p. 303-308. Voir Gillispie, 1980, p. 130-143.

6. Sur les critiques de la Société royale de médecine, «Nouveau plan de constitution pour la médecine en France», *HMSR* (1787-1788), p. 1-201, publié aussi en tiré-à-part.

7. Gelfand, 1980, et Frijhoff, 1990. Description dans Thiéry, 1787, t. 2, p. 361-365.

8. G. Planchon, «Le Jardin des apothicaires de Paris», *Journal de pharmacie et de chimie*, 5e série, t. 28 (1893), p. 250-258, p. 289-298, p. 342-349 et p. 412-416, t. 29 (1894), p. 197-212, p. 261-276, p. 326-337, 6e série, t. 1 (1896), p. 254-263, p. 317-325, p. 353-362.

9. Mercier, ch. 187 : «Quartier de la Cité».

10. J. Bonzon, *La corporation des maîtres-écrivains et l'expertise en écritures sous l'Ancien Régime*, Paris, 1899. Sur Valentin Haüy, *Journal de Paris*, 23 novembre 1784.

11. Kaplan, 1996, p. 77-82, et A. Birembaut, «L'École gratuite de boulangerie» in Taton, 1964, p. 493-509. Voir aussi le *Journal de Paris*, 11 juin 1780, 4 juillet 1782, 23 juillet 1782, 6 août 1782, 9 août 1782, et Mercier, ch. 631 : «L'école de boulangerie».

12. Davy, 1955.

13. A. Birembaut, «Les écoles gratuites de dessin» in Taton, 1964, p. 441-476.

14. Deming, 1984, et S. Kaplan, 1988, p. 88-98.

15. Lettre de T. Jefferson à Mrs Cosway, 26 octobre 1786, in *The Works of Thomas Jefferson*, 12 vols, 1904-1905, New York, t. 4, p. 203.

16. Sur le dôme de la Halle, l'article «Menuiserie» de l'*Encyclopédie méthodique, Arts et métiers mécaniques*, t. 4, 1785, p. 673-676, et D. Wiebenson, «The Two Domes of the Halle au Blé in Paris», *The Art Bulletin*, t. 55 (1973), p. 262-279.

17. Par exemple, l'astronome Bailly avait une maison à Passy et les chimistes Baumé aux Ternes, Berthollet à Aulnay-sous-Bois, Sage à Meudon et Macquer à Gressy-en-France.

18. Lettre, datée du 22 septembre 1764, de David Hume, alors chargé d'affaires à Paris, à son ami G. Elliott : «I am a citizen of the world ; but if I were to adopt any country, it would be that in which I live at present».

19. Latour, 1989, p. 349-423.

20. Mercier, ch. 1 : «Coup d'œil général».

第四章 《百科全书》的前前后后

1. Lettre de Patte en date du 23 novembre 1759, *L'Année littéraire* (Fréron), 1759, t. 7, p. 341.

2. Lettre de Patte en date du 29 janvier 1760, *L'Année littéraire* (Fréron), 1760, t. 1, p. 246.

3. Diderot, *Œuvres complètes* (éd. Asségat et Tourneux), t. 18, Garnier, 1875-77, p. 436-438. La lettre a été datée du 1er juillet 1760, très certainement à tort.

4. *P.-V. Ac. sc.*, année 1760, fol. 94r et suivants, samedi 23 février 1760.

5. S. Juratic, «Publier les sciences au 18e siècle : la librairie parisienne et la diffusion des savoirs scientifiques» in Passeron, 2008, p. 301-313.

6. Lettre de Voltaire à Diderot envoyée de Postdam, 5 septembre 1752.

7. F. Kafker et M. Pinault-Sørensen, «Notices sur les collaborateurs du recueil de planches de l'Encyclopédie», *Recherches sur Diderot et sur l'Encyclopédie*, n° 18-19, 1995, p. 200-230.

8. Lettre de Diderot à Voltaire, 29 septembre 1762.
9. Diderot, *Salon de 1765*, n° 149 : « Halte de paysans en été (par Le Prince) ».
10. Lettre de Voltaire à M. de Gauffecourt, 30 août 1755.

第五章 城市与宫廷

1. La citation est de S. Linguet, « Arrivée de M. de Voltaire à Paris », *Annales politiques, civiles, et littéraires du dix-huitième siècle*, t. 3 (1777), p. 387.
2. Mercier, ch. 181 : « Le noviciat des Jésuite ».
3. Amiable, 1897, p. 32.
4. Amiable, 1897 et Ch. Porset, « Matériaux inédits relatifs à la loge des Neuf sœurs », in Ch. Porset (éd.), *Studia Latomorum et historica. Mélanges offerts à Daniel Ligou*, Paris, Honoré Champion, 1998, p. 347-373 ; sur la fête académique pour la paix signée à Versailles, *Journal de Paris*, 18 mai 1783.
5. Helvétius reprochait aux loges de « négliger les sciences et les arts pour s'occuper exclusivement d'augustes fadaises » (d'après Ch. Porset, commentaire critique de Amiable, 1897, rééd., p. 15).
6. Lilti, 2005, p. 260-272.
7. La Michodière, « Essai pour connaître la population du Royaume et le nombre des habitants de la campagne », *HMAS* (1783), p. 703-718, p. 708.
8. Sur « la ville et la cour » (ou « la cour et la ville »), Lilti, p. 73-80 ; pour une définition « littéraire », Goodman, 1994, p. 90-135. Sur les gens de lettres et le monde, Lilti, p. 169-222, et, particulièrement sur Voltaire, p. 187-188.
9. J.-P. Marat, *Les Charlatans modernes ou lettres sur le charlatanisme académique*, Paris, 1791, p. 13, note.
10. Lettre de La Rochefoucauld d'Enville à Desmarest, le 8 mai 1771, passée en vente publique.
11. Letouzey, p. 128 et p. 139.
12. Sur Messier et Bochard de Saron, J.-D. Cassini, *Éloge de M. de Saron, Premier président du parlement et membre honoraire de l'Académie royale des sciences de Paris*, Paris, 1810 ainsi que la biographie manuscrite de Messier dans les papiers de Delambre, fonds Bertrand, Bibl. Institut, ms 2041.
13. Le propos de Buffon sur Thouin dans Bachaumont, t. 31, p. 190 (25 mars 1786) ; la rencontre de Voltaire et Franklin est rapportée dans Bachaumont, t. 11 (29 avril 1778).
14. *Adams Papers*, éd. Butterfield, t. 4, p. 66-67.
15. J.-P. Marat, *Les Charlatans modernes…*, p. 13, note.
16. D'Alembert, « Essai sur la société des gens de lettres et des grands, sur la réputation, sur les mécènes, et sur les récompenses littéraires » (*Œuvres complètes*, 1822, t. 4, p. 359).
17. F. Vicq d'Azyr, *Éloge de M. de Lassone*, Paris, 1789. A. Desormonts, *Contribution à l'étude du XVIIIe siècle médical, Claude-Melchior Cornette, apothicaire, chimiste, hygiéniste, médecin de la cour (1744-1794)*, Paris, 1933.
18. Éloge de Le Monnier, Cuvier, 1819-1827, t. 1, p. 83-107.
19. Britsch, 1926, p. 124-125, et Payen, 1969, p. 48-51. Sur le financement des recherches de Darcet par le duc d'Orléans, A. Pillas et A. Balland, *Le Chimiste Dizé. Sa vie. Ses travaux. 1764-1852*, Paris, 1906, p. 18-22 ; sur la rente annuelle de huit cents livres accordée par le duc d'Orléans à Laplace en 1786, Hahn, 2004, p. 72.
20. Lettre de La Rochefoucauld d'Enville à Desmarest du 14 octobre 1772, passée en vente publique.

21. Sur les cours de Comus au duc de Chartres, BACHAUMONT, t. 7, p. 14 (21 juin 1773). Les *Nouvelles récréations physiques et mathématiques* d'Edme-Gilles Guyot ont connu trois éditions successives entre 1769 et 1786; la liste du matériel vendu par l'auteur, avec son prix, se trouve à la fin de chaque volume.
22. E. G. GUYOT, *Nouvelles récréations physiques et mathématiques*, 3ᵉ éd., t. 1, 1786, p. 218.
23. J.-J. ROUSSEAU, *Rousseau juge de Jean-Jacques*, deuxième dialogue, texte écrit entre 1772 et 1776 et publié après sa mort, en 1782.
24. DARNTON, 1984.
25. Quarante-cinq cabinets d'histoire naturelle sont décrits dans THIÉRY, 1787.
26. M.-P. DION, *Emmanuel de Croy (1718-1784), Itinéraire intellectuel et réussite nobiliaire au siècle des Lumières*, Bruxelles, Éditions de l'Université de Bruxelles, 1987, p. 139-140.
27. THIÉRY, 1787, t. 1, p. 126-128 (Gigot d'Orcy) et p. 575-576 (France de Croisset).
28. J.-C. DELAMÉTHERIE, «Notice sur la vie et les ouvrages de M. Romé de l'Isle», *Journal de physique*, t. 36 (1790), p. 315-323.
29. J. LAMARCK, *Mémoire sur les cabinets d'histoire naturelle et particulièrement sur celui du Jardin des plantes*, Paris, 1790, p. 2.
30. Sur le mouvement des musées parisiens, GUÉNOT, 1986, GOODMAN, 1994, p. 233-280, et LYNN, 2006, p. 72-75; sur le Salon de la Correspondance, LYNN, 2006, p. 76-80, et L. AURICHIO, «Pahin de la Blancherie's Commercial Cabinet of Curiosity (1779-87)», *Eighteenth-Century Studies*, t. 36 (2002), p. 47-61.
31. Sur le Musée de Pilâtre et le Lycée, P. DORVEAUX, «Pilatre de Rozier, apothicaire (1754-1785)», *Bulletin de la Société d'histoire de la Pharmacie*, 1920, p. 209-220 et p. 249-258, C. CABANES, «Histoire du premier musée autorisé par le gouvernement», *Nature*, t. 65 (1937), p. 577-583, et LYNN, p. 82-90.
32. N. BRONDEL, *Journal de Paris* (notice n° 682) in J. SGARD, *Dictionnaire des journaux (1600-1789)*, 2 vols, Paris, Universitas, 1991, t. 2, p. 615-627.

第六章　生动的表演和美妙的享受

1. *Journal de Paris*, 8, 9, 11, 14, 18, 19, 22, 24 et 26 décembre 1783, et BACHAUMONT, t. 24, p. 68, p. 82-83, p. 89, p. 91-92 et p. 94-95.
2. *Journal de Paris*, 28 août 1783, BACHAUMONT, t. 23, p. 116-118 (24 et 25 août 1783), et B. FAUJAS DE SAINT-FOND, *Description des expériences de la machine aérostatique de MM. de Montgolfier et de celles auxquelles cette découverte a donné lieu*, Paris, 1783, p. 7-9.
3. Description du nouveau jardin par DULAURE, 1787, t. 2, p. 249-255 et par MERCIER, ch. 819 : «Palais-Royal», suivi des ch. 820 et 821 : «Suite du Palais-Royal».
4. Citations tirées de MERCIER, ch. 819, et de P. GUIGOUD-PIGALE, *Le Baquet magnétique*, Londres, 1784, p. 45-46.
5. Descriptions du Palais-Royal dans THIÉRY, 1787, t. 1, p. 236-287, l'*Almanach du Palais-Royal utile aux voyageurs …*, Paris, 1786, et F.-M. Mayeur de Saint-Paul, *Tableau du nouveau Palais-Royal*, 1788 (la citation du texte est p. 31). Sur les cafés, D. CHRISTOPHE et G LETOURMY (dir.), *Paris et ses cafés*, Paris, Action artistique de la Ville de Paris, 2004.
6. MERCIER, ch. 820 : «Suite du Palais-Royal».
7. B. FAUJAS DE SAINT-FOND, *Description des expériences de la machine aérostatique de MM. de Montgolfier, op. cit.*, p. 9-22, et C. C. GILLISPIE, 1989, p. 64-70. Sur les expériences des savants, lettre de Meusnier à Faujas dans B. FAUJAS DE SAINT-FOND, *op. cit.*, p. 49-163.
8. B. FAUJAS DE SAINT-FOND, *op. cit.*, p. 268-280, et *Première suite de la description des expériences de la machine aérostatique de MM. de Montgolfier…*, t. 2, Paris, 1784, p. 11-55.

9. Sur la « folie des ballons », LYNN, 2006, p. 123-147, et THÉBAUD-SORGER, 2009. Sur les travaux de Meusnier, G. DARBOUX (éd.), « Mémoires et travaux de Meusnier sur l'aérostation », *Mémoires de l'Académie des sciences*, 2ᵉ série, t. 51 (1910), p; 1-128, et LAVOISIER, *Correspondance*, t. 4 (1784-1786), Paris, Académie des sciences, 1986, p. 293-303.

10. Sur les cours publics à Paris dans la décennie 1780, THIÉRY, *Le Voyageur à Paris*, 8ᵉ éd., Gattey, 1790, t. 1, p. 201-206, ainsi que les annonces dans le *Journal de Paris* et les autres journaux parisiens.

11. Sur les cours de chirurgie, P. DELAUNAY, *La vie médicale aux XVIᵉ, XVIIᵉ et XVIIIᵉ siècles*, Paris, Hippocrate, 1935, p. 331-333.

12. J. P. MARAT, *Découverte de M. Marat sur la lumière* …, Londres 1780, « Aux lecteurs », p. 6.

13. Sur la science de Marat, voir GILLISPIE, 1980, p. 290-231, et COQUARD, 1993, p. 122-156.

14. TORLAIS, 1953. Diderot mentionne Comus dans une lettre du 28 juillet 1762 à Sophie Volland. La sirène divinatrice est mentionnée par Helvetius dans *De l'homme, de ses facultés intellectuelles et de son éducation*, 1773, section III, chap. II, p. 218. Montucla fait l'éloge de Comus dans le t. IV de la réédition des *Récréations mathématiques et physiques* d'Ozanam, 1778, p. 290 et p. 331.

15. GRIMM, janvier 1770.

16. Sur l'hospice médico-électrique, THIÉRY, 1787, t. 1, p. 663-665, et t. 2, p. 688-689, et TORLAIS, 1953, p. 17-24. La citation des *Mémoires secrets* est extraite de BACHAUMONT, t. 24, p. 74 (6 décembre 1783).

17. Sur Pinetti et Decremps, G. CHABAUD, « Sciences, magie et illusion : les romans de la physique amusante (1784-1789) », *Tapis-Franc, revue du roman populaire*, n° 8 (1997), p. 18-37, et F. BOST, « « Il est six heures, allons voir Pinetti ! » , ou l'incroyable succès d'un «physicien» italien à Paris (1783-1785) », *Revue de la prestidigitation*, mai-juin 2010, p. 30-34.

第七章　发明

1. THIÉRY, 1787, t. 2, p. 387-391. Sur la création du *Mariage de Figaro*, M. NADEAU, « Théâtre et esprit public : les représentations du *Mariage de Figaro* à Paris (1784-1797) », *Dix-Huitième Siècle*, n° 36 (2004), p. 490-510.

2. Le grand lustre de la salle de l'Odéon est décrit dans GRIMM, avril 1782. Lavoisier a lu son mémoire à la séance publique de l'Académie des sciences du 14 novembre 1781 (*Œuvres de A.-L. Lavoisier*, t. 3, p. 91-102) Sur la réclamation de Peyre et Wailly, BACHAUMONT, t. 18, p. 169 (29 novembre 1781) et p. 171-172 (1ᵉʳ décembre 1781).

3. Sur l'installation des quinquets en 1784, voir AN O¹ 847 microfilm 3 ; l'essai fut fait la première fois le 5 mars 1784.

4. En mai 1785, les comédiens français, insatisfaits, demandèrent à revenir à l'éclairage à bougies (AN O¹ 847 microfilm 3).

5. Quinquet et Lange annoncent leur invention dans le *Journal de Paris* du 18 février 1784 et présentent leur invention à l'Académie des sciences le 21 février.

6. Sur le lustre du Musée de Pilatre, voir *Journal de Paris*, 21 octobre 1784, et L.-V. THIÉRY, *Almanach des voyageurs*, année 1785, p. 304 ; sur les lampes de Quinquet au Palais-Royal, GRIMM, t. 13, juin 1784, p. 554 ; sur Jefferson et la nouvelle lampe, en novembre 1784, *ibid.*, p. 45-46.

7. Lettre de Lange, *Journal de Paris*, 10 novembre 1784.

8. D'après L.-P. ABEILLE, *Découverte des lampes à courant d'air et à cylindre par M. Argand, citoyen de Genève*, Genève, 1785, p. 13-14, Quinquet et Lange ont volé

l'idée à Argand chez Réveillon.

9. *Ibid.*, p. 8-16.

10. *Ibid.*, p. 51-56.

11. Le rapport des commissaires de l'Académie sur la lampe de Lange est reproduit dans les *P.-V. Ac. sc.* (1785), 6 septembre 1785, fol. 203r-204v.

12. Les lettres patentes accordées à Argand sont reproduites dans le mémoire d'Abeille, *op. cit.*, p. 51-55.

13. Sur les contestations de leur privilège par les ferblantiers parisiens, HILAIRE-PÉREZ, 2000, p. 279-280.

14. *Journal de Paris*, 25 juin 1784.

15. La commercialisation de la lampe de George Palmer est annoncée dans le *Journal de Paris*, 9 septembre et 16 décembre 1785.

16. Voir le portrait d'Alphonse Leroy par L. David, Musée Fabre, Montpellier; les citations sont extraites des poèmes «Ma Lampe» (Bérenger, *Chansons*) et «Le crépuscule du matin» (BAUDELAIRE, *Les Fleurs du Mal*, Tableaux parisiens).

17. SONENSCHER, 1989, en particulier p. 130-173, et HILAIRE-PÉREZ, 2000, en particulier p. 143-188.

18. L. HILAIRE-PÉREZ, «Des entreprises de quincaillerie aux institutions de la technologie : l'itinéraire de Charles Emmanuel Gaullard-Desaudray (1740-1832)», in J.-F. BELHOSTE, S. BENOÎT, S. CHASSAGNE, P. MIOCHE éds., *Autour de l'industrie, histoire et patrimoine. Mélanges offerts à Denis Woronoff*, Paris, Comité pour l'Histoire économique et financière de la France, 2004, p. 547-567.

19. H. SCHEURRER, 1996, et A.N. F^{12} 1325A.

20. HILAIRE-PÉREZ, 2000, p. 209-220.

21. Sur J. Watt et les Périer, PAYEN, 1969, p. 99-135.

22. «Drunk from morning till night with Burgundy and undeserved praise» (cité dans J. P. MUIRHEAD, *The Life of James Watt: with selections from his correspondence*, Londres, 1858, p. 399).

23. J. PAYEN, «Bétancourt et l'introduction en France de la machine à vapeur à double effet (1789)», *Revue d'histoire des sciences*, t. 20 (1967), p. 187-198.

24. C. BERTHOLLET, «Mémoire sur l'acide marin déphlogistiqué», *HMAS* (1785), p. 331-349. Sur l'invention du blanchiment par le chlore, voir SMITH, 1979, en particulier p. 113-190.

25. M. SADOUN-GOUPIL, «Science pure et science appliquée dans l'œuvre de Claude-Louis Berthollet», *Revue d'histoire des sciences*, t. 27 (1974), p. 127-145.

26. SMITH, 1979, p. 18-20. Description de la manufacture de Javel dans THIÉRY, 1787, t. 2, p. 642-644.

27. SMITH, 1979, p. 144-147.

28. C. BERTHOLLET, *Élémens de l'Art de la Teinture*, 2 vols, Paris, 1791. La citation est extraite de l'introduction, t. 1, p. XIV.

29. LACORDAIRE, 1855, p. 78-88, et REVERD, 1946. Sur Jacques Neilson, A. CURMER, *Notice sur Jacques Neilson, entrepreneur et directeur des teintures de la manufacture royale des tapisseries des Gobelins au XVIIIe siècle*, Paris, 1878.

30. Lettre de Neilson à d'Angiviller du 22 mai 1775, A.N. O^1 2047.

31. Rapport de Macquer sur les «Principes tittoresques par le sieur Quémizet, teinturier aux Gobelins» au Conseil (Bureau du commerce?), s.d., Bibliothèque du Muséum national d'histoire naturelle, Ms 283, I.

32. Sur Quémizet et son œuvre, A.N. O^1 2047, 2048 et 2049. Voir aussi CHEVREUL, 1854, p. 29-31 et LOWENGARD, 2006, partie C, ch. 16 : «Neilson, Quemiset, Homassel, dyers and chemists at the Gobelins Manufacture».

33. Ch. Homassel, *Cours théorique et pratique sur l'art de la teinture en laine, soie, fil, coton, fabrique d'indiennes en grand et petit teint*, Paris, an VII (1798). Sur Homassel, Chevreul, 1854, p. 29-31 et AN/O/1/2051.

34. Condorcet, «Éloge de Duhamel de Montceau» (prononcé le 30 avril 1783), *HMAS* (1782), p. 131-155 (*Œuvres de Condorcet*, t. 2, p. 610-643).

第八章 公共卫生

1. Fosseyeux, 1912, p. 258-262, et *Relation de l'Incendie de l'Hôtel-Dieu de Paris, arrivé la nuit du 29 au 30 décembre 1772*, Paris, 1773.

2. Sur la Société royale de médecine, Thiéry, 1787, t. 1, p. 354-356, ainsi que C. Hannaway, «The Société Royale de médecine and epidemics in the Ancien Régime», *Bulletin of the History of Medicine*, t. 46 (1972), p. 257-273.

3. J. Tenon, *Mémoires sur les hôpitaux de Paris*, Paris, 1788.

4. Sur la politique de Necker et la création du département des Hôpitaux au Contrôle général des finances, C. Bloch, *L'assistance et l'État en France à la veille de la Révolution française*, Paris, 1908, p. 211-235.

5. Les trois rapports des commissaires de l'Académie des sciences sont reproduits dans Lavoisier, 1862-1893, t. 5, p. 603-668, p. 669-678 et p. 679-706.

6. Mercier, ch. 269 : «Hôtel-Dieu».

7. L. S. Greenbaum, «Nurses and doctors in conflict : piety and medicine in the Paris Hôtel-Dieu on the eve of the French Revolution», *Clio Medica*, t. 13 (1979), p. 247-267.

8. A.-A. Cadet de Vaux, «Mémoire historique et physique sur le cimetière des Innocents», *Journal de physique*, t. 22 (juin 1783), p. 409-417, en particulier p. 410.

9. F. Vicq d'Azyr, *Essai sur les lieux et les dangers des sépultures*, Paris, 1778 (traduction libre d'un ouvrage italien de S. Piattoli).

10. M. A. Thouret, «Rapport sur les exhumations du cimetière et de l'église des Saints Innocents», *HMSM*, t. 8 (1786), Paris, 1790, p. 238-271.

11. Mercier, chap. 43 : «L'air vicié».

12. M. A. Thouret «Rapport sur la voierie de Montfaucon et supplément», *HMSM* (1786), p. 226.

13. Sur le cloaque du quai de Gèvres, *Journal de Paris*, 7 novembre 1781 ; sur les fouilles de la demi-lune des boulevards, *Journal de Paris*, 20 mai 1780 ; sur l'os de Paquet, *Journal de Paris*, 26 juin 1781, et R. de Paul de Lamanon, «Mémoires sur un os d'une grosseur énorme qu'on a trouvé dans une couche de glaise au milieu de Paris …», *Journal de physique*, t. 17 (mai 1781), p. 293-405 ; sur les fossiles de Montmartre, R. de Paul de Lamanon, «Description de divers fossiles trouvés dans les carrières de Montmartre près Paris et vues générales sur la formation des pierres gypseuses», *Journal de physique*, t. 19 (mars 1782), p. 173-194.

14. Citation tirée d'une lettre sur le magnétisme publiée dans le *Mercure de France*, 18 mai 1784, p. 180-183. Nombreux articles du *Journal de Paris* sur l'hygiène publique, généralement sous la plume de Cadet de Vaux, et plusieurs chapitres dans le *Tableau de Paris* de Mercier sur les eaux, les fosses d'aisance, les boucheries, les fosses vétérinaires, etc.

15. *Journal de Paris*, 11 août 1781.

16. F. Graber, «La qualité de l'eau à Paris, 1760-1820», *Entreprises et histoire*, n° 53 (2008), p. 119-153.

17. J.-N. Hallé, «Rapport sur l'état actuel du cours de la Bièvre», *HMSM* (1789), p. LXX-XC.

18. « Rapport des mémoires et projets pour éloigner les tueries de l'intérieur de Paris », *HMAS* (1787), 1789, p. 19-42 (Lavoisier, *Œuvres*, t. 3, p. 579-602).

19. *Journal de Paris*, 6 novembre 1780.

20. A. Corbin, *Le miasme et la jonquille. L'odorat et l'imaginaire social, XVIII*-*XIX*e *siècles*, Paris, Aubier Montaigne, 1982, rééd. Flammarion 1986, en particulier p. 69.

21. A.-L. Lavoisier, *Mémoire sur la combustion en général*, *HMAS* (1777), p. 592-600 (*Œuvres*, t. 2, p. 225-233), daté du 7 septembre 1777 et lu dans la séance publique du 12 novembre 1777 (P. V. Ac. sci., 1777, f° 542v). Voir la lettre de l'étudiant en pharmacie Deronzières dans la *Gazette de santé*, 1777, n° 47, p. 195.

22. *Journal de Paris*, 21 mai 1777 et A.-L. Lavoisier, « Expériences et observations sur les fluides élastiques en général, et sur l'air de l'atmosphère en particulier », *Œuvres*, t. 5, p. 271-281.

23. J.-B.-M. Buquet, *Mémoire sur la manière dont les animaux sont affectés par différents fluides aériformes, méphitiques, et sur les moyens de remédier aux effets de ces fluides*, Paris, 1778.

24. L.-G. Laborie, A.-A. Cadet de Vaux et A. Parmentier, *Observations sur les fosses d'aisance et moyens de prévenir l'inconvénient de leur vidange*, Paris, 1778. Sur la compagnie des ventilateurs, Bouchary, 1942, t. 3, p. 93-116. Sur les travaux des chimistes, M. Valentin, « Lavoisier et le problème du méphitisme des fosses d'aisance » in Lavoisier, *Correspondance*, t. 5, p. 287-290.

25. *Journal de Paris*, 22 juillet, 25 juillet et 23 septembre 1781, 12 juin 1782.

26. J.-N. Hallé, *Recherches sur la nature et les effets du méphitisme des fosses d'aisance*, Paris, 1785, p. 34-61.

27. A.-L. Lavoisier, « Mémoire sur la nature des fluides élastiques aériformes qui se dégagent de quelques matières animales en fermentation », *HMAS* (1782), p. 560-575 (*Œuvres*, t. 2, p. 601-615).

28. Delaunaye, *Description et usage du respirateur antiméphitique, imaginé par Pilâtre de Rosier, avec un Précis des expériences faites par ce physicien sur le méphitisme des fosses d'aisance, des cuves à bière, etc.*, Paris, 1786, et Fourcroy et al., « Rapport à la Société royale de médecine sur les moyens de rester sans aucun danger dans l'air méphitique », Archives de la Société royale de médecine, B, ms 14.

29. Rapport sur un mémoire sur les fosses d'aisance rédigé par Lavoisier, P.-V. Ac. sc. (1787), fol. 69r-88r, 10 mars 1787 (non reproduit dans les *Œuvres* de Lavoisier).

第九章　严肃科学

1. Bachaumont, t. 23, p. 251-263, 12 novembre 1783. Voir A. L. Lavoisier, « Mémoire dans lequel on a pour objet de prouver que l'eau n'est pas une substance simple, un élément proprement dit, mais qu'elle est susceptible de décomposition et de recomposition », *HMAS* (1781), p. 468-494 (*Œuvres*, t. 2, p. 334-359).

2. A.-L. Lavoisier et J.-B. Meusnier, « Mémoire où l'on prouve par la décomposition de l'eau que ce fluide n'est point une substance simple et qu'il y a plusieurs moyens d'obtenir en grand l'air inflammable qui y entre comme principal constituant », *HMAS* (1781), p. 269-282 (*Œuvres*, t. 2, p. 360-373).

3. A.-L. Lavoisier et J.-B. Meusnier, « Développement des dernières expériences sur la décomposition et la recomposition de l'eau », *Journal polytype des sciences et des arts*, 26 février 1786 (*Œuvres*, t. 5, p. 320-334) et registres de laboratoire correspondants (archives de l'Académie des sciences, fonds Lavoisier, 10e registre, en ligne sur le site *Panopticon Lavoisier*). Sur la grande expérience sur l'eau, M. Daumas et D. Duveen,

« Lavoisier's relatively unknown large-scale decomposition and synthesis of water, february 27 and 28, 1785 », *Chymia*, t. 5 (1959), p. 113-129. Voir aussi « Les grandes expériences d'analyse et de synthèse de l'eau (27 février-1er mars 1785) » in LAVOISIER, *Correspondance*, t. 4, p. 305-309.

4. Sur la vie de société chez les Lavoisier, GRIMAUX, 1899, p. 44-49. Sur la musique chez les Lavoisier, lettre à Franklin, in LAVOISIER, *Correspondance*, t. 3, p. 744.

5. A. YOUNG, *Travels during the years 1787, 1788 and 1789*, Dublin, 1792, visite chez les Lavoisier le 16 octobre 1787, p. 78-79.

6. Sur l'emploi du temps de Lavoisier, GRIMAUX, 1899, p. 44.

7. Notice biographique rédigée par Madame Lavoisier, citée par GRIMAUX, 1999, p. 44-45

8. Sur les relations entre le laboratoire de l'Arsenal et la Régie des poudres, BRET, 2002, p. 230-232.

9. C. WILSON, « The great inequality of Jupiter and Saturne: from Kepler to Laplace », *Archive for the history of exact sciences*, t. 33 (1985), p. 15-290, et GILLISPIE, 1997, p. 124-145.

10. GILLISPIE, 1997, p. 142, et HAHN, 2004, p. 81.

11. Lettre de Laplace à Oriani, 5 mars 1788, reproduite in P. TAGLIAFERRI et P. PETUCCI, « Alcune lettere di P. S. Laplace a B. Oriani », *Quaderni di storia della phisica*, t. 1 (1997), p. 5-34.

12. BRIAN, 1994, p. 256-286, et GILLISPIE, 1997, p. 93-95.

13. GILLMOR, 1971, et le rapport de Laplace, cosigné avec Cousin et Legendre, sur l'ouvrage de Haüy, *Exposition de la théorie de l'électricité et du magnétisme selon les principes d'Aepinus*, in P.-V. *de l'Académie des sciences* (1787), fol. 293r-293v, 21 juillet 1787.

14. R.-J. HAÜY, *Essai d'une théorie sur la structure des crystaux, appliqué à plusieurs substances crystallisées*, Paris, 1784.

15. S. SCHMITT, « From physiology to classification: comparative anatomy and Vicq d'Azyr's plan of reform of life sciences and medicine », *Science in context*, t. 22 (2009), p. 145-193.

16. Lettre de Condorcet à Madame Suard, fin août ou début septembre 1788, in É. et R. BADINTER, 1990, p. 242.

17. Lettre de Lalande (18 mai 1782), *Journal de Paris*, 23 mai 1782.

18. Lettre de Marivetz, *Journal de Paris*, n° 69, 9 mars 1784; BACHAUMONT, t. 22, p. 17-18 (7 janvier 1784).

19. Sur Franz Anton Mesmer à Paris, GILLISPIE, 1980, p. 261-278.

20. Sur le mesmérisme dans le contexte médical, G. SUTTON, « Electric medicine and mesmerism », *Isis*, t. 72 (1981), p. 375-392.

21. J. S. BAILLY, *Exposé des expériences qui ont été faites pour l'examen du magnétisme animal*, Paris, Imprimerie royale, 1784, p. 9, et A.-L. LAVOISIER, « Sur le magnétisme animal », in *Œuvres de Lavoisier*, t. 3, p. 499-527, en particulier p. 508-510 (il s'agit de notes manuscrites diverses retrouvées dans ses papiers).

22. A.-L. LAVOISIER, « Sur le magnétisme animal », *op. cit.*, p. 522.

23. Le rapport secret rédigé par Bailly a été publié pour la première fois dans N. FRANÇOIS de NEUFCHÂTEAU, *Le Conservateur.*, t. 1, Paris, 1799 (an VIII), p. 146-155.

24. *Rapport de l'un des commissaires chargés par le Roi de l'examen du magnétisme animal*, Paris, Veuve Hérissant, 1784 (rédigé par Jussieu);

25. DELAUNAY, 1905, p. 345-348.

26. *Journal de Paris*, 2 mars 1785. Sur l'intérêt porté par le gouvernement au magnétisme animal, correspondance de Breteuil, année 1784, A. N. O[*1] 495; sur la polémique suscitée par les rapports sur le magnétisme animal, voir PATTIE, 1994,

p. 159-198.

27. A.-L. LAVOISIER, « Réflexions sur le phlogistique pour servir de suite à la théorie de la combustion et de la calcination publiée en 1777 », *HMAS* (1783), p. 505-538, p. 523 et p. 538 (*Œuvres*, t. 2, p. 623-65, p. 640 et p. 655).

28. A.-L. LAVOISIER, « Sur le magnétisme animal », *op. cit.*, p. 508 (« remarques de Lavoisier ») et p. 526-527 (« résumé du mémoire »), ainsi que le *Rapport des commissaires chargés par le Roi de l'examen du magnétisme animal*, *op. cit.*, p. 75-76.

29. VAN MARUM, 1970, t. 2, p. 34 (traduction en anglais p. 222) ; B. S. SAGE, *Opuscules de physique*, Paris 1813, p. 129.

30. Sur les frères Mégnié, DAUMAS, 1953, p. 361-363 ; sur la formation de Pierre Mégnié chez Hulot, *Journal de Paris*, 12 juillet 1781.

31. WOLF, 1902, p. 273-286, en particulier p. 274, lettre de J.-D. Cassini à Breteuil, du 18 janvier 1785.

32. J.-D. CASSINI, *Mémoires pour servir à l'histoire des sciences et à celle de l'Observatoire de Paris*, Paris, 1810, pièces justificatives, n° XI : « Mémoire pour les ingénieurs en instruments de mathématiques », p. 217-222, et n° XII : « Lettres patentes établissant un corps d'ingénieurs, p. 222-225. Voir DAUMAS, 1953, p. 133-137, et TURNER, 1989, p. 10-13.

33. Sur Rochon et Carrochez, G. BIGOURDAN, « Un institut d'optique à Paris au XVIIIe siècle », *Comptes rendus du Congrès des sociétés savantes de Paris et des départements tenu à Paris en 1921*, Section des sciences, Paris, 1921, p. 19-74.

34. *P.-V. Ac. sc.* (1784), fol. 230v-233v, 4 septembre 1784, et *HMAS* (1784). L'importance de cette séance m'a été signalée par Peter Heering.

35. P. BRET, « Les origines et l'organisation éditoriale des *Annales de chimie* (1787-1791) » in A.-L. LAVOISIER, *Correspondance*, t. 6 (1789-1791), p. 415-426.

36. Lettre de Lavoisier à Bailly du 15 octobre 1784 (n° 529) in LAVOISIER, *Correspondance*, t. 4, p. 43-44. L'événement, rapporté par le *Journal général de France*, n'est pas mentionné par le *Journal de Paris*, qui en désapprouvait sans doute l'intention.

37. CONDORCET, « Discours sur les sciences mathématiques » (prononcé au Lycée le 15 février 1786), *Œuvres de Condorcet*, t. 1, p. 453-481.

38. Sur le portrait des Lavoisier par L. David, M. VIDAL, "David among the Moderns: Art, Science and the Lavoisier", *Journal of the history of ideas*, tome 56, 1995, p. 595-623, et M. BERETTA, *Imaging a Career in Science: The Iconography of Antoine Laurent Lavoisier*, Science History Publication, Canton, 2001, p. 25-42.

第十章　革命！

1. J. TREY et A. DE BAECQUE, *Le Serment du Jeu de Paume. Quand David réécrit l'histoire*, Versailles, Éditions Artys, 2008. Sur Bailly pendant la Révolution, SMITH, 1954, p. 509-518.

2. GILLISPIE, 2004, p. 7-100.

3. Sur la Société de 89, BAKER, 1988, p. 355-372.

4. Sur les savants à l'Assemblée législative, GILLISPIE, 2004, p. 101-110.

5. DURIS, 1993, p. 69-87.

6. DURIS, 1993, p. 92-99, et CHAPPEY, 2010.

7. CHAPPEY, 2007.

8. J.-L. CHAPPEY, « La Société nationale des Neuf Sœurs (1790-1793). Héritages et innovations d'une sociabilité littéraire et politique », in Ph. BOURDIN et J.-L. CHAPPEY (dir.), *Réseaux et sociabilité littéraire en Révolution*, Clermont-Ferrand, Presses Universitaires Blaise Pascal, 2007, p. 51-86.

9. G. Kates, *The Cercle social, the Girondins and the French Revolution*, Princeton, Princeton University Press, 1985, et M. Dorigny, « Le Cercle social ou les écrivains au cirque », in Bonnet, 1988, p. 49-66.

10. C. Demeulenaere-Douyère, « L'itinéraire d'un aristocrate au service des arts utiles : Servières, alias Reth (1755-1804) », *Documents pour l'histoire des techniques*, n° 15 (2008), p. 64-76, et « Inventeurs en Révolution : la Société des inventions et découvertes », *Documents pour l'histoire des techniques*, n° 17 (2009), p. 19-56.

11. De Place, 1988, et Gillispie, 2004, p. 195-200.

12. S. Lacroix (éd.), *Actes de la Commune pendant la Révolution*, 2ᵉ série, t. 5, 1907, p. 235-241.

13. *Nouvelle constitution des arts et métiers ... rédigée par la Société du Point central des arts et métiers*, mars 1792. Gillispie, 2004, p. 200-205.

14. Voir Gillispie, 2004, p. 205-206 et p. 214-215.

15. A.-L. Lavoisier, « Compte rendu à l'administration du Lycée de la rue de Valois de l'établissement formé au cirque du Palais-Égalité sous le nom de Lycée des Arts », in *Œuvres*, t. 6, p. 559-569.

16. H. Guénot, « Une nouvelle sociabilité savante : le Lycée des arts », in Bonnet, 1988, p. 67-78. Sur les débuts de l'établissement, W. Smeaton, « The early years of the Lycée and the Lycée des arts. A chapter in the lives of A. L. Lavoisier and A. F. de Fourcroy », *Annals of science*, t. 11 (1955), p. 309-319.

17. Talleyrand, *Rapport sur l'Instruction publique fait au nom du Comité de constitution à l'Assemblée nationale les 10, 11 et 19 septembre 1791*, Paris, 1791.

18. Talleyrand indique avoir consulté les savants dans ses *Mémoires*. Le rapport écrit à son intention par Lavoisier a été publié par J. Guillaume, « Lavoisier anticlérical et révolutionnaire », *Études révolutionnaires*, t. 1, Paris, 1908, p. 354-379.

19. Condorcet, *Rapport et projet de décret sur l'organisation générale de l'instruction publique, présentés à l'Assemblée nationale, au nom du Comité d'instruction publique, les 20 et 21 avril 1792*, Paris, imprimerie nationale, 1792.

20. J.-P. Rabaut Saint-Étienne, *Projet d'Éducation nationale*, Paris, Imprimerie nationale, an I (1793). Condorcet répondit en critiquant l'enthousiasme dans la note E de la deuxième édition de son rapport (imprimée en 1793 sur ordre de la Convention).

21. Bigourdan, 1901, p. 1-12.

22. Y. Noël et R. Taton, « La réforme des poids et mesures. 1. Origines et premières étapes (1789-1791) », in Lavoisier, *Correspondance*, t. 6 (1789-1791), 1997, p. 439-465, et Gillispie, 2004, p. 223-249.

23. « Rapport fait à l'Académie des sciences sur le choix d'une unité des mesures », *HMAS* (1788), p. 9-10, et leçon de Laplace à l'École normale in J. Dhombres (éd.), *Leçons de l'École normale, Mathématiques*, Dunod, 1992, p. 121. Sur la raison cachée, voir J.-B. Delambre, *Grandeur et figure de la Terre*, Paris, 1912, p. 203.

24. J. P. Marat, *Les Charlatans modernes*, p. 40.

25. Sur les travaux des diverses sous-commissions, Bigourdan, 1901, p. 83-89 et p. 94-108.

26. Bigourdan, 1901, p. 114-130, et Alder, 2005, p. 29-55.

27. *Journal des savants*, août 1788, p. 540-542.

28. Delambre a raconté ses démêlés avec Bernardin dans Delambre, 1827, p. 560-561.

29. J.-H. Bernardin de Saint-Pierre, *Mémoire sur la nécessité de joindre une ménagerie au Jardin des plantes de Paris*, Paris, 1792.

30. A.-L. Lavoisier (en coll. avec Séguin), « Premier Mémoire sur la transpiration des animaux lu le 14 avril 1790 », *HMAS* (1789), p. 569-570 (*Œuvres de Lavoisier*, t. 2, p. 704-714, p. 707).

31. GRISON, 1996, p. 123-173.
32. B. BELHOSTE, « L'Académie des sciences et la Révolution : 2° Lavoisier et la fin de l'Académie des sciences », in LAVOISIER, *Correspondance*, t. 7.
33. LAVOISIER, *Œuvres*, t. 4, p. 649-668 et t. 6, p. 516-558, et Th. CHARMASSON, « Lavoisier et le plan d'éducation du Bureau de consultation des arts et métiers », in C. DEMEULENAERE (éd.), *Il y a 200 ans Lavoisier*, Paris, Tec & Doc, p. 201-216.

参考文献

Almanach Royal (un volume pour chaque année de 1770 à 1792), Paris.
HMAS. Histoire et Mémoires de l'Académie royale des sciences (un volume pour chaque année de 1666 à 1792), Paris.
HMSM. Histoire et Mémoires de la Société royale de médecine (un volume pour chaque année de 1776 à 1789), Paris.
Index biographique de l'Académie des sciences, 1666-1978, Paris, Gauthier-Villars, 1979.
Journal de Paris (numéro quotidien à partir du 1er janvier 1777).
P.-V. Ac. Procès-Verbaux des séances de l'Académie royale des sciences (un volume manuscrit annuel de 1699 à 1792) (en ligne sur le site Gallica).

AGUILLON, L., 1889. *L'École des mines de Paris, notice historique*, Paris, Vve C. Dunod.
ALDER, K., 2005. *Mesurer le monde. L'incroyable histoire de l'invention du mètre*, Paris, Flammarion.
AMIABLE, L., 1897. *Une loge maçonnique d'avant 1789. La loge des Neuf sœurs*, Paris, rééd. Ch. Porset, Paris, Edimaf, 1989.
BACHAUMONT (L. PETIT DE), 1783-1789. *Mémoires secrets pour servir à l'histoire de la République des Lettres en France, depuis 1767 jusqu'à nos jours*, Londres.
BADINTER, É. et R., 1990. *Condorcet. Un intellectuel en politique*, Paris, Le Livre de Poche.
BADINTER, É., 1999-2007. *Les Passions intellectuelles*, 3 vols, Paris, Fayard.
BAKER, K., 1988. *Condorcet. Raison et politique*, Paris, Hermann (édition originale en anglais en 1975).
BALAYÉ, S., 1988. *La Bibliothèque nationale des origines à 1800*, Droz, Genève.
BELIN, J.-P., 1913. *Le Mouvement philosophique de 1748 à 1789 : étude sur la diffusion des idées des philosophes à Paris d'après les documents concernant l'histoire de la librairie*, Paris, Belin.
BIGOURDAN, G., 1901. *Le Système des poids et mesures*, Paris, Gauthier-Villars.
BIGOURDAN, G., 1930. *Histoire de l'astronomie d'observation et des observatoires en France*, 2 vols, Paris, Gauthier-Villars.
BIREMBAUT, A., 1957. « L'Académie royale des Sciences en 1780 vue par l'astronome suédois Lexell (1740-1784) », *Revue d'histoire des sciences*, t. 10, p. 148-166.
BONNET, J.-C. (dir.), 1988. *La Carmagnole des Muses. L'homme de lettres et l'artiste sous la Révolution*, Paris, Armand Colin.
BOUCHARY, J., 1942. *Les Compagnies financières à Paris à la fin du XVIIIe siècle*, Paris, Marcel

Rivière, 3 vols.
BOUCHARY, J., 1946. *L'eau à Paris à la fin du XVIII*^{e} *siècle. La Compagnie des eaux de Paris et l'entreprise de l'Yvette*, Paris, Marcel Rivière.
BOURDIER, F., 1962. «Le cabinet d'histoire naturelle au muséum, 1635-1935», *Sciences*, n° 18, p. 35-50.
BRET, P., 2002. *L'État, l'armée, la science. L'invention de la recherche publique en France (1763-1830)*, Rennes, PUR.
BRIAN, É., 1994. *La Mesure de l'État. Administrateurs et géomètres au XVIII*^{e} *siècle*, Paris, Albin Michel.
BRIAN, É. et DEMEULENAERE-DOUYÈRE, C. (dir.), 1996. *Histoire et mémoire de l'Académie des sciences. Guide de recherches*, Paris, Lavoisier Tec et Doc.
BRITSCH, A., 1926. *La Maison d'Orléans à la fin de l'Ancien Régime. La jeunesse de Philippe-Égalité (1747-1785) d'après des documents inédits*, Paris, Payot.
BROCKLISS, L. W. B., 1987. *French Higher Education in the Seventeenth and Eighteenth Centuries*, Oxford, Clarendon Press.
BROCKLISS, L.W.B. et JONES C., 1997. *The Medical World of Early Modern France*, Oxford, Oxford University Press.
CAMPARDON, É., 1877. *Les Spectacles de la foire*, Paris, Berger-Levrault, 2 vols.
CHABAUD, G., 1996. «La physique amusante et les jeux expérimentaux en France au XVIIIe siècle», *Ludica, annali di storia e civiltà del gioco*, t. 2, p. 61-73.
CHAGNIOT, J., 1988. *Nouvelle histoire de Paris : Paris au XVIII*^{e} *siècle*, coll. Nouvelle Histoire de Paris, Paris, Hachette.
CHAPPEY, J.-L., 2004. «Enjeux sociaux et politiques de la vulgarisation scientifique en révolution (1780-1810)», *Annales historiques de la Révolution française*, n° 338, p. 11-51
CHAPPEY, J.-L., 2007. «Sociabilités intellectuelles et librairie révolutionnaire», *Revue de Synthèse*, p. 71-96.
CHAPPEY, J.-L., 2010. *Un Lieu du savoir naturaliste sous la Révolution française. Les procès verbaux de la Société d'histoire naturelle de Paris (1790-1798)*, Paris, CTHS.
CHARTIER, R., 1990. *Les Origines culturelles de la Révolution française*, Paris, Le Seuil.
CHEVREUL, M., 1854. «Les tapisseries et les tapis des manufactures. 2e partie : résumé de l'histoire des manufactures nationales de tissu», in *Exposition Universelle de 1851. Travaux de la commission française sur l'industrie des nations*, t. 5, p. 13-43.
COMPÈRE, M.-M., 2002. *Les Collèges français*, t. 3 : *Paris*, Paris, INRP.
COQUARD, O., 1993. *Marat*, Paris, Fayard.
COQUERY, N., 2000. *L'Espace du pouvoir. De la demeure privée à l'édifice public. Paris 1700-1790*, Paris, Seli Arslan.
CORBIN, A., 1982. *Le miasme et la jonquille. L'odorat et l'imaginaire social, XVIII*^{e}-*XIX*^{e} *siècles*, Paris, Aubier Montaigne, rééd. Flammarion.
CORLIEU, A., 1877. *L'ancienne Faculté de médecine de Paris*, Paris, A. Delahaye.
CROW, TH., 2000. *La peinture et son public à Paris au XVIII*^{e} *siècle*, Paris, Macula.
CUVIER, G., 1819-1827. *Recueil des éloges historiques*, 3 vols, Strasbourg, Levrault.
DALBYAN, D., 1983. *Le Comte de Cagliostro*, Paris, Robert Laffont.
DARNIS, J.-M., 1988. *La Monnaie de Paris, Sa création et son histoire du Consulat et de l'Empire à la Restauration (1795-1826)*, Levallois, Centre d'Études Napoléoniennes.
DARNTON, R., 1982. *L'Aventure de l'Encyclopédie, 1775-1800*, Paris, Perrin (édition en anglais en 1979).
DARNTON, R., 1984. *La Fin des Lumières. Le mesmérisme et la Révolution*, Paris, Perrin (édition anglaise en 1968).

DARNTON, R., 1992. *Gens de lettres, gens du livre*, Paris, Odile Jacob.
DARTEIN (DE), F., 1906. « Notice sur le régime de l'ancienne École des ponts et chaussées et sur sa transformation à partir de la Révolution », *Annales des ponts et chaussées*, 8ᵉ série, t. 22, p. 5-143.
DAUMAS, M., 1955. *Lavoisier théoricien et expérimentateur*, Paris, PUF.
DAUMAS, M., 1953. *Les instruments scientifiques au XVIIᵉ et XVIIIᵉ siècles*, Paris, PUF.
DAVY, R., 1955. *Contribution à l'étude des origines de la droguerie pharmaceutique et de l'industrie du sel ammoniac en France : l'apothicaire Antoine Baumé (1728-1804)*, Cahors.
DE PLACE, D., 1988. « Bureau de consultation pour les arts, Paris, 1791-1796 », *History and technology*, t. 5, p. 139-178.
DELAMBRE, 1827. *Histoire de l'astronomie au dix-huitième siècle*, Paris, Bachelier.
DELAUNAY, P., 1905. *Le Monde médical parisien au dix-huitième siècle*, Paris, Rousset.
DEMEULENAERE-DOUYÈRE, C., 2009. « Inventeurs en Révolution : la Société des inventions et découvertes », *Documents pour l'histoire des techniques*, n° 17, p. 19-56.
DEMEULENAERE-DOUYÈRE, C. et BRIAN, É. (dir.). 2002. *Règlement, usages et science dans la France de l'Absolutisme*. Paris, Éd. Lavoisier Tech & Doc.
DEMING, M. K., 1984. *La Halle au blé de Paris, 1762-1813 : "cheval de Troie" de l'abondance dans la capitale des Lumières*, Archives d'Architecture Moderne.
DION, M.-P., 1987. *Emmanuel de Croy (1718-1784), Itinéraire intellectuel et réussite nobiliaire au siècle des Lumières*, Bruxelles, Éditions de l'Université de Bruxelles.
DORVEAUX, P., 1918, « Les Grands Pharmaciens, VI. Antoine Baumé (1728-1804) », *Bulletin de la Société d'histoire de la pharmacie*, n° 19, p. 345-352 et n° 20, p. 369-375.
DORVEAUX, P., 1919. « Les Grands Pharmaciens. VII. Quinquet », *Bulletin de la Société d'histoire de la pharmacie*, n° 21, p. 1-14, n° 22, p. 35-49, n° 23, p. 65-82.
DORVEAUX, P., 1920. « Pilâtre de Rozier, apothicaire (1754-1785) », *Bulletin de la Société d'histoire de la Pharmacie*, p. 209-220 et p. 249-258.
DORVEAUX, P., 1935. « Apothicaires membres de l'Académie des sciences ; XI. Balthazar-Georges Sage », *Revue d'histoire de la pharmacie*, t. 23, p. 152-166 et p. 216-232.
DOYON, A., 1963. « L'Hôtel de Mortagne après la mort de Vaucanson (1782-1837) », *Histoire des entreprises*, t. 11, p. 5-23.
DOYON, A. et LIAIGRE, L., 1966. *Jacques Vaucanson mécanicien de génie*, Paris, PUF.
DULAURE, J.-A., 1787. *Nouvelle description des curiosités de Paris*, 2ᵉ éd., Paris, Lejay.
DUPRAT, C., 1993. *Le Temps des philanthropes, La philanthropie parisienne des Lumières à la Monarchie de Juillet*, t. 1, Paris, CTHS.
DURIS, P., 1993. *Linné et la France (1780-1850)*, Droz, Genève.
FALLS, W. F., 1933. « Buffon et l'agrandissement du Jardin du Roi à Paris », *Archives du Muséum d'Histoire naturelle*, 6ᵉ série, t. 10, p. 131-200.
FOSSEYEUX, M., 1912. *L'Hôtel-Dieu de Paris au XVIIᵉ et au XVIIIᵉ siècle*. Paris, Nancy, Berger-Levrault.
FRIJHOFF, W., 1990. « L'École de chirurgie de Paris et les Pays-Bas : analyse d'un recrutement, 1752-1791 », *Lias*, t. 17, p. 185-239.
GARRIOCH, D., 2002. *The Making of Revolutionary Paris*, Berkeley, University of California Press.
GELFAND, T., 1980. *Professionalizing Modern Medicine. Paris Surgeons and Medical Science and Institutions in the 18th Century*, London, Greenwood Press.
GILLISPIE, C. C., 1980. *Science and Polity in France: the End of the Old Regime*, Princeton, Princeton University Press.
GILLISPIE, C. C., 1989. *Les Frères Montgolfier et l'invention de l'aéronautique*, Arles, Actes Sud (édition originale en anglais en 1983).
GILLISPIE, C. C., 1997. *Pierre-Simon Laplace, 1749-1827, a life in exact science*, Princeton,

Princeton University Press.
GILLISPIE, C. C., 2004. *Science and Polity in France: the Revolutionary and Napoleonic Years*, Princeton, Princeton University Press.
GILLMOR, C. S., 1971. *Coulomb and the evolution of physics and engineering in eighteenth-century France*, Princeton, Princeton University Press.
GOODMAN, D., 1994. *The Republic of letters. A cultural history of the French Enlightenment*, Ithaca, Cornell University Press.
GREENBAUM, L. S., 1973. «Jean-Sylvain Bailly, the Baron de Breteuil and the "Four New Hospitals" of Paris», *Clio Medica*, t. 8, p. 261-284.
GREENBAUM, L. S., 1975. «Scientists and Politicians: Hospital Reform in Paris on the Eve of the French Revolution», in The *Consortium on Revolutionary Europe, 1750-1850, Proceedings* (1974), Gainesville, University Press of Florida, p. 168-191.
GRIMAUX, E., 1899. *Lavoisier. 1743-1794*, Paris, Alcan.
GRIMM, F., 1829-1830. *Correspondance littéraire, philosophique et critique de Grimm et de Diderot depuis 1753 jusqu'en 1790*, Furne, Lagrange.
GRISON, E., 1996. *L'Étonnant parcours du républicain Hassenfratz (1755-1827)*, Paris, Les Presses de l'École des mines.
GUÉNOT, H., 1986. «Musées et lycées parisiens (1780-1830)», *Dix-Huitième Siècle*, t. 18, p. 149-167.
GUERLAC, H., 1976. «Chemistry as a branch of physics: Laplace's collaboration with Lavoisier», *Historical Studies in Physical Sciences*, t. 7, p. 193-276.
GUILLERME, A., 2007. *La Naissance de l'industrie à Paris entre sueurs et vapeurs, 1780-1830*, Seyssel, Champ Vallon.
HAECHLER, J., 1998. *L'Encyclopédie. Les combats et les hommes*, Paris, Les Belles Lettres.
HAHN, R., 1964. «The Chair of Hydrodynamics in Paris 1775-1791 : a creation of Turgot», *Actes du dixième Congrès international d'histoire des sciences*, t. 2, Paris, p. 751-754.
HAHN, R., 1993. *L'Anatomie d'une institution scientifique, l'Académie des sciences de Paris, 1666-1803*, Bruxelles, Éditions des archives contemporaines (édition originale en anglais en 1971).
HAHN, R., 2004. *Le Système du Monde. Pierre-Simon Laplace. Un itinéraire dans la science*, Paris, Gallimard.
HAMON, M., 2010. *Madame Geoffrin. Femme d'influences, femme d'affaires au temps des Lumières*, Paris, Fayard.
HANNAWAY, C., 1972. «The Société Royale de médecine and epidemics in the Ancien Régime», *Bulletin of the History of Medicine*, t. 46, p. 257–273.
HANNAWAY, O. ET C., 1977. «La fermeture du cimetière des Innocents», *Dix-Huitième Sècle*, t. 9, p. 181-191.
HAZARD, P., 1935. *La Crise de la conscience européenne, 1680-1715*, Paris, rééd. Livre de poche.
HESSE, C., 1986. *Publishing and cultural politics in Revolutionary Paris, 1789-1810*, Berkeley, University of California Press.
HILAIRE-PÉREZ, L., 2000. *L'Invention technique au siècle des Lumières*, Paris, Albin Michel.
HOLMES, F. L., 1985. *Lavoisier and the chemistry of life: an exploration of scientific creativity*, Madison, University of Wisconsin Press.
ISHERWOOD, R. M., 1986. *Farce and fantasy: popular entertainment in Eighteenth century Paris*, Oxford, Oxford University Press.
JONES, C., 1990. «The *Médecins du Roi* at the end of the Ancien Régime and in the French Revolution», *in* V. Nutton (éd.), *Medicine at the Courts of Europe, 1500-1837*, London, Routledge, p. 214-67.

JURATIC, S., 1997. « Le commerce du livre à la veille de la Révolution », dans J.-Y. Mollier (dir.), *Le Commerce de la librairie en France au XIXe siècle, 1789-1914*, Paris, IMEC éditions, p. 19-26.
KAPLAN, S., 1988. *Les Ventres de Paris. Pouvoir et approvisionnement dans la France d'Ancien Régime*, Paris, Fayard (édition originale en anglais en 1984).
KAPLAN, S., 1996. *Le Meilleur pain du monde. Les boulangers de Paris au XVIIIe siècle*, Paris, Fayard.
KAPLAN, S., 2001. *La Fin des corporations*, Paris, Fayard.
KATES, G., 1985. *The Cercle social, the Girondins and the French Revolution*, Princeton, Princeton University Press.
LACORDAIRE, A.-L., 1855. *Notice historique sur les Manufactures impériales de tapisseries des Gobelins et de tapis de la Savonnerie, suivie du catalogue des tapisseries exposées et en cours d'exécution*, Paris 3e éd.
LANGLOIS, G.-A., 1991. *Folies, Tivolis et attractions. Les premiers parcs de loisirs parisiens*, Paris, Délégation à l'action artistique de la ville de Paris.
LANOË, C., 2008. *La Poudre et le fard. Une histoire des cosmétiques de la Renaissance aux Lumières*, Seyssel, Champ-Vallon.
LATOUR, B., 1989. *La Science en action*, Paris, La Découverte (édition anglaise en 1987).
LAVOISIER, A.-L,. *Correspondance* (éditée par R. Fric *et alii*), Paris, 1955-2011.
LAVOISIER, A.-L., *Œuvres* (éditées par J.-B. Dumas et E. Grimaux), Paris, 1862-1893.
LEFRANC, A., 1893. *Histoire du collège de France depuis ses origines jusqu'à la fin du Premier Empire*, Paris, Hachette.
LEROUX, TH., 2011. *Le laboratoire des pollutions industrielles, Paris, 1770-1830*, Paris, Albin Michel.
LETOUZEY, Y., 1989. *Le Jardin des plantes à la croisée des chemins avec André Thouin, 1747-1824*, Paris, Muséum national d'histoire naturelle.
LILTI, A., 2005. *Le Monde des salons. Sociabilité et mondanité à Paris au XVIIIe siècle*, Paris, Fayard.
LOPEZ, CL.-A., 1990. *Le Sceptre et la foudre, Benjamin Franklin à Paris, 1776-1785*, Paris, Mercure de France (éd. originale en anglais en 1966).
LOWENGARD, S., 2006. *The Creation of Color in 18th-Century Europe*, Columbia University Press (en ligne sur gutenberg-e.org).
LYNN, M. R., 2006. *Popular science and public opinion in eighteenth century France*, Manchester, Manchester University Press.
MAINDRON, E., 1888. *L'Académie des sciences. Histoire de l'Académie. Fondation de l'Institut national. Bonaparte membre de l'Institut national*, Paris, Alcan.
MAURY, A., 1864. *L'ancienne Académie des Inscriptions et Belles-Lettres*, Paris, Didier.
MCCLELLAN, J.E., 1993. « L'Europe des académies », *Dix-Huitième Siècle*, t. 25, p. 153-165.
MERCIER, L.-S., 1782-1788. *Tableau de Paris*, n[lle] édition, Amsterdam.
MI GYUNG Kim, 2006. « 'Public' science : hydrogen balloons and Lavoisier's decomposition of water », *Annals of science*, t. 63, p. 291-318.
NOËL, Y. et TATON, R., 1997. « La réforme des poids et mesures. 1. Origines et premières étapes (1789-1791) » in A.-L. Lavoisier, *Correspondance*, t. 6 (1789-1791), p. 439-465.
PASSERON, I. (dir.), 2008. *La République des sciences*. Numéro spécial de la revue *Dix-Huitième Siècle* (n° 40).
PATTIE, F. A., 1994. *Mesmer and animal magnetism: a chapter in the history of medicine*, Edmonston Publishing Inc., Hamilton (N.Y).
PAYEN, J., 1969. *Capital et machine à vapeur au XVIIIe siècle; les frères Périer et l'introduction*

en France de la machine à vapeur de Watt, Paris, Mouton.

PELLISSON, M., 1911. *Les Hommes de lettres au XVIIIe siècle*, Paris, Armand Colin.

PERKINS, J., 2010. "Chemistry courses, the Parisian chemical world and the chemical revolution, 1770–1790", *Ambix*, t. 57, p. 27-47

PICON, A., 1992. *L'Invention de l'ingénieur moderne : l'École des ponts et chaussées, 1747-1851*, Paris, Presses de l'École nationales des ponts et chaussées.

PINARD, A. et alii, *Commentaires de la Faculté de médecine. 1777 à 1786*, Paris, 1903.

POMEAU, R., 1995. *Voltaire en son temps*, 2 vols, Paris, Fayard.

PROUST, J., 1957. «La Documentation technique de Diderot dans l'Encyclopédie», *Revue d'Histoire littéraire de la France*, t. 57, p. 335-52.

PROUST, J., 1995. *Diderot et l'Encyclopédie*, 3e éd., Paris, Albin Michel, 1995 (1re éd. 1962).

PUJOULX, J.-B., 1801. *Paris à la fin du XVIIIe siècle*, Paris, B. Mathé.

RAILLIET, A. et MOULÉ, L., 1908. *Histoire de l'École d'Alfort*, Paris.

REINHARDT, M., 1971. *Nouvelle histoire de Paris: la Révolution, 1789-1799*, Paris, Hachette.

REVERD, L., 1946. «La Manufacture des Gobelins et les colorants naturels», *Hyphé*, t. 1, n° 2, p. 91-104 et n° 3, p. 141-147.

RISKIN, J., 2002. *Science in the age of sensibility: the sentimental empiricists of the French Enlightenment*, Chicago, The University of Chicago Press.

ROCHE, D. (dir.), 2000. *La ville promise. Mobilité et accueil à Paris (fin XVIIe-début XIXe siècle)*, Paris, Fayard.

ROCHE, D., 1988. *Les Républicains des lettres. Gens de culture et Lumières au XVIIIe siècle*, Paris, Fayard.

ROCHE, D., 1993. *La France des Lumières*, Paris, Fayard.

ROGER, J., 1989. *Buffon, un philosophe au Jardin du Roi*, Paris, Fayard.

SALOMON-BAYET, C., 1978. *L'institution de la science et l'expérience du vivant. Méthode et expérience à l'Académie royale des sciences. 1666-1793*. Paris, Flammarion.

SCHEURRER, H., 1996. «La "roskopf" de Breguet, ou comment produire une montre», *Chronométrophilia*, n° 40, p. 83-96.

SÉGUR (de), P., 1905. *Julie de Lespinasse*, Paris, Calmann-Lévy.

SGARD, J., 1991. *Dictionnaire des journaux (1600-1789)*, 2 vols, Paris, Universitas.

SIMON, J., 2005. *Chemistry, Pharmacy and Revolution in France, 1777-1809*, Ashgate, Aldershot, 2005.

SMEATON, W., 1955. «The early years of the Lycée and the Lycée des arts. A chapter in the lives of A. L. Lavoisier and A. F. de Fourcroy», *Annals of science*, t. 11, p. 309-319.

SMITH, E. B., 1954. «Jean-Sylvain Bailly: astronomer, mystic, revolutionary, 1736-1793», *Transactions of the American Philosophical Society*, nlle série, t. 44, p. 427-538.

SMITH, J. G., 1979. *The Origins and Early Development of the Heavy Chemical Industry in France*, Oxford, Clarendon Press.

SONENSCHER, M., 1989. *Work and wages. Natural law, politics and the eighteenth-century French trades*, Cambridge, Cambridge University Press.

SPARY, E. C., 2005. *Le Jardin d'utopie. L'histoire naturelle en France de l'Ancien Régime à la Révolution*, Paris, Muséum national d'histoire naturelle (édition originale en anglais en 2000).

SUTTON, G., 1995. *Science for a polite society. Gender, culture and demonstration of Enlightenment*, Boulder, Westview Press.

TATON, R. (dir.), 1964. *Enseignement et diffusion des sciences en France au XVIIIe siècle*, Paris, Hermann.

TERRALL, M., 2002. *The Man who flattened the earth: Maupertuis and the sciences in the Enlightenment*, Chicago, The University of Chicago Press.

THÉBAUD-SORGER, M., 2009. *L'aérostation au temps des Lumières*, Rennes, PUR, 2009.

THIÉRY, L.-V., 1783 à 1787, *Almanach du voyageur à Paris*, Paris, sans nom d'auteur, plusieurs éditions.

THIÉRY, L.-V., 1787. *Guide des amateurs et des étrangers à Paris, ou Description raisonnée de cette ville, de sa banlieue et de tout ce qu'elles contiennent de remarquables*, 2 vols, Paris, Hardouin et Gattey.

TORLAIS, J., 1953. « Un prestidigitateur célèbre, chef de service d'électrothérapie au XVIIIe siècle. Ledru dit Comus (1731-1807) », *Histoire de la médecine*, t. 5, p. 13-25.

TORLAIS, J., 1954. *Un physicien au siècle des Lumières, l'abbé Nollet : 1700-1770*, Paris, éditions Jonas.

TROUSSON, R., 2005. *Denis Diderot ou le vrai Prométhée*, Paris, Taillandier.

TUCOO-CHALA, S., 1977. *Charles-Joseph Panckoucke et la librairie française de 1736 à 1798*, Paris, Touzot.

TURNER, A., 1989. *From pleasure and profit to science and security: Étienne Lenoir and the transformation of precision instrument-making in France, 1760-1830*, The Whipple Museum of the History of Science, Cambridge.

VAN DAMME, S., 2005. *Paris, capitale philosophique de la Fronde à la Révolution*, Paris, Odile Jacob.

VAN MARUM, M., 1970. « Journal physique de mon séjour à Paris – 1785 », in R. J. Forbes (éd.), *Martinus van Marum Life and Work*, Haarlem, t. 2, p. 31-52 (traduction en anglais p. 220-239).

VIDAL, M., 1995. "David among the Moderns: Art, Science and the Lavoisier", *Journal of the history of ideas*, t. 56, p. 595-623.

WEINER, D. et SAUTER, M. J., 2003. « The City of Paris and the Rise of Clinical Medicine », *Osiris*, 2e série, t. 18 (*Science and the City*), p. 23-42.

WOLF, C., 1902. *L'Histoire de l'Observatoire de Paris, de sa fondation à 1793*, Paris, Gauthier-Villars.

WOLFE, J. J., 1999. *Brandy, ballons & Lamps : Ami Argand, 1750-1803*, Cardondale et Edwardsville, Southern Illinois University Press.

YOUNG, A., 1792. *Travels during the years 1787, 1788 and 1789*, Dublin, J. Rackham for W. Richardson.

人名索引

（页码为原书页码，即本书边码）

Abeille, Louis-Paul 160, 164, 258
Adanson, Michel 15, 140
Adet, Pierre-Auguste 215
Alban, Léonard 172, 173, 174, 182
Albouy, Jean 72
Amelot de Chaillou, Antoine-Jean 34, 184
Andry, Charles-Louis-François 225
Angiviller (Flahaut de La Billarderie, comte d'), Charles-Claude 34, 41, 156, 178, 253
Anquetil-Duperron, Abraham Hyacinthe 37
Arbogast, Louis 245, 254
Arcy (chevalier d'), Patrick 18
Argand, Ami 53, 158-168, 169, 170, 243
Argand, Jean 159, 161
Arlandes (marquis d'), François-Laurent 31, 127, 144, 165, 208
Assier-Péricat, Antoine 161
Audirac, Jacques-Joseph 247
Ayen (duc d'), Louis 16-17

Bachelier, Jean-Jacques 71
Bailly, Jean-Sylvain 7, 21, 24, 26-28, 34, 35, 37, 38, 109, 186, 187, 210, 224-228, 231, 234, 236, 241, 242, 244, 245, 273
Balzac, Honoré de 5, 142
Baradelle, Jacques 234

Barrat (ouvrier) 68, 91
Barthélémy (abbé), Jean-Jacques 37, 135
Barthez, Paul-Joseph 37
Baudeau (abbé), Nicolas 171
Baumé, Antoine 70, 158, 160, 212, 215, 231, 237
Beaumarchais (Caron de), Pierre-Augustin 155, 194
Bélanger, François-Joseph 72, 73
Bernardin de Saint-Pierre, Jacques-Henri 29, 121, 264, 265, 267
Berthollet, Claude-Louis 19, 51, 53, 76, 115, 170-174, 178 179, 209, 215, 223, 228, 231, 237, 273
Berthoud, Ferdinand 71, 91, 168, 232, 262
Bertier de Sauvigny, Louis-Bénigne-François 74, 75, 194, 249
Betancourt (de), Agustin 170
Bézout, Étienne 45, 117, 222
Bianchi, Jacques 53
Bignon (abbé), Jean-Paul 36
Blagden, Charles 76, 207, 213
Bochart de Saron, Jean-Baptiste-Gaspard 17, 23, 73, 122, 210
Bonjour, Joseph-François 172
Bonneville (de), Nicolas 248
Bontemps, Gérard-Michel 128
Borda (chevalier de), Jean-Charles 21, 233, 234, 260, 262

Bordier-Macet, Isaac-Ami 165
Bory (de), Gabriel 225
Bosc d'Antic, Louis-Augustin-Guillaume 246, 247
Bossut, Charles 45, 48, 116
Boudakan (prince) 23
Bougainville (de), Louis-Antoine 19
Boulton, Matthew 163, 168-170, 192
Bouboulon de Bonneuil, Antoine 171, 176
Boutin, Simon 140
Bralle, François-Jean 168, 169, 235
Breguet, Abraham-Louis 71, 115, 150, 168, 243
Breteuil (Le Tonnelier, baron de), Louis-Auguste 34, 40, 186, 187, 194, 196, 205, 225, 233, 234, 236
Briasson, Antoine-Claude 79-81, 84-88, 98
Brisson, Mathurin-Jacques 21, 48, 53, 62, 82, 151, 212
Brissot, Jean-Pierre 28-30, 150, 194, 243, 267
Brongniart, Alexandre 247, 252
Brongniart, Antoine-Louis 70, 247
Broussonnet, Auguste 74, 75, 245, 246, 267
Broval (de), Charles 247
Brullé, Louis-Claude 91
Brunet, François 73
Bucquet, Jean-Baptiste 199, 201, 214, 238
Buffon (Leclerc, comte de), Georges-Louis 31, 34-36, 41-43, 45, 51, 61, 75, 86, 91, 109, 111-113, 116, 128, 135, 222-224, 247, 255, 264, 274

Cabanis, Pierre-Jean-Georges 107
Cadet de Gassicourt, Charles-Louis 70, 130, 203
Cadet de Vaux, Antoine-Alexis 69, 129, 130, 188, 197, 199-204
Cagliostro (comte de) 118, 119, 121, 245
Caille, Claude-Antoine 225
Calla, Étienne 115
Camus, Charles-Étienne-Louis 45

Canivet, Jacques 232
Carangeot, Arnould 222
Carmontelle (Carrogis, dit), Louis 138
Carochez, Noël-Simon 234, 235
Carra, Jean-Louis 224, 243
Cassini de Thury, César-François 40
Cassini IV, Jean Dominique 40
Caullet de Vaumorel, Louis 165
Cels, Jacques-Philippe-Martin 74, 247
Charité (fabricant d'instruments) 233, 235
Charles le géomètre 48
Charles, Jacques-Alexandre-César 48, 61, 118, 135, 136, 141, 143-148, 150-152, 159, 160, 173, 208, 209
Châtelet (marquise du), Émilie 35
Chaulnes (duc de), Louis-Joseph 18, 122, 169, 199, 211
Chevreul, Michel-Eugène 178
Chézy, Antoine 48
Clairaut, Alexis-Claude 84, 218
Cochin, Denis-Claude 74, 185
Colbert, Jean-Baptiste 10, 36, 44, 45, 50, 51, 58, 84, 91
Colombier, Jean 186-190
Condorcet (de Caritat, marquis de), Marie-Jean-Antoine-Nicolas 7, 13-18, 23, 25-27, 30, 35, 36, 45-47, 107, 109, 112, 113, 128, 169, 179, 208, 218, 223, 224, 235-238, 244, 245, 249, 254-256, 269, 270, 272, 273
Conti (prince de), Louis-François 19, 71
Cook, James 14
Coquéau, Claude-Philibert 186
Corbin, Alain 197
Cordier (abbé), Edmond 248
Cornette, Claude-Melchior 50, 114, 177, 178, 269
Corvisart, Jean-Nicolas 64
Coulomb, Charles-Augustin 169, 186, 220, 221, 223, 233, 236, 262
Court de Gébelin, Antoine 106
Cousin, Jacques-Antoine-Joseph 149, 231
Coypel, Antoine 10
Cubières (marquis de), Louis-Pierre 162

Cuchet, Gaspard-Joseph 53
Cuvier, Georges 5, 223, 274

D'Alembert, Jean Le Rond 7, 13, 15, 16, 18, 21, 26, 27, 35, 36, 45, 61, 84, 87-90, 92, 93, 96-99, 101, 103, 107, 109, 112, 113, 116, 208, 218, 223, 237
D'Ussieux, Louis 129
Dagelet (Lepaute), Joseph 144
Daguerre, Dominique 140, 157
Darcet, Jean 9, 47, 50, 51, 63, 74, 116
Darnton, Robert 121
Daubenton, Louis-Jean-Marie 13, 43, 63, 74, 91, 123, 184, 221-223, 245, 264, 265, 267
Daumy, Jacques 69, 168
David, Jacques-Louis 11, 30, 166, 224, 238, 239, 241, 242
David, Michel-Antoine 79, 84-86, 88, 98
Defer de la Nouerre, Nicolas 193
Deffand (de Vichy-Chamrond, marquise du), Marie 95, 96, 109
Delambre, Jean-Baptiste 219, 245, 260-264, 273
Delamétherie, Jean-Claude 215, 231, 247
Delisle, Joseph-Nicolas 112
Delor 149
Deluc, Jean-André 215
Demachy, Jacques-François 70
Deparcieux, Antoine 81, 82, 192
Deparcieux, Antoine (neveu du précédent) 128
Desaudray (Gaullard-), Charles-Emmanuel 168, 169, 251, 252, 271, 272
Desault, Pierre-Joseph 60, 64, 147, 188
Descartes, René 35, 62
Desfontaines, René 74, 114, 265
Deslon, Charles 118, 225-228
Desmarest, Nicolas 15, 21, 24, 109, 110, 116
Deumier, Pierre 72
Diderot, Denis 7, 13, 35, 61, 68, 82-99, 107, 150
Didot, Pierre-François 53

Dietrich (baron de), Jean 51, 273
Dionis du Séjour, Achille-Pierre 19
Dolomieu (Gratet de), Déodat 126, 245
Doublet, François 185
Dufay (de Cisternay de), Charles-François 43
Dufourny de Villiers, Louis 169
Duhamel du Monceau, Henri-Louis 74, 99, 179
Dupont de Nemours, Pierre-Samuel 213
Dupuis, Charles-François 38
Durand, Laurent 79, 84-86, 88, 89, 96, 98

Engramelle, Jacques-Louis-Florentin 123
Entrecasteaux (Bruny d'), Antoine 248
Euler, Leonhard 218

Falkenstein (comte de), voir Joseph II
Fargeon, Jean-Louis 69
Fattori, Bernardin Gaspard 24
Fauchet (abbé), Claude 248
Faujas de Saint-Fond, Barthélémy 51, 53, 124, 135, 143, 144, 155, 160-163, 247
Filassier, Jean-Jacques 149
Flandrin, Pierre 127
Fontenelle (Le Bouyer de), Bernard 25, 34, 35, 86
Fortin, Nicolas 23, 60, 233, 234, 262
Fouchy (Grandjean de), Jean-Paul 26, 27
Foucou (coutelier) 91
Fougeroux de Bondaroy, Auguste-Denis 74, 202
Fourcroy, Antoine-François 9, 19, 74, 128, 147, 159, 184, 189, 195, 203, 205-207, 215, 223, 237, 238, 245, 247, 248, 252, 270-273
Fourcroy de Ramecourt, Charles-René 19
Fourcy, François 70
France de Croisset (de), Jacques 123
Franklin, Benjamin 7, 15, 73, 103, 105, 107, 110, 112, 144, 149-151, 163, 213, 225-227

Fréret, Nicolas 36
Fréron, Élie 79

Gabriel, Ange-Jacques 34
Gaillard (marchand de curiosités) 53
Gengembre, Philippe-Joachim 50, 216
Geoffrin, Marie-Thérèse 59, 85, 95, 107, 108, 141
Geoffroy d'Assy, Jean-Claude 219
Geoffroy Saint-Hilaire, Étienne 5, 223, 245, 267
Gigot d'Orcy, Jean 123, 141, 247, 273
Gillispie, Charles Coulston 117, 251
Goussier, Louis 92, 224
Grégoire (abbé), Henri 30, 271
Gua de Malves (de), Jean Paul 87
Guettard, Jean-Étienne 82, 84, 115, 122
Guignes (de), Joseph 37
Guillaumot, Charles-Axel 189
Guillot-Duhamel, Jean-Pierre-François 48
Guillotin, Joseph-Ignace 225
Guyot, Edme-Gilles 118, 120, 151

Hahn, Roger 13
Hallé, Jean-Noël 184, 195, 196, 203, 204, 206
Hassenfratz, Jean-Henri 215, 252, 270, 271
Haüy, René-Just 15, 21, 74, 128, 221-223, 233, 245, 249, 262, 265, 273
Haüy, Valentin 68
Hazard, Paul 39
Hellot, Jean 51, 174, 195
Helvétius, Claude-Adrien 59, 96, 106, 125, 151
Herschel, William 107, 218, 235
Hoffmann, François 213
Holbach (Thiry, baron d'), Paul-Henri 59, 85, 91, 95, 97, 141
Hume, David 75

Janety, Marc-Antoine 70, 262
Janin, Jean 202, 203
Jaucourt (de), Louis 90
Jeaurat, Edme 40, 144
Jombert, Charles-Antoine 61

Joseph II 22, 199
Joubert (de), Philippe-Laurent 53, 122, 141, 159, 164, 273
Jussieu, Antoine-Laurent 17, 43, 74, 225, 228, 244, 248, 265
Jussieu, Bernard 114

Kempelen (baron de), Johann Wolfgang 152

L'Écureuil (teinturier), 178
L'Héritier de Brutelle, Charles-Louis 122, 247
La Billarderie (de Flahaut comte de), Charles-François 253, 264
La Brosse (de), Guy 41
La Dixmerie (Bricaire de), Nicolas 105
La Pérouse (de), Jean-François 14, 233
La Rochefoucauld d'Enville (duc de), Louis-Alexandre 16, 24, 38, 110, 116, 121, 122, 203, 244, 245, 252
La Rochefoucauld d'Enville (duchesse de), Marie-Louise 16, 141, 245
La Rochefoucauld-Liancourt (duc de), François-Alexandre-Frédéric 244
La Vrillière (Phélypeaux de Saint-Florentin, duc de), Louis 26, 27
Laborie, Louis-Guillaume 201
Lacépède (comte de), Bernard-Germain-Étienne 107, 244, 245, 254
Lacroix, Sylvestre-François 128
Lagrange, Joseph-Louis 34, 115, 218, 223, 260
Lakanal, Joseph 30, 267, 271, 272
Lalande (Lefrançois de), Joseph-Jérôme 13, 15, 16, 21, 27, 38, 61, 63, 101, 105-107, 109, 130, 153, 219, 224, 233, 248, 258, 261, 264, 269
Lamanon (Paul de), Robert 74, 191
Lamarck (de), Jean-Baptiste 14, 73, 124, 215, 247, 249, 267, 273
Lange, Ambroise-Bonaventure 69, 157, 158, 160-165, 168
Langlois, Claude 232
Laplace, Pierre-Simon 15, 18, 19, 21, 27, 45, 199, 207, 209, 210, 214, 216-223, 231, 260, 261, 273, 274

Lassone (de), François 113, 114, 184, 210
Latour, Bruno 77
Laurent de Villedeuil, Pierre-Charles 34, 187, 196, 210
Lavoisier (de), Antoine-Laurent 6, 7, 9, 13, 18, 19, 23, 24, 27, 30, 45, 47, 49, 50, 53, 70, 75, 76, 156, 159, 169-173, 179, 184, 186, 196-218, 220, 223-228, 230, 231, 233, 235-239, 244, 245, 252, 254, 262, 268-271, 273, 274
Le Breton, André-François 13, 60, 81-83, 85, 86, 89, 91, 92, 97, 98
Le Gentil, Guillaume 40, 144
Le Monnier, Louis-Guillaume 74, 91, 114
Le Roy, Jean-Baptiste 22, 51, 71, 91, 203, 225
Ledru (dit Comus), Nicolas-Philippe 53, 150-152
Legendre, Adrien-Marie 207, 261
Legrand, Jacques-Guillaume 72
Lenoir, Étienne 262
Lermina, Claude 247
Leroy, Alphonse 166
Lesage, Pierre-Charles 48, 49
Lespinasse (de), Julie 15, 107, 109, 141
Lexell, Anders Johan 15, 17, 22
Linguet, Simon 28
Linné (von), Carl 16, 247, 266
Longchamp, Jean-Baptiste 93, 204
Louis XIV 10, 36
Louis XV 18, 21, 26
Louis XVI 34, 45, 113, 162, 187

Macquer, Pierre-Joseph 13, 51, 159, 162, 171, 174, 176-179, 195, 203
Magellan, Jean-Hyacinthe 164, 232
Magimel, Philippe-Antoine 93
Maille, Antoine-Claude 69
Maillebois (Desmarest de), Yves-Marie 16, 149
Mairan (Dortous de), Jean-Jacques 26
Majault, Michel-Joseph 225
Malesherbes (de Lamoignon de), Chrétien-Guillaume 16, 17, 27, 34, 74, 81, 82, 85, 91, 93-95, 97, 112, 122, 210, 273
Marat, Jean-Paul 16, 29, 109, 115, 130, 149-152, 221, 224, 243, 261, 270
Marie (abbé), Joseph-François 62, 71, 115
Marie-Antoinette 23, 113, 118
Marigny (marquis de), Abel-François 34
Marivetz (baron de), Étienne-Claude 215, 224
Marquais, Jean-Théodore 189
Marsan (comtesse de), Marie-Louise 114
Mauduyt de la Varenne, Pierre-Jean-Claude 225
Maupertuis (Moreau de), Pierre-Louis 95
Maurepas (Phélypeaux, comte de), Jean-Frédéric 26
Méchain, Pierre 261-263
Mégnié (le jeune), Pierre-Bernard 233
Mégnié, Pierre 73, 209, 210, 232-234
Mercier, Louis-Sébastien 61, 67, 69, 77, 104, 130, 136, 142, 187, 190, 197
Mesmer, Franz-Anton 152, 165, 184, 188, 224-226, 228, 229, 235-237
Messier, Charles 21, 112
Meusnier, Jean-Baptiste-Marie 24, 144, 145, 162, 163, 207-210, 212, 213, 215, 217, 220, 223, 236, 244, 245, 270
Michaux, André 114
Michelet d'Ennery, Joseph 124
Millin de Grandmaison, Aubin-Louis 246, 247, 249, 252, 267
Mills, John 83, 84, 87, 170
Milly (de Thy, comte de), Nicolas-Christiern 107, 163, 202
Milne Edmund et John 169
Mitouart, Pierre-François 105
Molinos, Jacques 72
Molteno, François 140
Monge, Gaspard 15, 19, 21, 45, 48, 53, 116, 117, 128, 170, 179, 207, 210, 212, 215, 223, 237, 244, 245, 270, 273
Monnet, Antoine 47

Montalembert (de), Marc-René 19
Montfaucon (de), Bernard 36
Montgolfier, Étienne 107, 128, 143-145, 158, 161, 168, 208
Montgolfier, Joseph 135, 140, 208
Montucla, Jean-Étienne 34, 61, 151, 153, 174
Morand, Sauveur-François 79, 83, 220
Moreau de Saint-Méry, Médéric-Louis-Élie 128

Necker (Madame), Suzanne 109, 185
Necker, Jacques 45, 47, 130, 167, 185-187, 241
Neilson, Daniel 177
Neilson, Jacques 174, 176-178
Newton, Isaac 35, 38, 62, 217-219, 224
Noailles (duc de), Jean-Louis-Paul-François 16
Nollet (abbé), Jean-Antoine 21, 62, 83, 84, 115, 118, 149
Nouet, Nicolas-Antoine 269
Nozeda, Pascal 139

Olivier de Corancez, Guillaume 130
Olivier, Guillaume-Antoine 123, 247, 249, 265
Oriani, Barnaba 219
Orry, Philibert 51
Oudry, Jean-Baptiste 175

Pahin de la Blancherie, Claude-Mammès 126, 130
Pajot d'Ons-en-Bray, Louis-Léon 24
Pajou, Augustin 34
Palmer, George 165
Panckoucke, Charles-Joseph 13, 60, 61, 100, 101, 129
Parker, William
Parmentier, Antoine-Augustin 69, 130, 192, 195, 201
Patte, Pierre 79, 80, 81, 93, 97
Paul (comte du Nord) 23
Paulze, Marie-Anne-Pierrette (Madame Lavoisier) 213
Pelletier, François 140, 152, 249

Périer, Auguste-Charles 53, 100, 115, 143, 168-170, 183, 192-194, 244
Périer, Jacques-Constantin 53, 100, 115, 143, 168-170, 183, 192-194, 244
Perny de Villeneuve, Jean 269
Perronet, Jean-Rodolphe 19, 48
Petit, Marc-Antoine 247
Peyre, Marie-Joseph 155, 156
Pierre le Grand 23
Pilâtre de Rozier, Jean-François 31, 114, 126-130, 144, 150, 157, 161, 201, 204, 205, 208
Pinel, Philippe 114, 177
Pinetti, Joseph 178, 152, 153
Poissonnier, Pierre-Isaac 225
Pompadour (Le Normant d'Etiolles, marquise de), Jeanne-Antoinette 94
Poyet, Bernard 186
Priestley, Joseph 76, 197, 198, 207, 213, 215, 230
Prieur de la Côte d'Or, Claude-Antoine 245
Puységur (comte Chastenet de), Antoine-Hyacinte-Anne 169
Puységur (marquis de), Armand-Marie-Jacques 119

Quémizet, Antoine 176-179
Quesnay, François 114
Quinquet, Antoine 70, 157-166

Raguin, Antoine 73
Ramond de Carbonnières, Louis 245, 267
Réaumur (Ferchault de), René-Antoine 21, 79-82, 89, 92, 99
Réveillon, Jean-Baptiste 100, 144, 158, 160, 182
Reynier, Jean-Louis 249, 267
Richard, Claude 114
Riche, Claude-Antoine 247
Robert, Anne-Jean 143, 145, 160
Robert, Noël-Marie 116, 143, 145, 160, 173, 208
Rochon (abbé), Alexis-Marie 47, 234-236
Roland (Madame), Manon 15, 246

智慧巴黎：启蒙时代的科学之都　　409

Roland, Jean-Marie 246, 249, 262, 267
Romé de l'Isle, Jean-Baptiste 53, 124, 150, 222, 224
Romilly, Jean 91, 130
Romme, Gilbert 107, 245, 254, 272
Roubo, André-Jacob 72, 73, 99
Roucher, Jean-Antoine 105
Rouelle, Guillaume-François 91, 116, 151
Rouland, Urbain-François 149
Roume de Saint-Laurent, Philippe-Rose 150
Rousseau, Jean-Jacques 17, 73, 88, 91, 95, 110, 120, 121, 130, 265, 268
Rozier (abbé), François 13, 106, 159
Ruelle, Alexandre 269
Ruggieri, Pierre 138

Sabatier, Raphaël-Bienvenu 24
Sage, Balthazar-Georges 47, 48, 116, 124, 201, 212, 215, 231, 232, 237
Sallier (abbé), Claude 90
Sallin, Charles-Louis 225
Scheele, Carl-Wilhelm 171
Seguin, Armand 215
Sellius, Gottfried 83, 97
Servières (de Retz, baron de), Claude-Urbain 249, 250
Silvestre, Augustin-François 247
Silvestre de Sacy, Antoine-Isaac 37
Soufflot, Jacques-Germain 34, 176
Stroganoff, Alexandre 105
Sue, Jean-Joseph 127
Sykes, Henry 140, 141, 149, 232

Talleyrand (de), Charles-Maurice 244, 253-257, 259, 273
Tencin (de), Claudine-Alexandrine 88
Tenon, Jacques-René 53, 66, 186-188, 190, 236, 245
Tessier, Henri-Alexandre 75, 203, 249
Thillaye, Nicolas 205
Thiroux de Crosne, Louis 189

Thouin, André 43, 110, 112, 247, 265, 267
Thouret, Michel-Augustin 184, 185, 188-190, 196, 225, 228, 244
Tillet, Mathieu 46, 47, 258, 269
Tingry, Pierre-François 159
Torré, Jean-Baptiste 137
Tournu, Léonard 73
Trudaine, Daniel-Charles 48, 109
Trudaine de Montigny, Philibert 13, 26, 73, 121, 198
Turgot (chevalier), Étienne-François 19
Turgot, Anne-Robert-Jacques 26, 27, 45, 47, 48, 50, 66, 67, 109, 110, 166, 167, 184, 185

Vallet, Matthieu 172-174, 182
Valmont de Bomare, Jacques-Christophe 53
Van der Kerkove, Josse 176
Van Marum, Martin 53
Vandermonde, Alexandre-Théophile 21, 51, 163, 179, 207, 209, 223, 231, 245, 273
Varignon, Pierre 62
Vaucanson (de), Jacques 51, 100, 174, 208
Verniquet, Edme 42, 43
Vicq d'Azyr, Félix 13, 27, 45, 74, 75, 184, 189, 222, 223, 244, 273
Vincent, Abraham-Aimé-Charles 168, 235
Viot de Fontenay, Jean 205
Volta, Alessandro 135, 150, 231
Voltaire 35, 37, 89-92, 94, 96, 103-106, 108, 112, 125, 130, 133

Wailly (de), Charles 155, 156
Wallot, Jean-Guillaume 127
Watt, James 76, 115, 168-172, 192, 213
Weiss, François 127
Willemet, Pierre 246

Young, Arthur 73, 213

Originally published in France as:

Paris savant-Parcours et rencontres au temps des Lumières, by Bruno Belhoste

© Armand Colin 2011, Paris

ARMAND COLIN is a trademark of DUNOD Editeur-11, rue Paul Bert-92240 MALAKOFF.

Simplified Chinese language translation rights arranged through Divas International, Paris
巴黎迪法国际版权代理（www.divas-books.com）

图书在版编目(CIP)数据

智慧巴黎:启蒙时代的科学之都/(法)白鲁诺著;
邓捷译. —上海:上海书店出版社,2023.3
(共域世界史)
书名原文:Paris savant: Parcours et rencontres au temps des Lumières
ISBN 978-7-5458-2204-5

Ⅰ.①智… Ⅱ.①白…②邓… Ⅲ.①科学史-巴黎
Ⅳ.①G325.659

中国版本图书馆 CIP 数据核字(2022)第 159993 号

责任编辑 范　晶
营销编辑 王　慧
装帧设计 道辙 at Compus Studio

智慧巴黎:启蒙时代的科学之都

[法]白鲁诺 著 邓　捷 译

出　版	上海人民出版社　上海书店出版社
	(201101　上海市闵行区号景路 159 弄 C 座)
发　行	上海人民出版社发行中心
印　刷	苏州市越洋印刷有限公司
开　本	889×1194　1/32
印　张	13.25
字　数	284,000
版　次	2023 年 3 月第 1 版
印　次	2023 年 3 月第 1 次印刷
ISBN 978-7-5458-2204-5/G·178	
定　价	95.00 元